21世纪高等学校规划教材｜计算机科学与技术

数据库原理及应用

周　炜　著

清华大学出版社

北京

内 容 简 介

本书是作者多年教学经验和研究成果的结晶,系统地研究和介绍了数据库系统的基本原理、方法和发展现状,用总篇幅的三分之二重点研究了关系数据库的基本理论、规范化理论和 SQL 语言。全书分为 8 章:数据库系统概论,DBS 需求分析和概念设计,关系数据库基本理论,关系规范化理论和 DBS 逻辑设计,关系数据库结构化查询语言 SQL,DBS 物理设计和实现、运行与维护,DBMS 的事务管理和安全性控制,数据库系统新技术简介。在本书最后提供了 11 个教学实验,供参考。

本书内容丰富,体系完整,论证严密,行文流畅,深入浅出,特色鲜明。

本书可以作为计算机科学与技术和其他相关专业本科生、大专生的教材,也可作为其他有关专业师生和工程技术人员的参考书和自学用书。

图书在版编目(CIP)数据

数据库原理及应用/周炜著. —北京:清华大学出版社,2011.9
(21 世纪高等学校规划教材·计算机科学与技术)
ISBN 978-7-302-26153-7

Ⅰ. ①数…　Ⅱ. ①周…　Ⅲ. ①数据库系统－高等学校－教材　Ⅳ. ①TP311.13

中国版本图书馆 CIP 数据核字(2011)第 122624 号

责任编辑:郑寅堃
责任校对:李建庄
责任印制:王秀菊

出版发行	清华大学出版社	地　　址	北京清华大学学研大厦 A 座
	http://www.tup.com.cn	邮　　编	100084
社　总　机	010-62770175	邮　　购	010-62786544
投稿与读者服务	010-62795954,jsjjc@tup.tsinghua.edu.cn		
质　量　反　馈	010-62772015,zhiliang@tup.tsinghua.edu.cn		

印 装 者:北京鑫海金澳胶印有限公司
经　　销:全国新华书店
开　　本:185×260　印　张:14　字　数:349 千字
版　　次:2011 年 9 月第 1 版　印　　次:2011 年 9 月第 1 次印刷
印　　数:1～3000
定　　价:23.00 元

产品编号:043107-01

编审委员会成员

出 版 说 明

随着我国改革开放的进一步深化,高等教育也得到了快速发展,各地高校紧密结合地方经济建设发展需要,科学运用市场调节机制,加大了使用信息科学等现代科学技术提升、改造传统学科专业的投入力度,通过教育改革合理调整和配置了教育资源,优化了传统学科专业,积极为地方经济建设输送人才,为我国经济社会的快速、健康和可持续发展以及高等教育自身的改革发展做出了巨大贡献。但是,高等教育质量还需要进一步提高以适应经济社会发展的需要,不少高校的专业设置和结构不尽合理,教师队伍整体素质亟待提高,人才培养模式、教学内容和方法需要进一步转变,学生的实践能力和创新精神亟待加强。

教育部一直十分重视高等教育质量工作。2007 年 1 月,教育部下发了《关于实施高等学校本科教学质量与教学改革工程的意见》,计划实施"高等学校本科教学质量与教学改革工程"(简称"质量工程"),通过专业结构调整、课程教材建设、实践教学改革、教学团队建设等多项内容,进一步深化高等学校教学改革,提高人才培养的能力和水平,更好地满足经济社会发展对高素质人才的需要。在贯彻和落实教育部"质量工程"的过程中,各地高校发挥师资力量强、办学经验丰富、教学资源充裕等优势,对其特色专业及特色课程(群)加以规划、整理和总结,更新教学内容、改革课程体系,建设了一大批内容新、体系新、方法新、手段新的特色课程。在此基础上,经教育部相关教学指导委员会专家的指导和建议,清华大学出版社在多个领域精选各高校的特色课程,分别规划出版系列教材,以配合"质量工程"的实施,满足各高校教学质量和教学改革的需要。

为了深入贯彻落实教育部《关于加强高等学校本科教学工作,提高教学质量的若干意见》精神,紧密配合教育部已经启动的"高等学校教学质量与教学改革工程精品课程建设工作",在有关专家、教授的倡议和有关部门的大力支持下,我们组织并成立了"清华大学出版社教材编审委员会"(以下简称"编委会"),旨在配合教育部制定精品课程教材的出版规划,讨论并实施精品课程教材的编写与出版工作。"编委会"成员皆来自全国各类高等学校教学与科研第一线的骨干教师,其中许多教师为各校相关院、系主管教学的院长或系主任。

按照教育部的要求,"编委会"一致认为,精品课程的建设工作从开始就要坚持高标准、严要求,处于一个比较高的起点上。精品课程教材应该能够反映各高校教学改革与课程建设的需要,要有特色风格、有创新性(新体系、新内容、新手段、新思路,教材的内容体系有较高的科学创新、技术创新和理念创新的含量)、先进性(对原有的学科体系有实质性的改革和发展,顺应并符合 21 世纪教学发展的规律,代表并引领课程发展的趋势和方向)、示范性(教材所体现的课程体系具有较广泛的辐射性和示范性)和一定的前瞻性。教材由个人申报或各校推荐(通过所在高校的"编委会"成员推荐),经"编委会"认真评审,最后由清华大学出版社审定出版。

目前,针对计算机类和电子信息类相关专业成立了两个"编委会",即"清华大学出版社计算机教材编审委员会"和"清华大学出版社电子信息教材编审委员会"。推出的特色精品教材包括:

(1) 21 世纪高等学校规划教材·计算机应用——高等学校各类专业,特别是非计算机专业的计算机应用类教材。

(2) 21 世纪高等学校规划教材·计算机科学与技术——高等学校计算机相关专业的教材。

(3) 21 世纪高等学校规划教材·电子信息——高等学校电子信息相关专业的教材。

(4) 21 世纪高等学校规划教材·软件工程——高等学校软件工程相关专业的教材。

(5) 21 世纪高等学校规划教材·信息管理与信息系统。

(6) 21 世纪高等学校规划教材·财经管理与应用。

(7) 21 世纪高等学校规划教材·电子商务。

(8) 21 世纪高等学校规划教材·物联网。

清华大学出版社经过三十年的努力,在教材尤其是计算机和电子信息类专业教材出版方面树立了权威品牌,为我国的高等教育事业做出了重要贡献。清华版教材形成了技术准确、内容严谨的独特风格,这种风格将延续并反映在特色精品教材的建设中。

清华大学出版社教材编审委员会
联系人:魏江江
E-mail:weijj@tup.tsinghua.edu.cn

前　言

　　数据库系统尤其是关系数据库系统的诞生是数据管理技术乃至软件技术发展历史上的一场革命,它从根本上改变了数据管理技术的面貌,影响了软件技术发展的历史进程和现状。如今,数据库技术已经成为软件技术的一个分支,成为信息技术的核心和基础,数据库系统原理也已经成为我国计算机科学与技术、信息管理与信息系统等专业本科生、大专生的一门必修课。

　　本书内容是根据作者多年的教学经验和研究成果整理的。书中知识点不超出本科生的认知水平和学习范围;很多内容属于作者的独立研究成果,是第一次面世,并有作者自己研制的一批实用算法;改进了现有的一些算法;对几乎所有的定理和算法都给出了正确性证明(本书用一个黑色小方块(■)作为理论证明的结束标志);引入了一些新的概念,如核心属性、边缘属性、引用属性、正则函数依赖等,同时对现有的一些概念如数据库、数据库系统、数据库管理系统等给出了有自己特色的定义;每章都有一批风格独特的例题和习题;有关编程的所有例题都经过计算机实际运行证明正确。

　　本书以数据库系统设计过程为主线安排章节顺序,系统地研究和介绍了数据库系统的基本原理、方法、应用和发展现状,用总篇幅的三分之二重点研究了关系数据库的基本理论、规范化理论和 SQL 语言。在 SQL 语言部分增加了局部变量和流程控制、用户自定义函数等内容。全书分为 8 章:第 1 章为数据库系统概论;第 2 章讨论和介绍 DBS 需求分析与概念结构设计;第 3 章研究关系数据库基本理论;第 4 章研究关系数据库规范化理论和 DBS逻辑结构设计;第 5 章研究关系数据库结构化查询语言 SQL;第 6 章介绍 DBS 的物理设计和实现、运行与维护;第 7 章介绍 DBMS 的事务管理和安全性控制;第 8 章介绍数据库系统新技术。每章后面配有一定数量难度不一的习题可供选做,书后还附有实验教学参考计划。

　　本书可以作为计算机科学与技术和其他相关专业本科生、大专生的教材,也可作为其他有关专业师生和工程技术人员的参考书或自学用书。打 ＊ 号的内容供选学。

　　若以本书作为教材,可在教学中暂时跳过一些复杂的理论证明。学时安排建议:本科生 40～50 学时,大专生 50～60 学时;上机实验 10～20 学时。

　　本书绝大部分内容已在空军工程大学导弹学院计算机科学与技术专业本科生和大专生中讲授多年。但由于作者水平有限,书中一定还有作者未发现的错误、缺点和纰漏,恳请广大读者批评指正,作者不胜感激!

作　者

2011 年 7 月

目 录

第1章

数据库系统概论

数据库技术诞生于 20 世纪 60 年代末,迄今已有 50 年多的历史。现在,数据库技术已经成为软件学科的一个重要分支,数据库原理也成为国内计算机等信息类学科专业本科生、大专生的一门必修课。

本章介绍数据库系统的基本概念,旨在使读者对数据库系统有一个基本的了解。

1.1 信息、数据和数据库

1.1.1 信息、数据和数据管理

定义 1.1 信息是事物表达其运动状态与方式的一种属性,这种属性是事物运动、变化、联系、差异的产物,是事物为了与外部环境进行协调以减少运动、变化、联系、差异所产生的不确定性而进行的表达。

在这里,"事物"泛指一切可能的研究对象,包括客观世界的物质,也包括主观世界的精神现象;"运动"泛指一切意义上的变化,包括机械运动、化学运动、思维运动和社会运动;"运动方式"是指事物的运动在时间上所呈现的过程和规律;"运动状态"则是事物的运动在空间上所展示的形状与态势。

定义 1.2 数据是人们对事物所含信息的符号表示。数据具有概括性、结构性和独立性。

为了记载信息,人们使用了各种各样的符号和它们的组合,这些符号及其组合就是数据。数据可以是数值数据,也可以是非数值数据,如声音、图像等。在计算机中,数据是能输入计算机并能为其处理的符号序列。

数据是信息的符号表示,信息是数据的内涵,是数据的语义解释。数据是符号化的信息,信息是语义化的数据。数据是信息的具体表示形式,信息是数据的有意义的表现。

1.1.2 数据管理技术及其发展

定义 1.3 数据管理是对数据的分类、组织、编码、存储、检索和维护。

数据管理技术的发展先后经过了人工管理、文件系统管理、数据库系统管理 3 个阶段。

1. 人工管理阶段

人工管理阶段是指 20 世纪 50 年代中期以前。这一阶段的主要背景是:

（1）计算机主要用于科学计算，数据量小、结构简单。如高阶方程、曲线拟合等。

（2）外存为顺序存取设备（如磁带、卡片、纸带），没有磁盘等直接存取设备。

（3）没有操作系统，没有数据管理软件。用户用机器指令编码，通过纸带机输入程序和数据，程序运行完毕后，用户取走纸带和运算结果，再让下一用户上机操作。

人工管理阶段的主要特点是：

（1）没有专门的软件对数据进行管理，用户完全负责数据管理工作。数据的组织、存储结构、存取方法、输入、输出等，均由用户自己设计和完成。

（2）数据完全面向特定的应用程序。每个用户使用自己的数据，数据不能共享；而且数据用完就撤走，不能长期保存。

（3）程序中存取数据的子程序随着数据存储结构的改变而改变，程序与数据没有独立性。

2. 文件系统管理阶段

文件系统管理阶段是指 20 世纪 50 年代后期至 60 年代中期这一时期。这一阶段的主要背景是：

（1）计算机不但用于科学计算，还用于信息管理。

（2）外存有了磁盘、磁鼓等直接存取设备，无须顺序存取，由地址可直接访问所需记录。

（3）有了操作系统（OS），OS 中有专门管理数据的子系统——文件系统。

文件系统管理阶段的主要特点是：

（1）数据可以以文件形式长期保存在外部存储器上。

（2）数据的存取基本上以记录为单位。

（3）系统提供一定的数据管理功能。这主要表现为文件组织和数据存取方法多样化，有索引文件、链接文件、直接存取文件、倒排文件等；支持对文件的增、删、改、查等基本操作，应用程序不必考虑其物理细节。

（4）一个数据文件对应一个或几个应用程序，数据不一定属于某个特定的应用程序，可以重复使用，但数据与应用程序之间的依赖关系并未改变，数据仍是面向应用程序的。

（5）文件的逻辑结构与存储结构由系统进行转换，因而数据的逻辑结构与存储结构有了区别，数据存储结构的改变不一定反映在应用程序上，应用程序与数据有一定的独立性（设备独立性）。

文件系统管理的主要缺点是：

（1）数据与程序的独立性差。文件系统只是解脱了程序员对物理设备的存取负担，但它并不理解数据的语义，只负责存储。数据的语义信息只能由程序来解释，也就是说，数据收集以后怎么组织，以及数据取出来之后按什么含义使用，只有全权管理它的程序知道。因此，一个应用程序若想共享另一个应用程序生成的数据，必须与该应用程序沟通，了解数据的语义与组织方式。可见，文件系统的出现并没有从根本上改变数据与程序紧密结合的状况，数据逻辑结构的改变必然导致应用程序的修改。

（2）数据联系弱，共享性差，冗余度大。由于数据面向应用程序，即使不同应用程序所需要的数据只有小部分不同，也必须建立各自的数据文件，而不能共享相同的数据。由于数据文件之间缺乏联系，相互孤立，导致数据分散管理，使得同样的数据在多个数据文件中出现,甚至以不同格式出现在多个数据文件中。

（3）数据的不一致性。由于数据存在很多副本，给数据的修改与维护带来了困难，容易造成数据的不一致性。这种不一致性往往是由数据冗余造成的。

（4）数据查询困难。由于记录之间无联系，应用程序必须自己实现数据查询，并且对每个查询都要重新编码。

（5）数据完整性难以保证。

3. 数据库系统管理阶段

数据管理技术进入数据库系统（DBS）管理阶段的标志是 20 世纪 60 年代末至 70 年代初发生的里程碑式的三件大事：

（1）1968 年，IBM 公司推出层次模型的 IMS(Information Management System)数据库系统。

（2）1969 年，美国数据系统语言协会（CODASYL）的数据库任务小组（DBTG）在其发表的系列报告中提出网状模型，而后于 1971 年正式通过。

（3）1970 年，IBM 研究中心的 E. F. Codd 博士发表了关于关系模型的著名系列论文，开创了关系数据库理论，并因此获得 1981 年图灵奖。

数据库系统管理阶段的主要背景是：

（1）计算机管理的数据量大、关系复杂、共享性要求高（要求多个应用程序、不同语言共享数据）。

（2）外存有了大容量磁盘、光盘等。

（3）软件价格上升，硬件价格下降，编制和维护软件及应用程序的成本相对增加，其中维护的成本更高，力求降低。

DBS 管理阶段的主要特点是：

（1）有了数据库管理系统（DBMS）。

（2）数据整体结构化。数据的整体结构化是数据库的主要特征之一。数据库中实现的是数据的真正结构化。数据结构用数据模型描述，无需程序定义和解释。

（3）灵活性强。数据可以变长，数据的最小存取单位是数据项而不一定是记录。

（4）数据共享度高、冗余度低，易扩充。

（5）数据独立性强。

定义 1.4　DBS 的数据独立性是指应用程序与数据库的数据结构相互独立，互不影响，在数据结构修改时，应用程序保持不变。

在 DBS 中，数据的定义和描述从应用程序中分离出去了，数据与应用程序之间具有高度的物理独立性和一定的逻辑独立性。同时由于数据的存取由 DBMS 统一管理，用户不必考虑存取路径等细节，从而简化了应用程序。

定义 1.5　数据的物理独立性是指应用程序与存放在外存储器上的数据库中的数据是相互独立的。当数据的物理存储结构改变时，应用程序可以保持不变。

定义 1.6　数据的逻辑独立性是指应用程序与数据库的逻辑结构是相互独立的。当数据的逻辑结构改变时，应用程序也可以保持不变。

（6）数据控制能力强，数据安全性高。在 DBS 中，由 DBMS 统一管理和控制数据，维护数据语义和结构。DBMS的数据控制包括数据库恢复、数据安全性控制、数据完整性控制和事务的并发控制。

定义1.7　数据库恢复是指DBMS提供数据库恢复功能,能够将数据库从错误状态恢复到某一已知的正确状态。

定义1.8　数据安全性控制是指保护数据,以防止不合法的使用所造成的数据泄露和破坏。

主要措施:用户标识与鉴定,存取控制等。在这些措施下,每个用户只能按指定的权限方式使用和处理指定数据,从而保护数据以防止不合法的使用造成数据的泄密和破坏。

定义1.9　数据完整性控制是指将数据控制在有效的范围内,或保证数据之间满足一定的关系,从而维持数据的正确性、有效性和相容性。

主要措施:各种数据完整性约束条件。

定义1.10　事务的并发控制是指为了在事务并发执行中确保每一个事务的原子性、一致性、隔离性和持久性而进行的控制。事务并发控制的主要措施是封锁。

DBS发展的高级阶段是高级DBS。因此,DBS管理阶段的高级阶段是高级DBS管理阶段(20世纪80年代以后)。数据管理技术进入高级DBS管理阶段的主要标志是:20世纪80年代的分布式数据库系统,20世纪90年代的对象数据库系统和开放式数据库互连(ODBC)技术,21世纪初的Web数据库系统、XML数据库系统和现代信息集成技术等。

1.2　数据抽象

1.2.1　数据模型

要想把现实世界中人们感兴趣的事物的有关信息变成数据库中的数据供人们使用,就必须进行数据抽象,将事物抽象为数据模型。这个过程称为数据建模。

定义1.11　数据模型是用来描述数据、数据语义、数据联系及数据完整性约束的工具,是对事物的状态、行为、发展变化过程和相互联系的数据特征的抽象和模拟。

数据模型应当能够尽可能真实地反映事物的状态、行为、发展变化过程和相互联系,应当容易为人们所理解,应当便于在计算机上实现。但是,一个数据模型很难同时满足这三个方面的要求。因此,根据不同的使用对象和应用目的,将数据建模的结果分为4个层次:概念数据模型、逻辑数据模型、外部数据模型和内部数据模型。

概念数据模型直接又直观地表达了用户的观点和需求,所以又称为信息模型,它的抽象级别最高。建立概念数据模型的过程就是数据库的概念结构设计,简称概念设计。

外部数据模型是给程序员设计应用程序用的数据模型,它表达了用户观点的数据库局部逻辑结构。

逻辑数据模型是计算机能够实现的数据模型,它表达了数据库的全局逻辑结构。

概念数据模型建成后,就要按照一定的规则将其转换为逻辑数据模型,并进行外部数据模型设计。这个过程就是数据库的逻辑结构设计,简称逻辑设计。

内部数据模型又称为物理数据模型,它是数据库最底层的抽象,描述数据在外存储器上的存储方式、存取设备和存取方法。内部数据模型不仅与具体的DBMS有关,还可能与OS

和硬件有关。

数据库实现时,要根据逻辑数据模型设计其内部数据模型。这个过程就是数据库的物理结构设计,简称物理设计。

1.2.2　概念模型

概念数据模型简称概念模型,它面向现实世界,主要用来进行信息建模,描述现实世界的概念化结构,与具体的计算机系统和具体的 DBMS 无关。

定义 1.12　把对事物进行抽象后提取出的有用信息经过组织、整理、加工和符号化表示后形成的位于现实世界和计算机世界之间的数据模型称为概念模型。

概念模型直接表达了用户的观点和需求,它只关心现实世界中事物的特征、联系,与具体的计算机系统和具体的 DBMS 无关,是系统分析员、程序设计员、维护人员、用户等都能理解的共同语言,能使 DBS 的设计人员在 DBS 设计的初始阶段摆脱计算机系统及 DBMS 的具体技术问题,集中精力分析数据和数据之间的联系。概念模型必须转换成逻辑模型,才能在相应的 DBMS 中实现。

概念模型有下列优点:

(1) 易于理解,可以用来与不熟悉计算机的用户交换意见,使用户易于参与。

(2) 语义表达能力强。概念模型能真实、准确、充分地反映事物的数据特征和联系,是描述事物的理想模型。

(3) 易于向关系模型、网状模型、层次模型等逻辑数据模型转换。

(4) 易于修改。当特定应用环境的需求发生变化时,容易对概念模型进行修改和扩充。

建立概念模型的过程就是数据库的概念结构设计,简称概念设计。

最常用的概念模型是实体-联系(Entity-Relationship)模型,又称 E-R 模型,即 E-R 图。E-R 模型直接从事物中抽象出实体集和实体集之间的联系集,然后用 E-R 图表示。E-R 图是表示概念模型的最直接、最直观和最有力的工具。

1.2.3　逻辑模型及其要素

概念模型建成后,就要按照一定的规则将其转换为逻辑数据模型(简称逻辑模型),并进行优化和外部数据模型设计。这个过程就是数据库的逻辑结构设计,简称逻辑设计。

定义 1.13　逻辑数据模型(逻辑模型)是计算机能够实现且直接反映数据的全局逻辑结构、数据操作和数据完整性约束的数据模型。

逻辑数据模型(逻辑模型)是从数据库实现的观点出发进行数据建模的结果,它独立于硬件,但依赖于具体的 DBMS,表达了数据库的全局逻辑结构,是 DBS 设计人员和程序员都能理解的数据模型。

逻辑模型有三个要素,即数据结构、数据操作和数据完整性约束。

这里所说的数据结构指的是数据的逻辑结构,而不是存储结构。数据结构描述数据的静态特征,包括对数据的全局结构和数据间联系的描述。

由于数据结构反映了逻辑模型的最基本特征,因此常常按照数据结构的类型来命名逻辑模型。

最典型的数据结构有层次结构、网状结构、关系结构和类结构,对应的逻辑模型分别称为层次模型、网状模型、关系模型和面向对象模型,对应的数据库分别称为层次数据库、网状数据库、关系数据库和对象数据库。

数据操作描述数据的动态特征,是定义在数据结构上的一组运算(或操作)。每一运算包括运算的含义、运算符、运算规则等。主要操作是检索(查询)和修改(插入、删除、更新)。

数据完整性约束给出数据及其联系的制约关系和依赖规则,是由用以保证数据完整性的一组约束条件构成的集合,数据库中的数据必须满足这组条件。约束条件的主要作用是使数据库与它所描述事物的现实系统相符合。在数据库设计时,数据完整性约束能保证数据模型正确、真实、有效地反映事物的状态、行为、发展变化过程和相互联系。在数据库运行时,数据完整性约束保证数据库中的数据真实地模拟事物的状态、行为和发展变化过程。

1. 层次模型

数据结构为层次结构(即树状结构)的逻辑模型称为层次模型。层次模型的特点是记录(即结点)之间的联系通过指针来实现,查询效率较高。缺点有二:一是虽然容易表示一对一联系和一对多联系,但却难以表示多对多联系;二是层次顺序的严格性和复杂性导致数据的查询、修改和应用程序的编写非常复杂。

2. 网状模型

数据结构为网状结构(即有向图结构)的逻辑模型称为网状模型。网状模型的优点是记录之间的联系通过指针来实现,容易表示多对多联系,查询效率比层次模型更高。但致命的缺点是数据结构复杂和编程特别复杂。

3. 关系模型

数据结构为关系的逻辑模型称为关系模型。关系模型是数学化的模型,它的优点有以下几点。

(1)关系模型具有坚实的数学理论基础。

(2)关系模型的数据结构简单直观,容易理解。

(3)基于关系模型的关系数据库有功能强大、简单易懂、能够嵌入高级编程语言使用且可以访问远程数据库的结构化查询语言 SQL。SQL 被认为是数据库发展历史上的一个奇迹。

(4)关系模型的数据完整性约束容易实现。

(5)基于关系模型的关系数据库系统(RDBS)有高度的数据独立性,对关系数据库的查询、修改等操作不涉及数据库的物理存储结构和访问技术等细节。

关系模型的主要缺点是不便于表达现实世界中客观存在的一些复杂的数据结构,如CAD 数据、图形数据、嵌套递归的数据等。

4. 面向对象模型

运用面向对象技术进行数据建模得到的逻辑数据模型就是面向对象模型。

面向对象模型采用的数据结构是类结构。它的优点是能够完整地描述事物的状态、行为、发展变化过程和相互联系,具有丰富的表达能力。缺点是数据结构复杂,实现难度大,因而不够普及。

与层次、网状和面向对象模型相比,关系模型占绝对优势,关系数据库是数据库的主流。

1.2.4 外部模型

定义 1.14 外部数据模型(外部模型)是给程序员设计应用程序用的数据模型,也是给用户使用的数据模型,它表达了用户观点的数据库局部逻辑结构。

外部模型是逻辑模型的一个逻辑子集,它独立于硬件,依赖于软件,反映了用户使用数据库的观点。

外部模型有以下优点:

(1) 简化了用户使用数据库的观点。外部模型是针对具体用户应用需要的数据而设计的,它不涉及用户不需要的数据,使用户能够简单、方便地使用数据库。

(2) 有助于数据库的安全保护。对用户保密的数据不出现在外部模型中,使用户无法访问,这样就提高了 DBS 的安全性。

(3) 外部模型中是对概念模型的支持。如果用户使用外部模型得心应手,就说明 DBS 需求分析充分,概念模型正确、完善。

1.2.5 内部模型

定义 1.15 内部数据模型(内部模型)又称为物理模型,它描述数据在外存储器上的存储方式、存取设备和存取方法,是数据库最底层的抽象。

存储方式即文件结构;存取设备即外存空间;存取方法即主索引和辅助索引等。内部模型是与软硬件紧密联系的,它的设计人员应当具备较全面的软硬件知识。

1.3 数据库管理系统(DBMS)

1.3.1 DBMS 的基本概念

1. 数据库(DB)

定义 1.16 数据库(DB)是按照一定的逻辑数据模型将整体上具有一定逻辑结构的数据组织在一起以单个文件形式集中存放在单个计算机系统的外存储器上,或者以逻辑上有联系的多个文件的形式分散存放在构成计算机网络结点的多个计算机系统的外存储器上,可以供单个用户使用或多个用户跨时空共享且与应用程序彼此独立的有限数据集合。

简单地说,数据库是长期储存在计算机内的有组织、可共享的数据集合。

这里所说的是作为数据集合的数据库,称为物理数据库。有时候也将描述数据结构的文件即数据字典称为描述数据库。

定义 1.17 把 OS 或 DBMS 专用的数据库称为系统数据库,而将特定应用环境的数据库称为应用数据库。

所谓特定应用环境可以是一个公司、一家银行、一所学校、一家商店、一级政府或一级政府的某个处室,甚至一个国家的某个系统等。

定义 1.18　研究数据库的结构、存储、设计、管理和使用的软件技术学科是数据库技术。

数据库具有下列特点。

(1) 结构性和集成性。数据库中的数据按照一定的数据模型组织、描述和存储,是一个有机统一的整体。

(2) 永久性和共享性。数据库中的数据可永久保存,并可供各种用户通过构成 DBS 的计算机或计算机网络跨越时间和空间来使用。

(3) 有限性。尽管数据库中数据的取值范围(即值域)可能是无限的,但数据库中的数据量是有限的,数据库中数据的值本身是有限的,每一个数据值的表示形式也是有限的。计算机不能存储和处理无限多数据、值为无限的数据和表示形式无限的数据。有时候,人们也说"无限多数据",其实是不知道数据量有到底多大,但总量还是有限的。

(4) 低冗余性和数据独立性。数据模型的使用和规范化的 DBS 设计过程使数据库文件之间和文件内部最大限度地消除了数据冗余和数据库内部的不良数据依赖,使数据库中的数据有了较低的冗余度,数据之间有了较高程度的相对独立性。另外,下面将要介绍的 DBS 三级模式结构也为 DBS 提供了数据库与应用程序之间的一定程度的数据独立性。

(5) 易扩充性。数据库中的数据容易扩充,以适应数据库用户的新要求。

2. 数据库管理系统(DBMS)

定义 1.19　DBMS 是在 OS 支持下按照一定的数据模型来管理数据定义、处理数据库访问事务、维护数据完整性和安全性、提供数据库用户接口的系统软件。

数据模型为关系模型的 DBMS 称为关系数据库管理系统(RDBMS)。最常用的RDBMS 有 Microsoft SQL Server、Oracle、Microsoft Access 等。

1.3.2　DBMS 的组成和各部分功能

DBMS 主要由查询处理器和存储管理器两大部分组成。查询处理器由 DDL 解释器、DML 编译器、嵌入式 DML 预编译器和查询求值引擎(查询计算引擎)等部分组成。存储管理器由事务管理器、文件管理器、缓冲区管理器、权限和完整性管理器等部分组成。

DDL 解释器的功能是解释并在数据字典中登录 DDL 语句。

DML 编译器的功能是优化 DML 语句并将其转换成查询求值引擎可执行的低层指令。

嵌入式 DML 预编译器的功能是将嵌入在宿主语言中的 DML 语句处理成规范的过程调用格式。Microsoft SQL Server 2005 以上版本没有提供嵌入式 DML 预编译器。

查询求值引擎的功能是执行 DML 编译器产生的低层指令。

事务由数据库操作序列组成,是 DBS 的逻辑工作单元。事务管理器的主要功能是控制事务的并发操作(即并发控制),确保数据库处于一致性(正确性)状态。

文件管理器的功能是合理分配磁盘空间,管理数据库文件的存储结构和存取方式。

缓冲区管理器的功能是为应用程序开辟数据库的系统缓冲区,并负责将从外存储器中读出的数据送入内存的缓冲区。

权限和完整性管理器的功能是检查用户访问数据库的权限,测试应用程序对数据库的修改是否满足完整性约束。

1.3.3　DBMS 的工作过程

DBMS 的工作过程如下：

（1）接受数据库应用程序的数据请求和处理请求；

（2）将来自数据库应用程序的用户的请求转换成低层指令，即机器代码；

（3）操作数据库；

（4）接受对数据库操作的查询结果；

（5）对查询结果进行格式转换；

（6）向用户返回处理结果。

DBMS 将数据库中的数据作为一种可管理资源来对待。它在内存中为应用程序开辟一个系统级的 DB 缓冲区，用于数据传输和格式转换。而 DBS 的三级模式结构定义存放在数据字典中。这里所说的数据字典不是 DBS 需求分析阶段得到的数据字典，而是 DBMS 自己建立的数据字典。

在用户访问数据库时，DBMS 把用户对数据库的操作从应用程序转移到外部级、逻辑级，再导向内部级，进而通过 OS 操纵存放在外存储器中的数据库。

1.3.4　DBMS 的主要功能

DBMS 主要有以下 5 个方面的功能。

1. 数据定义功能

DBMS 提供数据定义语言（DDL），因而在 DBMS 的组成中有 DDL 解释器。DDL 用来定义 DBS 三级模式和两级映像，定义数据库中的各种数据对象和数据完整性约束等。

2. 数据操纵功能

DBMS 提供数据操纵语言（DML），因此在 DBMS 的组成中有 DML 编译器。DML 用来操纵数据，实现对数据库的检索（即查询）和修改（即插入、删除和更新）两类基本操作。

DML 可分为过程性 DML 和非过程性 DML。过程性 DML 是指用该类 DML 操纵数据时，不仅要指出要进行什么样的操作，还要指出如何完成所需的操作。非过程性 DML 是指用该类 DML 操纵数据时，只须指出要进行什么样的操作，而无须指出如何完成所需的操作。基于层次模型或网状模型的 DBMS 提供的 DML 一般属于过程性 DML，而基于关系模型的 DBMS（即 RDBMS）提供的 DML 一般属于非过程性 DML。

3. 数据库保护功能

DBMS 提供以下 4 种数据库保护功能。

（1）数据完整性控制功能。数据完整性控制功能阻止破坏数据完整性的任何操作，从而保证数据库中的数据及其语义的正确性和有效性。

（2）数据安全性控制功能。数据安全性控制功能防止未经授权的用户访问数据库和已经授权的用户越权访问数据库,以避免数据的泄露、更改或破坏。

（3）并发事务控制功能。并发事务控制功能可以有效防止两个以上受权用户同时访问一个数据时可能造成的数据破坏。

（4）数据库恢复功能。当数据库中的数据不正确或遭到破坏时,数据库恢复功能可确保系统能将数据库恢复到此前的某个正确状态。

4. 数据库创建和维护功能

数据库创建和维护功能完成数据库的创建、数据装载、数据转换、数据转储、数据库重组和性能监控任务。

5. 数据字典(DD)和统计功能

DD 是描述数据结构的数据文件,其中的数据称为元数据。对数据库的操作都要通过DD 才能实现。统计功能保存数据库运行时的统计信息。

1.4 数据库系统(DBS)

1.4.1 DBS 的概念

定义 1.20   DBS 是用数据库来存储和维护特定应用环境的数据并对该应用环境提供数据支持的实际可运行的计算机系统或计算机网络。

这里给出的 DBS 定义涵盖了使用数据库访问接口技术的 DBS。

把以数据库为基础的系统称为数据库应用系统,如管理信息系统、决策支持系统、办公自动化系统、电子商务系统等。数据库应用系统一般具有信息的采集、组织、加工、抽取、综合和传播等功能。数据库应用系统的开发既是一个软件工程过程,又有自己的特点,因而称为"数据库工程"。

DBS 也是一种数据库应用系统,它是专门用来管理和控制应用数据库的计算机系统或计算机网络,是硬件、软件、应用数据库和数据库用户有机联系的系统。

1.4.2 DBS 的组成

典型的 DBS 由计算机系统或计算机网络、应用数据库、DBMS、数据库应用程序和数据库用户 5 大部分组成。

1. 计算机系统或计算机网络

这里所说的计算机系统或计算机网络是 DBS 安装和运行的平台。计算机系统是指由计算机硬件系统、计算机操作系统以及各种驱动程序和接口程序组成的系统。计算机网络是利用通信设备和传输介质将地理位置不同且功能独立的多个计算机系统连接起来以功能完善的网络软件(网络通信协议和网络操作系统)实现网络中资源共享和信息传递的系统。

2．应用数据库

应用数据库是指在某个特定应用环境中进行管理、决策和其他工作所必须存储和处理的数据所组成的采用具体 DBMS 所支持的逻辑数据模型的数据库，是 DBS 的核心和工作对象。数据模型为关系模型的 DBS 称为关系数据库系统（RDBS）。在一个特定应用环境中，各种不同的应用程序可通过访问相应的应用数据库获得必要的信息，进行辅助决策，决策完成后，还可以将决策结果存入相应的应用数据库中。

3．DBMS

DBMS 不是每一个 DBS 都必需的。有些 DBS 不需要完整的 DBMS 的支持，因此 DBMS 不是这些 DBS 的核心组成部分。这样的 DBS 必须通过数据库应用程序使用数据库访问接口操纵数据库。

另有一些 DBS 以 DBMS 为核心软件。在这些 DBS 中，DBMS 负责按照一定的数据模型管理数据定义、处理数据库访问事务、维护数据完整性和安全性、提供数据库用户接口。数据库用户对应用数据库的任何操作——包括数据库定义、数据查询、数据维护、数据库运行等——都是在 DBMS 的统一管理下进行的。但不能因此说 DBMS 是 DBS 的核心。同一个计算机系统（或计算机网络）、同一个 DBMS 平台上可能安装和运行两个以上 DBS，但不同的 DBS 必须有不同的应用数据库和不同的数据库应用程序。因此，只有作为 DBS 工作对象的应用数据库才是 DBS 的核心。

本书主要研究以 DBMS 为核心软件的 DBS。在这样的 DBS 中，DBMS 是用户与数据库的接口，应用程序只有通过 DBMS 才能按照一定的权限访问（读写）数据库。

4．数据库应用程序

数据库应用程序是使用户实现数据库操作功能的应用程序。它将数据库用户对数据库的各种操作转换成一系列数据请求和处理请求并提交给 DBMS 去完成，或者通过相应的数据库访问接口来操纵数据库。为了开发数据库应用程序，需要各种编程语言。常用的数据库应用程序编程语言有 Visual C++、Visual Basic、Java、C♯、VBScript 等。有些以 DBMS 为核心软件的 DBS 可以没有数据库应用程序。

5．数据库用户

数据库用户是控制、存储、维护和检索应用数据库中数据的人员。按照与系统交互方式的不同，数据库用户可分为数据库管理员（DBA）、DBS 专业用户、DBS 应用程序员、DBS 终端用户 4 类。

（1）DBA

DBA 是控制整体数据结构的一个人或一组人员。DBA 负责 DBS 的正常运行，承担创建、监督和维护数据库结构的责任。DBA 的主要职责有如下几点。

① 定义 DBS 的模式、内模式和模式/内模式映像。

② 定义数据完整性规则，监督数据库运行。

③ 定义数据安全性规则，控制其他数据库用户的访问权限。

④ 数据库转储与恢复。

⑤ 与其他数据库用户的联络。包括定义外模式和外模式/模式映像、设计数据库应用程序、提供技术培训服务等。

由于其职责重要和任务复杂,DBA 应当充分了解其他所有数据库用户的需求,熟悉其所在特定应用环境全部数据的性质和用途,熟悉 DBS 原理和 DBMS,非常熟悉自己所管理的 DBS 的性能。

(2) DBS 专业用户

DBS 专业用户是指系统分析员等 DBS 设计高层人员。DBS 专业用户使用专门的 DML 操纵应用数据库中的数据。DBS 专业用户与 DBMS 之间的接口一般是数据库查询工具。

(3) DBS 应用程序员

DBS 应用程序员是指使用宿主语言和 DML 编写数据库应用程序的程序员。DBS 应用程序员主要负责设计数据库应用程序。

(4) DBS 终端用户

DBS 终端用户又称 DBS 初级用户,是指特定应用环境中处于 DBS 用户地位以数据库应用程序访问应用数据库从而履行其在特定应用环境中职责的人员。比如网络用户、单位出纳员、银行职员、商场收银员、产品代理商等。DBS 终端用户使用终端计算机系统或计算机系统终端在 DBS 中工作。DBS 终端用户与 DBMS 之间的接口一般是数据库应用程序界面。

1.4.3 DBS 的三级模式结构

用数据定义语言(DDL)描述的外部模型、逻辑模型和内部模型分别称为外模式、逻辑模式和内模式。

1. 外模式

外模式是 DBS 中数据库用户与应用数据库的接口,是数据库用户需要的那一部分数据的逻辑描述,是逻辑模式的逻辑子集,它由若干个外部记录类型组成。外模式是数据库用户能够看见和使用的局部数据的逻辑结构和特征的描述,是数据库用户的数据视图,是与某一应用有关的数据的逻辑表示。

外模式是维护数据库安全性的一个有力措施,同时也方便了用户和程序员的工作。有了外模式后,用户和程序员不必关心逻辑模式,而只须按照外模式的结构去存储和操纵数据。

2. 逻辑模式

逻辑模式又简称模式,是对数据库中全部数据的整体逻辑结构的描述,它包括若干个逻辑记录类型、记录间的联系、数据完整性约束和数据安全性要求。

逻辑模式是数据库中全体数据的逻辑结构和特征的描述,是数据库中数据的逻辑视图,是所有用户的公共数据视图。

3. 内模式

内模式是对数据库的物理存储结构的描述,是数据在数据库内部的表示方式,它定义所有内部记录类型、索引和文件的组织方式以及数据控制细节。

　　三级模式可能会有不同的数据结构。这就须要在外模式与逻辑模式之间、逻辑模式与内模式之间各建立一级映像来说明外部记录、逻辑记录和内部记录之间的对应关系。

　　外模式与逻辑模式之间的那一级映像称为外模式/模式映像。外模式/模式映像用于定义外模式与逻辑模式之间的对应关系。这一级映像一般是在外模式中描述的。外模式不同,对应的外模式/模式映像也有所不同。

　　逻辑模式与内模式之间的那一级映像称为模式/内模式映像。模式/内模式映像用于定义逻辑模式与内模式之间的对应关系。这一级映像一般是在内模式中描述的。

　　这三级模式和两级映像构成了 DBS 的三级模式结构,如图 1.1 所示。

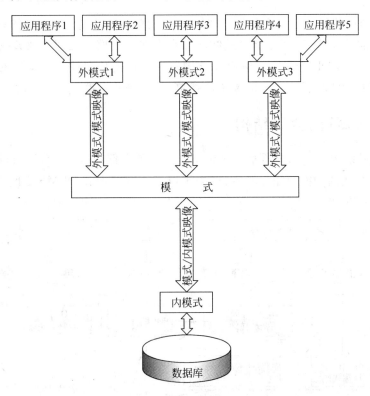

图 1.1　DBS 三级模式结构

　　三级模式结构有下列特点。

　　(1) 用户使用 DML 对数据库的操作实际上是对外模式的外部记录的操作,而不是对数据库的内部记录的操作。

　　(2) 数据按外模式的描述提供给用户,按内模式的描述存储在外存储器中,而逻辑模式提供连接这两级模式的相对稳定的中间观点,并使内外两级模式中任何一级的改变都不受另一级的制约。因此逻辑模式不涉及存储结构、访问技术等细节。

　　(3) 比内模式更接近物理存储和访问的软件机制是操作系统的文件系统,内模式不受物理设备的约束。

1.4.4　DBS 的数据独立性

DBS 的三级模式结构为 DBS 提供了高度的数据独立性。

在 DBS 的三级模式结构中，当数据库的物理存储结构即内模式改变时，只须修改模式/内模式映像，而逻辑模式保持不变，从而外模式和应用程序保持不变。这说明 DBS 的三级模式结构为 DBS 提供了高度的物理独立性。

在 DBS 的三级模式结构中，当数据库的逻辑模式改变时，只须要修改外模式/模式映像，而外模式和应用程序尽可能保持不变。这说明 DBS 的三级模式结构为 DBS 提供了一定的逻辑独立性。

DBS 的三级模式结构是一个理想的结构。它虽然为 DBS 提供了高度的数据独立性，但它也给系统增加了保持、管理三级模式结构和数据在三级模式之间来回转换的额外开销。另外，在不同类型的 DBMS 下，三级模式结构提供的数据独立性是有差异的。一般说来，RDBS 的数据独立性比层次 DBS 和网状 DBS 高，这也是关系模型的一大优点。

1.4.5　DBS 的全局结构

DBS 的全局结构如图 1.2 所示。这个结构图从外存储器、DBMS、界面、用户 4 个层次展示了 DBS 各模块的功能和相互联系，略去了位于外存储器和 DBMS 之间为 DBMS 提供最基本读写服务的 OS。

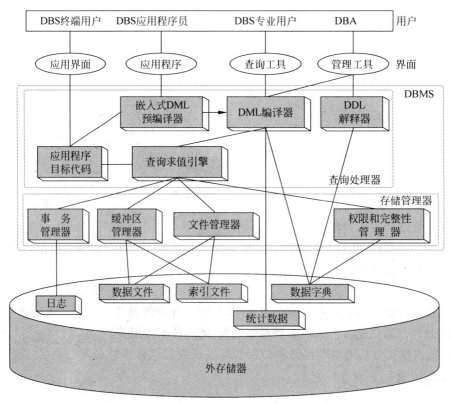

图 1.2　DBS 的全局结构

外存储器中属于 DBS 的数据结构有 5 种：

（1）数据文件。存储 DBS 所管理的各种应用数据。应用数据库在外存储器上的基本组织形式是数据文件，即数据库文件，这样可以充分利用 OS 的外存管理功能。应用数据库中数据的逻辑模型是 DBMS 所支持的数据模型。应用数据库的文件组织方式（物理存储结构）将在第 6 章介绍。

（2）数据字典（DD）。在 DBMS 中，DD 是存储元数据的外存数据文件。

（3）索引文件。为提高查询速度而建立的逻辑排序文件。

（4）统计数据。DBS 运行时的统计分析数据，查询处理器可使用这些数据更有效地进行查询处理。

（5）日志。存储 DBS 运行时对应用数据库的操作情况，以备后来恢复应用数据库和查阅应用数据库使用情况。

1.4.6　DBS 的体系结构分类

根据运行 DBS 的计算机系统的结构，DBS 的体系结构可分为集中式、分布式、并行式和 C/S（Client/Server，客户机/服务器）式 4 种。

1. 集中式 DBS（Centralized DBS）

定义 1.21　如果 DBS 的应用数据库、DBMS、数据库应用程序全部存储、安装和运行在同一个计算机系统中，则称这个 DBS 为集中式 DBS。

计算机系统有单用户计算机系统和多用户计算机系统之分，集中式 DBS 也就分为单用户集中式 DBS 和多用户集中式 DBS。单用户集中式 DBS 一般不支持并发控制，恢复机制也较为简单。在多用户集中式 DBS 中，应用数据库、DBMS、数据库应用程序全部存储、安装和运行在一个称为数据库服务器的计算机系统中，数据库用户通过终端或计算机网络上的其他计算机系统访问数据库，所以多用户集中式 DBS 又可以称为主从式 DBS。

有些功能特别简单的单用户集中式 DBS 可以没有数据库应用程序，用户的处理需求通过在 DBMS 下建立应用数据库的视图、查询或者使用 DBMS 提供的专门功能就可以实现。

2. 分布式 DBS（DDBS）

定义 1.22　分布式 DBS（DDBS）是在分布式 DBMS（DDBMS）支持下将逻辑上为一个整体的应用数据库分片存放在同一个计算机网络不同结点的计算机系统中的 DBS。在 DDBS 中，每一结点都有能力独立处理应用数据库中存放在本计算机系统的那一部分数据从而完成局部应用，同时每一结点也有能力存取和处理应用数据库中存放在其他多个结点的数据从而参与全局应用程序的执行，全局应用程序可通过网络通信访问本 DDBS 中任何结点的数据。

简单地说，分布式 DBS 是将逻辑上为一个整体的应用数据库分片存放在计算机网络上不同结点的 DBS。

3. 并行式 DBS（PDBS）

定义 1.23　并行 DBS 是运行在并行机上的具有并行处理能力的 DBS。

并行 DBS 是数据库技术和并行计算技术相结合的产物,是一种典型的 DBS 体系结构。并行 DBS 是使用多个 CPU 和多个外存储器并行操纵应用数据库的 DBS。吞吐量和响应时间是并行式 DBS 的两个重要性能指标。吞吐量是指 DBS 在给定时间间隔内完成任务的数量。响应时间是指 DBS 完成一个任务所需的时间。

并行 DBS 可按结构分为共享内存型(全共享并行结构)、共享外存型(共享磁盘并行结构)、非共享型(无共享并行结构)和层次型(分层并行结构)4 种。

4. C/S 式 DBS

定义 1.24 C/S 结构的 DBS 是一个局域网结构,局域网中有一个计算机系统充当数据库服务器,由 DBA 管理;其余的计算机系统由数据库用户使用,称为客户机。应用数据库存储在数据库服务器的外存储器中,DBMS 也安装在数据库服务器中;DBA 的数据库应用程序安装在数据库服务器或 DBA 专用的客户机上,而一般用户的数据库应用程序安装在该用户使用的客户机上。

C/S 结构的 DBS 把 DBMS 功能和数据库应用程序功能从物理上分开了。功能分布的结果减轻了数据库服务器的负担,使数据库服务器专门负责事务处理和数据访问控制,从而提高了 DBS 的性能。总的说来,C/S 式 DBS 有如下优点。

(1) 数据库服务器只接受和处理数据库应用程序从客户机发出的数据库访问请求,并向客户机返回处理结果而不是全部数据,从而降低了网络负荷,提高了系统效率。

(2) 客户机只安装相应的数据库应用程序,不存放应用数据库的数据,无须具备大量数据存储处理能力,从而节省了硬件开销。

(3) 各客户机和数据库服务器可以有不同的软硬件平台,从而数据库应用程序编写灵活,软件维护简单、方便。

集中式、分布式、并行式和 C/S 式体系结构是 DBS 的 4 种典型体系结构。有的教科书上还提到了随着 Internet 技术发展起来的 B/S(浏览器/服务器)式 DBS 体系结构。在特定应用环境的 B/S 式 DBS 中,应用数据库、DBMS 和数据库应用程序(比如 ASP 网页)全部存储、安装和运行在数据库服务器上,用户机无须安装任何专门的数据库应用程序,数据库用户只须要在自己的计算机系统中通过网络浏览器访问应用数据库。因而 B/S 式 DBS 体系结构可以归结为多用户集中式 DBS。

1.5 数据库系统设计

定义 1.25 DBS 设计是根据特定应用环境的数据库应用需求来建设、设计和调试 DBS 的软件工程过程。

DBS 设计包括结构设计和行为设计两个方面。

结构设计又叫数据库设计,是指系统整体逻辑模式与子模式(即外模式)的设计,是对数据的分析设计,是静态的结构特性的设计。数据库设计是 DBS 设计的核心内容。

行为设计是指施加在应用数据库上的动态操作(应用程序集合)的设计,是对 DBS 功能的设计,是动态的行为特性的设计。

在 DBS 设计过程中应该把结构设计和行为设计两方面紧密结合起来,将这两方面的需求分析、抽象、设计、实现在各个阶段尽可能同时进行，相互参照，相互补充，不断完善。

针对同一应用环境的数据库应用需求，由于不同设计者的理解以及个人习惯和爱好不同，可能得出不同的数据库模型或不同的应用程序集合。因此，DBS设计的结果一般不是唯一的。

一个好的DBS设计方法应该能在合理的期限内以合理的工作量和合理的成本建立一个具有所需使用价值的稳定、高效、方便、易扩展的DBS。

DBS设计应由下列4类人员参与进行：

(1) DBS分析设计人员。DBS分析设计人员是DBS设计的核心成员，他们从一开始到DBS实现一直参与DBS设计，其水平决定了DBS的设计质量。DBS分析设计人员应该特别熟悉DBS的原理和设计技术，了解软件工程的原理和方法，熟悉计算机科学的基本知识，熟悉计算机程序设计的方法和技术，了解特定应用环境的一般知识。

(2) 数据库用户。数据库用户在DBS设计中也是举足轻重的。他们主要参与需求分析和数据库的运行维护。数据库用户的积极参与能够加速DBS设计，提高DBS设计质量。

(3) 应用程序员。应用程序员即数据库应用程序设计人员。他们中的一部分或者全部可能本来就是DBS分析设计人员。原则上，他们在DBS实现阶段（实际上有可能在逻辑设计阶段）参与进来，主要负责数据库应用程序的设计工作。

(4) 操作人员。操作人员在DBS实现阶段参与进来，主要负责软硬件环境的准备。

1.5.1　DBS设计的基本任务

DBS设计的基本任务是根据特定应用环境的信息需求、处理需求和数据库支持环境设计出外模式、逻辑模式和内模式以及与外模式相对应的数据库应用程序。

信息需求是指特定应用环境所需数据的结构特性，表达了对应用数据库的内容和结构的要求，也就是静态要求。

处理需求是指特定应用环境中所需数据的行为特性，表达了基于应用数据库的数据处理要求，也就是动态要求。

DBS设计的目标是使设计出的DBS满足特定应用环境的应用功能需求并具有良好的数据库性能。

满足应用功能需求是指能够把用户当前应用以及可以预知的将来应用所需要的数据和数据之间的联系全部准确地存放于应用数据库中，并能根据用户的需要对数据进行合理的增、删、改、查等操作。

良好的数据库性能是指应用数据库具有良好的逻辑结构和存储结构、良好的数据共享性、良好的数据完整性、良好的数据一致性及良好的安全保密性等。

1.5.2　DBS设计的特点

像其他所有的软件工程过程一样，DBS设计也具有阶段性、反复性和试探性。

(1) 阶段性。DBS设计必须按照软件工程的方法分若干阶段进行，每一阶段又可以根据需要分成若干步骤，各个阶段甚至各个步骤的设计目的、任务和参加人员都可能不尽相同。这既使保证DBS设计过程各阶段、各步骤的目的和任务明确，又是技术分工的需要。

(2) 反复性。DBS设计很少一气呵成，一般要经过反复推敲、反复修改才能完成。前面每一阶段的设计是后面各阶段设计的基础和起点,每一阶段的设计中也可以发现前面某个阶段的问题,从而退回到前面有问题的阶段重新设计或进行修改、完善。

(3) 试探性。前面已经讲过,DBS 设计的结果一般不是唯一的。因此,DBS 设计的过程通常是一个试探的过程。在 DBS 设计过程中会遇到各种各样的需求和约束,有些需求和约束之间可能还是互相矛盾的。DBS 设计中常常要根据特定应用环境的要求在相互矛盾的需求和约束之间权衡利弊后作出折中或取舍,以期达到理想的设计效果。

1.5.3　DBS 的设计过程

对于 DBS 设计过程的阶段划分有七阶段论、六阶段论和五阶段论。七阶段论将 DBS 设计过程划分为 7 个阶段:规划阶段、需求分析阶段、概念(结构)设计阶段、逻辑(结构)设计阶段、物理(结构)设计阶段、实现(实施)阶段和运行与维护阶段。八阶段论比七阶段论少了一个规划阶段。五阶段论在六阶段论的基础上将实现阶段和运行与维护阶段合并成了一个实施与维护阶段,本质上没有区别。本书支持七阶段论。

在 7 个设计阶段中,概念设计、逻辑设计和物理设计属于数据库的结构特性设计(即数据库设计),行为特性设计较少。行为特性设计主要反映在数据库应用程序设计上,这项任务大部分在实现阶段完成。

1. 规划阶段

大多数教科书不提规划阶段。原因可能是一般的 DBS 规模不大,也不是太复杂,规划阶段没有多少工作可做,要做的工作可以合并到需求分析阶段;或者因为规划阶段有些工作很难与需求分析阶段的工作完全分开而必须与需求分析同步进行。无论如何,对于大型 DBS 的设计,规划阶段的工作是必不可少的,规划阶段工作的好坏可能直接影响 DBS 设计的进程。

规划阶段可以分为如下 5 个步骤。

(1) 组织结构调查。对特定应用环境进行全面、深入的调查研究,了解其组织结构和规模,必要时画出组织结构图。

(2) 确定 DBS 设计总目标。DBS 设计总目标应当包括:决定采用哪种 DBMS,采用哪种 DBS 体系结构,筹划数据库应用程序总体框架结构并划分功能模块等。比如对于大型的 DBS,一般应当在数据库应用程序中有数据输入模块(数据输入子系统)等。

(3) 可行性分析。从法律、技术、效益、成本等方面分析、论证开发 DBS 的可行性。

(4) 制订 DBS 项目开发计划,履行行政报批手续和有关法律手续,如签订开发合同和保密协议书等。

(5) 按开发计划组织 DBS 设计人员,分配 DBS 设计任务,并按照设计总目标确定的 DBS 体系结构来建设 DBS 设计的技术条件(软硬件环境),还要建设完成 DBS 设计任务所需的物质条件。为了减少开发成本,有可能的话可以先建设 DBS 实际运行的软硬件环境,作为 DBS 设计的软硬件环境。

2. 需求分析阶段

需求分析是全面、深入、准确地了解特定应用环境的数据需求、处理需求和系统需求的过程,是整个 DBS 设计过程中最困难甚至最耗时的阶段。

需求分析阶段的工作可以分为 5 个步骤来完成:

(1) 分析用户活动,了解业务流程。

(2) 确定系统范围,划分人机界面。

(3) 分析数据流向,画出数据流图(DFD)。

(4) 分析数据结构,建立数据字典(DD)。

(5) 形成需求分析报告或需求规格说明书。

3. 概念结构设计阶段

概念结构设计简称概念设计。概念设计的目标是建立仅从用户角度看待数据及其处理需求的数据库概念模型。因此,概念设计阶段的主要任务是通过对特定应用环境的用户需求进行综合、归纳与抽象,形成一个独立于具体 DBMS 的概念模型。概念设计的成果是概念模型文档。

概念设计是 DBS 设计的关键阶段之一,应当认真、细致地做好这一阶段的所有工作。不少人在进行 DBS 设计时,往往嫌需求分析和概念设计麻烦,一上手就直接到 DBMS 上建立应用数据库并开始编程。这是非常草率的做法。

概念设计的最主要的方法是实体-联系法,即 E-R 图法。E-R 图虽然有简单、直观的优点,但它不能全面反映数据之间的各种依赖关系。

概念设计阶段的任务可以分成局部概念模型设计、全局概念模型集成、建立概念模型文档和概念模型评审 4 个步骤来完成。

4. 逻辑结构设计阶段

逻辑结构设计简称逻辑设计。逻辑设计的任务是:

(1) 将概念设计阶段建立的概念模型转化为具体的 DBMS 所支持的逻辑数据模型。

(2) 根据需求分析阶段建立的数据字典分析逻辑数据模型中的数据依赖关系并按照 DBS 功能需求对得到的逻辑数据模型进行优化,形成应用数据库逻辑模型,即应用数据库模型。

(3) 设计外模型。

(4) 开始设计数据库应用程序。

形成应用数据库模型是逻辑设计阶段的首要任务。

如果采用的 DBMS 是 RDBMS,则逻辑数据模型是关系模型,支持关系数据模型优化的理论基础是关系模式规范化理论,简称关系规范化理论。

5. 物理结构设计阶段

物理结构设计简称物理设计。数据库的物理结构是指数据库的存储记录格式、存储记录安排和存取方法。因此,数据库的物理设计完全依赖于特定的硬件环境和 DBMS。

物理设计的主要任务是为应用数据库模型设计一个最适合应用环境的存储结构和存取方法。

6. 实现阶段

DBS 实现阶段的目的和总任务是实现 DBS 并进行联合调试。数据库应用程序设计主要在这一阶段完成。

7. 运行与维护阶段

DBS 经过联合调试,通过后即可投入正式运行。DBS 的正式运行标志着 DBS 开发任务的基本完成和维护工作的正式开始。DBS 维护是 DBS 设计中最漫长的阶段。在这一阶段,特定应用环境以外的 DBS 设计人员(一般在 DBS 设计专业人员中)不再是 DBS 的用户,他们一般不参与这一阶段的工作,而只在必要时提供后续技术服务。由于应用环境可能发生变化,甚至应用需求发生变化,运行过程的物理存储也可能发生变化,所以对 DBS 设计的评价、调整、改进、维护工作是一个长期的任务,是设计工作的最后阶段。

在运行阶段,对 DBS 的经常性维护工作主要由 DBA 来完成。维护工作的内容包括:应用数据库的转储与恢复;应用数据库的完整性和安全性控制;DBS 性能的监督、分析和改进;应用数据库的重组和重构等。

1.6 小结

1. DBS 的基础是数据模型,DBS 的核心是应用数据库。

2. DBMS 是 DBS 中在用户与 OS 之间按照一定的数据模型管理数据定义、处理数据库访问事务、维护数据完整性和安全性、提供数据库用户接口的系统软件。

3. 数据模型主要有层次模型、网状模型、关系模型、面向对象模型,其中关系模型是最重要的。

4. 层次 DBS 和网状 DBS 被称为第一代 DBS,现在已经成为历史。RDBS 被称为第二代 DBS,目前仍然是主流。

5. DBS 三级模式结构实现了数据的逻辑独立性和物理独立性。逻辑独立性是指当模式改变时,修改外模式/模式映像,使外模式保持不变,从而使应用程序保持不变。物理独立性是指当存储结构改变时,修改模式/内模式映像,使模式保持不变,从而使应用程序保持不变。

6. E-R 图是 DBS 概念设计的主要工具。

7. 本章关于 DBS 全局结构和体系结构划分的内容主要参考了文献[1]和[8],关于 DBS 设计过程的内容主要参考了文献[1]。

1.7 习题

1. 逻辑数据模型有哪些要素?

2. 简述 DBMS 的主要功能、组成和各部分功能。

3. DBS 由哪些部分组成?DBS 有哪些体系结构?

4. 什么是 DBS 的逻辑独立性和物理独立性？

5. 填空题。

(1) 数据结构、数据操作、_____是逻辑数据模型的三个要素。

(2) 数据独立性是指_____和数据之间相互独立，不受影响。

(3) 数据的物理独立性是指：如果数据库的_____要进行修改，即数据库的存储设备和存储方法有所变化，那么_____也要进行相应的修改，使模式尽可能保持不变，从而使应用程序保持不变。

(4) 数据的逻辑独立性是指：如果数据库的_____要进行修改，如增加记录类型或增加数据项，那么_____也要进行相应的修改，使外模式尽可能保持不变，从而使应用程序保持不变。

(5) 按照所使用的数据模型来分，数据库分 4 种类型，分别是_____数据库、网状数据库、_____数据库和_____数据库。

(6) DBS 由_____、_____、_____、_____和数据库用户 5 大部分组成。

(7) 数据管理技术经历了人工管理、_____管理和_____管理 3 个阶段，其中数据独立性最高的是_____管理阶段。

(8) 简单地说，数据库是存储在计算机内的有_____、可_____的数据集合。

第 2 章
DBS需求分析和概念设计

DBS 设计的 7 个阶段中，规划阶段与需求分析阶段的边界往往是模糊不清的，并且对于一般的 DBS，规划阶段的工作并不多，可以看成是 DBS 设计的前期工作。因此本书不再专门介绍规划阶段的工作，而从需求分析阶段开始，以 DBS 设计为主线展开本书后面几章的内容。本章主要讨论 DBS 需求分析和概念设计。

2.1 需求分析

定义 2.1 需求分析是全面、深入、准确地了解特定应用环境的数据需求、处理需求与系统需求的过程。

数据需求来源于信息需求。信息需求决定了向数据库存储的数据。

定义 2.2 信息需求是特定应用环境的用户须要通过 DBS 从数据库获得的信息的内容与性质。数据需求是指为了满足特定应用环境用户的信息需求须要向数据库存储的数据。

定义 2.3 处理需求反映特定应用环境的用户须要 DBS 对数据库中的数据进行什么样的检索、什么样的加工，对数据库施加什么样的数据量限制和运行限制等。

定义 2.4 系统需求是安全性要求、使用方式要求和可扩充性要求的总称。

安全性要求是指 DBS 用户数量和各种用户的使用权限。使用方式要求是指用户使用环境、用户平均使用量和查询时间要求等。可扩充性要求是指对 DBS 未来在性能、功能等方面可扩充程度的要求。

需求分析是整个 DBS 设计过程中最困难甚至最耗时的阶段。需求分析的结果是否能够全面、完整、准确地反映特定应用环境的需求，将直接影响 DBS 设计过程后续各阶段的工作和成果。

2.1.1 需求分析的任务和方法

需求分析的目标是：形成一个能够全面、完整、准确地反映特定应用环境需求的需求分析报告，即需求规格说明书。

需求分析的任务是：深入特定应用环境，详细调查和分析各种用户的数据需求、处理需求以及系统需求，给出特定应用环境的数据项、各数据项之间的关系和数据操作任务的详细定义，为 DBS 设计过程后续各阶段的工作奠定基础，为优化数据库的逻辑结构和物理结构提供依据。

需求分析阶段的工作可以分为 5 个步骤来完成。

1．分析用户活动，了解业务流程

这一步骤主要了解特定应用环境用户的业务活动和职能，弄清其业务流程(即处理流程)。必要时可对处理流程进行细分，使每一处理的功能单一、明确。最后画出业务流程图。

分析特定应用环境的用户活动，主要回答下列问题：

(1) 特定应用环境有哪些部门？

(2) 各部门之间的业务关系如何？

(3) 各部门的职能是什么？

(4) 各个部门须要输入和使用什么数据？这些数据采用什么格式？数据范围是什么？

(5) 如何加工和处理这些数据？

(6) 各部门输出什么数据？输出到哪些部门？输出结果采用什么格式？

2．确定系统范围，划分人机界面

这一步骤主要确定系统边界，即确定数据处理范围和人机界面。

确定系统边界就是确定哪些工作由计算机完成，哪些工作由人工完成，计算机完成的功能就是系统应该实现的功能。

3．分析数据流向，画出数据流图(DFD)

这一步骤要深入分析用户业务，画出数据流图。

4．分析数据结构，建立数据字典(DD)

DD 的功能是存储和检索元数据。这里所说的 DD 与 DBMS 建立的 DD 都是描述数据结构的，但两者的内容和形式都有不同。

5．形成需求分析报告或需求规格说明书

需求分析阶段的成果是按照软件工程的要求写出的需求分析报告或需求规格说明书(需求说明书)。需求分析报告一般至少应当包括数据流图和数据字典的内容。需求分析报告应当获得特定应用环境的认可。

分析和表达特定应用环境用户需求的常用方法是结构化分析法(Structured Analysis，SA)，它是一种自顶向下的分析方法。SA 方法从最上层的系统组织机构入手，采用自顶向下、逐层分解的方式分析系统，并用数据流图和数据字典描述系统。

2.1.2　数据流图

1．数据流图的概念

特定应用环境业务流程中流动(输入、产生、存储、传递、加工、处理、输出)的数据称为数据流。数据流有数据、数据加工、数据存储和数据流向等 4 种要素。

定义 2.5　数据流图(Data flow Diagram，DFD)是用方框、圆圈(椭圆圈、圆角方框)、直

线和箭头等图元分别表达特定应用环境的数据来源和终点、数据加工、数据存储以及数据流向的一种直观、易懂的数据处理系统功能模型图。

数据流图从数据传递和加工角度以图形方式表达系统的逻辑功能、数据在系统内部的逻辑流向和逻辑变换过程。数据流图反映系统必须完成的逻辑功能,是一种功能模型。

（1）数据流

数据流是特定应用环境业务流程中一组处于流动（输入、产生、存储、传递、加工、处理、输出）中的成分固定的数据,用命名的有向线段表示。如订票单由旅客姓名、年龄、单位、身份证号、日期、目的地等数据项组成。由于数据流是流动中的数据,所以必须有流向,除了与数据存储之间的数据流可以不命名外,数据流应该用名词或名词短语命名。数据流名代表流经数据的内容,箭头表示数据的流向。数据流可以从加工流向加工,也可以从加工流进、流出文件,还可以从源点流向加工或从加工流向终点。

（2）数据加工（数据处理）

数据加工是数据处理单元,表示对数据进行的操作,它接收一定的数据输入,对其进行处理,并产生输出,从而把流入的数据流转换为流出的数据流。数据加工用带有层次编号的命名圆圈（椭圆圈、圆角方框）表示。加工名一般是一个动词（如"分解"、"打印"、"检验"等）,表示加工的含义;编号用来标识加工在层次分解中的位置。

（3）数据存储

数据存储是对数据的检索和保存,保存数据的工具或媒介是文件,用命名的线段、二平行线段或开口长条表示。文件名反映文件的内容,指向或背向文件的箭头表示写入文件或读出文件的数据流,双向箭头则表示对文件又读又写的数据流。

（4）数据源或终点

数据源或终点指的是向系统提供数据或接收系统数据的系统外部实体,它表示数据的外部来源和去处,通常是系统之外的人员、组织或软件系统,用命名的方框表示。

2．数据流图的层次

当数据处理过程比较复杂时,应当按层次进行结构化分解,形成分层的数据流图。

数据流图按照层级分为顶层数据流图、中层数据流图和底层数据流图。顶层数据流图不编号,其他数据流图从零开始编号。

顶层数据流图只含有一个数据加工,表示整个系统。输入数据流为系统的输入数据,输出数据流为系统的输出数据。顶层数据流图表明系统的范围以及与外部环境的数据交换关系。顶层数据流图中的数据加工不编号。

每一个中层数据流图是对上层数据流图中某个加工进行细化的结果,它的某些加工也可以再次细化,形成子图。中间层次的多少取决于系统的复杂程度。

底层数据流图是指其加工不能再分解的数据流图,其加工称为基本加工或原子加工。

3．数据流图的画法

在画数据流图时,应当遵循以下原则:

（1）每一加工的输出数据流不得与输入数据流同名,即使它们的组成成分相同。

（2）一个加工的输出数据流中的所有数据必须是能从该加工的输入数据流中直接获得

或者是能通过该加工产生的数据。

（3）每个加工必须既有输入数据流，又有输出数据流。

（4）所有的数据流必须从外部实体开始，并以外部实体结束。

（5）外部实体之间不得有数据流。

（6）中层和底层数据流图的层号一般从 0 开始。画每一层数据流图时，将上层数据流图的非基本加工分解为若干子加工，形成一个子数据流图。

画数据流图的步骤为：

（1）确定系统的输入、输出。搞清系统从外界输入什么数据、向外界输出什么数据等问题。

（2）由外向里画出系统的顶层数据流图和 0 层数据流图。按照"数据流的成分或值每发生一次变化就代表一个加工"的原则，将系统的输入数据和输出数据用一连串加工连接起来，得到 0 层数据流图。

（3）自顶向下逐层分解，画出分层数据流图。对于大型的或复杂的系统须要自顶向下逐层分解，将一个数据流图分解成若干个数据流图。

例 2.1　图 2.1 是某医院门诊就医系统的数据流图。

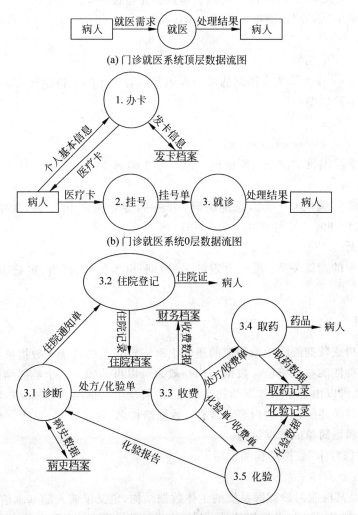

(a) 门诊就医系统顶层数据流图

(b) 门诊就医系统0层数据流图

(c) 门诊就医系统"就诊"模块1层数据流图

图 2.1　门诊就医系统数据流图

2.1.3　数据字典

定义 2.6　数据字典(Data Dictionary,DD)是以尽可能简明的自然语言集中描述与数据流图有关的数据项、数据结构、数据流、数据存储和数据加工的文件。

数据字典的功能是定义和说明数据流图的成分。数据字典的描述内容主要有数据项、数据结构、数据流、数据存储和数据加工。

1. 数据项

数据项是构成数据流图中各数据流的不可再分(最小)的数据单位。

对数据项的描述所包含的内容通常有:数据项名称和别名,数据项含义说明,数据类型,数据长度,数据格式,取值含义,取值范围,取值单位,与其他数据项的逻辑关系。

对一个数据项的长度、格式、范围和取值单位的规定就是该数据项的域完整性约束。一个数据项除了域完整性约束以外,甚至还可能受另一数据项的制约,这就是与其他数据项的逻辑关系(数据依赖关系)。这些制约关系就是数据完整性约束。

例 2.2　对学生"学号"数据项的描述:

数据项名称:学号;

数据项别名:学生编号;

数据项含义:××××大学统一编制的唯一标识其所有学生的十进制数字串;

数据类型:字符串型;

数据长度:17 位;

数据格式:×××××××××××××××××;

取值含义:学院编码 2 位＋系别编码 2 位＋专业编码 2 位＋入学年月 4 位＋班级编码 2 位＋总编号 5 位;

取值范围:学院编码 01～99,系别编码 01～99,专业编码 01～99,入学年月 1949～2099,班级编码 01～99,总编号 00001～99999;

取值单位:无;

与其他数据项的逻辑关系:唯一决定姓名、性别、出生年月、籍贯、民族、系别、宿舍号、电话等数据项。

2. 数据结构

数据结构是构成数据流图中数据流的逻辑上有一定联系的若干个数据项组合成的具有稳定的静态结构特性的数据单位。数据结构一般是可以再分的。一个数据结构可以由若干个数据项组成,也可以由若干个数据结构组成,或由若干个数据项和数据结构混合组成。

对数据结构的描述所包含的内容通常有:数据结构名,含义说明,组成。数据结构组成中可能有数据项和更简单的数据结构。

例 2.3　对"医疗卡"数据结构的说明。

数据结构名:医疗卡;

含义说明:是某医院门诊就医系统的主体数据结构,定义了病人的基本信息;

组成:卡号,姓名,性别,出生年月日,民族,工作单位,住址,电话。

3. 数据流

指数据流图中的数据流。对数据流的描述所包含的内容通常有：数据流名，数据流说明，数据流来源，数据流去向，数据流组成，平均流量，高峰期流量。

数据流来源说明该数据流来自哪个过程；数据流去向说明该数据流将流到哪个过程去；数据流组成是指数据流的数据结构；平均流量是指单位时间里的数据传输次数；高峰期流量则是指在高峰时期的数据流量。

例 2.4　对医院"化验单"数据流的说明。

数据流名：化验单；

数据流说明：初步诊断后，医生在必要时开给病人的票据；

数据流来源：诊断；

数据流去向：化验；

数据流组成：化验单编号，送检医生编号，病人姓名，病人性别，病人年龄，检验目的，检验项目，检材；

平均流量：……；

高峰期流量：……。

4. 数据存储

指数据流图中的数据存储，表示数据的静态存储，可以是数据文件、数据文件的一部分或数据库中的数据，既是数据结构停留或保存的地方，也是数据流的来源和去向之一。

对数据存储的描述所包含的内容通常有：数据存储名，数据存储说明，数据存储编号，流入的数据流，流出的数据流，数据存储组成，数据量，存取方式。

流入的数据流指数据来源；流出的数据流指数据去向；数据存储组成是指流入/流出数据流中数据结构的组成；数据量指明每次存取多少数据、单位时间内的存取次数等信息；存取方式指数据存储是批处理还是联机处理，是检索还是修改，是顺序检索还是随机检索等。

例 2.5　对"病史档案"的数据存储说明。

数据存储名：病史档案；

数据存储说明：记录病人的病史资料；

数据存储编号：……

流入的数据流：病史数据；

流出的数据流：病史数据；

数据存储组成：……

数据量：由病人就诊次数决定；

存取方式：随机存取。

5. 数据加工

数据加工是指对数据流图中数据加工（数据处理）单元的定义和说明。对数据加工的定义和说明主要是说明该数据加工的功能及处理要求。功能是指该处理过程是干什么的；处理要求是指对该数据加工的处理频度要求和响应时间要求等，是物理设计阶段的输入和性能评价标准。

对数据加工的描述所包含的内容通常有：数据加工名，简要说明，输入（数据流），输出（数据流），处理过程。

例 2.6 对"诊断"数据加工单元的说明。

数据加工名：诊断；

简要说明：医生通过倾听病人和家属主诉、观察病人精神状态和体征、查看病人病历记录、询问病人家族病史和各种技术检查（如化验、拍片、测体温、量血压）等手段对病人的病情进行检查、评估、判断、处理的过程；

输入：挂号票、各种检查报告单（如化验单）；

输出：处方、各种检查报告（如化验单）或住院通知书等；

处理过程：医生听取病人和家属主诉，观察病人精神状态和体征，查看病人病历，必要时询问病人家族病史、进行技术检查，然后判断病人病情，得出结论，将病人就医情况等信息记入病人病史数据库中，并开具处方、化验单或住院通知书等，让病人取药、化验或者办理住院手续。

2.2 概念结构设计

2.2.1 概念结构设计的任务和方法

概念结构设计简称概念设计。概念设计的目标是建立仅从用户角度看待数据及其处理需求的数据库概念模型。因此，概念设计阶段的主要任务是通过对特定应用环境的用户需求进行综合、归纳与抽象，形成一个独立于具体 DBMS 的概念模型。

概念设计是 DBS 设计的关键阶段之一，应当认真、细致地做好这一阶段的所有工作。不少人在进行 DBS 设计时，往往嫌需求分析和概念设计麻烦，一上手就直接到 DBMS 上建立应用数据库并开始编程。这是非常草率的做法。

概念设计最主要的方法是实体-联系法，即 E-R 图法。E-R 图虽然有简单、直观的优点，但它不能全面反映数据之间的各种依赖关系。

概念设计的成果是概念模型文档。

2.2.2 概念结构设计的步骤

概念设计阶段的任务可以分成局部概念模型设计、全局概念模型集成、形成概念模型文档和概念模型评审 4 个步骤来完成。

1. 局部概念模型设计

局部概念模型设计就是要进行数据抽象，建立局部概念模型。局部概念模型设计中，要对需求分析的结果进行细化、补充和修改。在这个设计步骤中，可能要用到分类（Classification）、聚集（Aggregation）、概括（Generalization）和特化（Specialization）等 4 种方法。

定义 2.7 分类就是按照事物的结构特性将事物归类，具有共同结构特性的事物属于同一类,否则属于不同类。

分类规定了事物个体与事物集体(类)之间的"is a member of"关系,即"属于"关系。如果概念模型采用 E-R 图,则不同的类代表不同的实体集。

定义 2.8　聚集就是将一部分事物和它们之间的联系抽象成一个新事物。

如果概念模型采用 E-R 图,而有些实体集之间可能有两个以上联系集,就可以考虑将一个联系集及其所联系的实体集抽象成一个高层实体集。这个抽象过程就是聚集。

定义 2.9　概括就是将具有某些共同结构特性的类作为子类抽象出一个共同的父类。

概括的字面意思是"一般化"或"推广",又称泛化或概化。抽象出的父类的成员可能不仅仅是原来那些子类中的所有成员。

定义 2.10　特化即特殊化或局部化,是与概括相对的逆过程,类似于分类,就是将一类事物中具有某些局部共享性质的事物归结为一个子类,使子类事物共享不被这一父类事物共享的特有性质。

这样一来,子类除了具有父类的所有属性外,还可能具有一组特有属性。

特化规定了事物集体(类)之间的"is a subset of"关系。特化与概括过程在 E-R 图中用三角形框表示。三角形的一个顶点连子类实体集,所对的边连父类实体集。

2. 全局概念模型集成

全局概念模型集成就是将局部概念模型整合成全局概念模型。合并各个局部概念模型就得到反映所有用户需求的初始全局概念模型。各局部概念模型之间可能存在各种冲突。全局概念模型集成步骤主要是妥善处理这些冲突,必要时可能还要补充进行需求分析。所有这些问题解决后,就得到一个成熟、完善的全局概念模型。

3. 形成概念模型文档

概念模型文档包括局部概念结构描述、全局概念结构描述、修改后的数据清单和业务活动清单等。

4. 概念模型评审

全局概念模型产生后,还要将准备好的概念模型文档提交评审。评审的目的是确认已建立的全局概念模型结构是否完整,成分划分是否合理,是否存在不一致性等问题,是否完整、准确地反映了特定应用环境中用户的信息需求等。

2.3　E-R 图设计

如果概念模型采用 E-R 模型,则概念设计的工作主要是设计 E-R 图。

2.3.1　E-R 模型中的数据描述

1. 实体集、联系集和属性

E-R 模型将现实世界看成是由一组可以称之为"实体"的基本事物和这些基本事物之间

的"联系"构成的整体。实体既可以是有形的物体,也可以是无形的事件。实体之间的关联就是联系。

E-R 模型描述数据的主要概念是实体集、联系集和属性。

定义 2.11 具有相同类型和共同特征的所有实体的集合称为一个实体集,具有相同类型和共同特征的所有联系的集合称为一个联系集。

以后提到"事物"一词可以指现实世界的实体,也可以是实体之间的联系。因此,"一类事物"就指一个实体集或联系集。

定义 2.12 事物的每一个可用数据描述的特征称为该事物的一个属性。一类事物全体具有的属性称为该类事物的全局属性;一类事物中一部分(至少一个)个体具有而另一部分(至少一个)个体不具有的属性称为该类事物的局部属性。描述一个属性的数据称为该属性的一个值。一类事物的每一个属性 A 的所有可能值构成的集合称为该属性的值域,记作 $D(A)$。

一个事物可用它的有限个属性来描述,一类事物可以用有限个全局属性来描述。当用来描述这一类事物的所有全局属性都取得确定的值时,得到的就是一个事物的描述。

定义 2.13 属性应当有正确的数据类型、统一的格式、有效的取值范围和一致的取值单位。这称为属性的域完整性约束。

在 E-R 图中,实体集用矩形框表示,联系集用菱形框表示,属性用椭圆圈表示。

定义 2.14 一类事物的属性在取值上可能互相有一定的制约关系,甚至某些属性的取值还可能受另一类事物的某些属性的制约。这些制约关系称为数据完整性约束。

这里所说的数据完整性约束对应于需求分析中提到的数据完整性约束。

定义 2.15 用来描述一类事物的所有(有限个)属性构成的有限集合称为该类事物的属性集。设 U 是某类事物的属性集,K 是 U 的一个非空子集,如果该类事物的任何两个个体的 K 组属性值都不完全相同,即如果属性集合 K 能够唯一标识该类事物的每一个体,则称 K 是该类事物的一个超键码、超键或超码。如果 K 是一类事物的一个超键码,而 K 的任何一个真子集都不是该类事物的超键码,则称 K 是该类事物的一个键码、关键字、关键码、候选键、候选码、键或码。每一键码所含有的属性都称为该类事物的主属性,一类事物的不在任何一个键码中的属性称为该类事物的非主属性。

定义 2.16 对每一类事物在其所有键码中指定一个键码来唯一标识每一个体,这个键码称为该类事物的主键码。构成主键码的属性称为主键属性。

定义 2.17 每一类事物的每一个个体在其主键属性上不能有空值,并且一类事物的两个个体在各主键属性上不能有完全相同的值。这一规定称为实体完整性约束。

在 E-R 图中,主键属性的属性名要用下划线标出。

2. 弱实体集

(1) 弱实体集的概念

在现实世界中,常常有某些实体对于另一些实体具有很强的依赖关系。

定义 2.18 如果一个实体集 W 中每一实体的存在必须以另一些实体集中某些实体的存在为前提,则称实体集 W 为弱实体集,作为弱实体集 W 存在前提的那些实体集称为 W 的父实体集。弱实体集 W 与其父实体集之间的联系集都称为弱联系集。

由此可见,弱实体集的主键属性全部或部分地来自父实体集。父实体集可能也是弱实体集。父实体集提供给弱实体集的属性必须是自己的主键码。

在E-R图中,弱实体集用双线矩形框表示,弱联系集用双线菱形框表示。

我国很多县(市)有城关镇。"城关镇"是"乡镇"这个实体集中的实体。"乡镇"这个实体集中每一实体的存在依赖于"县(市)"这个实体集中一个实体的存在。例如"三原县城关镇",没有"三原县"这个实体,就不能确定是全国哪个城关镇,因此,"乡镇"是一个弱实体集。

同样,我国县以下人民政府都有人事局、交通局、教育局、文化局、公安局、民政局、广电局等机关,它们都是"局"这个实体集中的实体。"局"这个实体集中每一实体的存在依赖于"县(市)人民政府"这个实体集中一个实体的存在,否则就不能确定是哪个县(市)的人事局、交通局、教育局、文化局、公安局、民政局、广电局。所以,"局"是一个弱实体集。

(2) 产生弱实体集的原因

弱实体集的产生主要有4个方面的原因:

① 弱实体集与父实体集之间具有层次结构(隶属关系)。上面所举例子就属于这种情况。

② 弱实体集与父实体集之间有特化与概括的关系。

③ 弱实体集来自父实体集的多值属性(从属关系)。比如有些商品的"销价"属性同时有批发价、零售价两个值。如果将"销价"处理为实体集,就是弱实体集。

④ 弱实体集本身是连接实体集。比如"作者"这个实体集中的作者与"出版社"这个实体集中的出版社签约出版的书是"图书"这个实体集中的实体,而"合同"这个实体集是"作者"、"图书"、"出版社"这三个实体集的连接实体集,它的主键码由这三个实体集的主键码共同组成。因此"合同"这个实体集是弱实体集,而"作者"、"图书"、"出版社"这三个实体集是它的父实体集。

3．属性的分类

定义 2.19 如果一类事物的某一属性在所有个体上的值全部取自本类事物的另一属性在某些个体上的值,或者全部取自另一类事物的某一属性在某些个体上的值,则称该属性为本类事物的引用属性,向引用属性提供值的那个属性称为该引用属性的目标属性。引用属性的值域等于它的目标属性的值域。不是引用属性的属性称为该类事物的自值属性。

定义 2.20 如果一类事物的一个引用属性集合(由引用属性组成的集合)对应的目标属性集合是本类事物或另一类事物的主键码,则称此引用属性集合为本类事物的外键码或外键。外键码的目标属性集合称为外键码的目标主键。对外键码的这种约束称为参照完整性约束或引用完整性约束。

例 2.7 在"出版"这一类事物中,"出版社名"这一属性是引用属性,它的目标属性是"出版社"这一类事物的"出版社名"属性;"书号"这一属性是引用属性,它的目标属性是"图书"这一类事物的"书号"属性。

例 2.8 在"课程"这一类事物中,如果规定每一门课程至多有一门直接先修课,则有些课程没有直接先修课,这些课程的"直接先修课课号"属性为空值。因此"直接先修课课号"是"课程"这一类事物的局部属性。我们可以将这些课程的"直接先修课课号"属性值设为本课程号。有直接先修课的每一门课程的"直接先修课课号"值等于"课程"这一类事物中某一门课程的"课号"值。因此"直接先修课课号"是"课程"这一类事物的引用属性,且已"变为"全局属性。

事物的属性除了有全局属性与局部属性之别、主属性与非主属性之别、自值属性与引用属性之别外,还有原子属性与复合属性之别、单值属性与多值属性之别、存储属性与派生属性之别。

定义 2.21　可以划分为两个以上其他属性的属性称为复合属性。不能再划分的属性称为原子属性。

原子属性和复合属性在需求分析得到的数据字典中被描述为数据项和数据结构。在E-R 图中,一般只允许出现原子属性,不允许直接出现复合属性。应当将复合属性分解后的原子属性作为原实体集的属性。

定义 2.22　对每一特定个体只有单一值的属性称为单值属性。对某些个体有至少两个值的属性称为多值属性。

在 E-R 图中,单值属性用单边椭圆圈表示,多值属性用双边椭圆圈表示。

对多值属性的最终处理有两种方法:一是将多值属性的每个值作为原实体集的一个属性共同代替该多值属性;二是将多值属性作为一个弱实体集,这个弱实体集在与原实体集的弱联系集中是完全参与的。

定义 2.23　其值可以从本类事物的其他一些属性和别类事物的某些属性派生出来的属性称为派生属性。如年龄可通过出生日期计算出来。不是派生属性的属性称为存储属性。

在 E-R 图中,派生属性用虚线椭圆圈表示,存储属性用实线椭圆圈表示。

另外有些属性允许在某些特定个体甚至所有个体上无值(空值 NULL),这样的属性称为 NULL 属性。出现空值的原因:(1)该属性本身是一个局部属性;(2)该属性的值当前未知。"NULL"本身不能看成是该属性的值。在讨论数据完整性约束时,要根据各属性的语义来决定,不能将 NULL 当成实际值来对待,因为空值是不能比较的。

4. 联系集的分类

定义 2.24　在一个联系集中,实体间的相互关联称为参与;参与联系集的实体集的数目称为联系集的元数或度;实体集中实体参与联系集中联系的数量范围称为这个实体集在该联系集中的参与度或映射约束。如果实体集参与度的下限为 0,则称该实体集部分参与该联系集,否则称该实体集完全参与该联系集。

联系集也可以包含描述性的属性。在联系集中,同一个实体参与的次数超过一次时,每一次参与都具有不同的角色。

一个实体集自身可能会有联系集。例如,一个零件可能由其他零件组成,一个零件也可能是其他零件的组成部分,"组成"是"零件"这个实体集自身的联系集。又如,一个单位的某些雇员可能"领导"其他一些雇员,"领导"是"雇员"这个实体集自身的联系集。

一组实体集之间可能存在两个以上联系集。例如,"雇员"这个实体集自身除了有"领导"这个联系集外,还存在着"认识"这个联系集。又如,"教师"和"课程"这两个实体集之间一般有"主讲"和"辅导"两个联系集。

在E-R图中,全部参与用双实线线段表示,部分参与用单实线线段表示。

定义 2.25 对于参与一个二元联系集的两个实体集 A 和 B 来说,如果 A 中的每一个实体与 B 中的至多一个实体相关联,B 中的每一个实体也与 A 中的至多一个实体相关联,则称这个联系集为实体集 A 与实体集 B 的一对一联系,记作 $1:1$。

在E-R图中,实体集 A 与实体集 B 的一对一联系的表示法是:从联系集到实体集 A 和实体集 B 分别画一条有向线段,指向 A 和 B;或者在连接联系集和实体集 A、的无向线段上分别标注1。

定义 2.26 对于参与一个二元联系集的两个实体集 A 和 B 来说,如果 B 中的每一个实体与 A 中的至多一个实体相关联,但是不能排除 A 中一个实体与 B 中两个以上实体相关联的情况,则称这个联系集为实体集 A 与实体集 B 的一对多联系,记作 $1:n$。

在E-R图中,实体集 A 与实体集 B 的一对多联系的表示法是:从联系集到实体集 A 画一条有向线段,指向 A,从联系集到 B 画一条无向线段;或者在连接联系集和实体集 A 的无向线段上标注1,同时在连接联系集和实体集 B 的无向线段上标注 n。

定义 2.27 如果一个联系集为实体集 B 与实体集 A 的一对多联系,则称这个联系集为实体集 A 与实体集 B 的多对一联系。

定义 2.28 对于参与一个二元联系集的两个实体集 A 和 B 来说,如果既不能排除 A 中一个实体与 B 中两个以上实体相关联的情况,也不能排除 B 中一个实体与 A 中两个以上实体相关联的情况,则称这个联系集为实体集 A 与实体集 B 的多对多联系,记作 $m:n$。

在E-R图中,实体集 A 与实体集 B 的多对多联系的表示法是:从联系集到实体集 A、B 分别画一条无向线段,必要时可在这两条无向线段上分别标注 m 和 n。

联系集的主键码和外键码按下面的原则确定:

(1) 参与一对一联系集的任何一个实体集的主键码都可作为该联系集的主键码,而其余实体集的主键码作为该联系集的非主键码和外键码。

(2) 一对多联系集的主键码是参与该联系集的所有"多"方实体集的主键码之并,而"一"方实体集的主键码作为该联系集的非主属性和外键码。

(3) 多对多联系集的主键码是参与该联系集的所有实体集的主键码之并,每一实体集的主键码都是该联系集的外键码。

2.3.2 E-R图的图元

将E-R图的图元列表如表2.1所示。

表 2.1 E-R 图的图元

图 元	含 义	图 元	含 义
矩形框	实体集	双线矩形框	弱实体集
椭圆圈	属性	双线椭圆圈	多值属性
		虚线椭圆圈	派生属性
菱形框	联系集	双边菱形框	弱联系集
单实线	部分参与	双实线	全部参与
三角形框	表示特化。一个顶点连子实体集,所对的边连父实体集		

2.3.3　E-R 图的设计原则

E-R 图设计应当遵循以下原则：

（1）自底向上的原则。先设计局部 E-R 图，然后整合局部 E-R 图，集成全局 E-R 图。

（2）真实性原则。E-R 图应当真实地反映事物的原貌。在 E-R 图中，实体集和联系集都是用一组属性来描述的。设计 E-R 图时，不要忽略反映事物特征的属性，也不要引入事物不具有的属性。此外，还应当标明联系集的联系类型和实体集的参与度。

（3）简单性原则。在设计 E-R 图时，应当避免使用派生属性和多值属性，避免引入过多的实体集、联系集和属性。

（4）无冗余原则。在对事物进行抽象时应尽量避免数据冗余。数据冗余主要有两层意思：一是实体集或联系集的属性中有派生属性；二是对同一实体集或同一联系集的描述有本质上重复的属性，即互相等效的属性。

（5）恰当性原则。在描述实体的特征和实体之间的行为特征时，应当考虑到底用实体集还是用属性。恰当性主要有 5 层意思：一是对于多值属性的处理，要考虑将其分解为实体集的两个以上属性还是将其作为弱实体集对待；二是事物的某些特征既可以作为属性，又可以作为实体集，这时要做出恰当的选择；三是尽量避免出现只有一个属性的实体集；四是尽量避免一对一的联系集；五是尽量将连接实体集处理为联系集。

2.3.4　局部 E-R 图之间的三种冲突

各局部 E-R 图之间可能存在属性冲突、命名冲突和结构冲突。

1. 属性冲突

属性的域完整性约束规定：属性应当有正确的数据类型、统一的格式、有效的取值范围和一致的取值单位。不同的局部 E-R 图在相同属性上出现的数据类型、格式、取值范围和取值单位的不一致就是属性冲突。解决属性冲突的办法是履行数据字典中的域完整性约束。

2. 命名冲突

命名冲突有三种情况：一是不同的局部 E-R 图中同一实体集、同一联系集或同一属性使用了不同的名称；二是不同的局部 E-R 图对不同实体集、不同联系集或不同属性使用了相同的名称；三是不同的局部 E-R 图对实体集和联系集、实体集和属性或联系集和属性使用了相同的名称。解决命名冲突的办法是讨论和协商。

为了减少或妥善处理命名冲突，同时为了 E-R 图作图和逻辑设计方便，本书建议：

（1）实体集采用首字母不同且含义尽量明确的英文名词复数或汉语拼音名词命名。

（2）联系集采用含义尽量明确的英文动词或汉语拼音动词命名；或采用其所有参与实体集名称的大写首字母组合命名。

（3）属性采用带小写前缀的汉语拼音单词、词组或英文单词、词组命名；每个单词的首字母大写。

（4）实体集的自值属性的前缀取所在实体集名称的首字母。比如 sNo、cName 等。

（5）联系集的自值属性的前缀取所有参与实体集名称的小写首字母组合，比如 scGrade 等。

（6）实体集和联系集的引用属性一般应与其目标属性同名。

这样一来，如果在逻辑结构设计中采用关系数据模型，则在 DBS 实现时，关系数据库的基本表中可以使用原来实体集和联系集的属性名作为字段名，而在查询结果和视图等外模式中可以使用汉字单词作别名。

3．结构冲突

同一事物，在一个局部 E-R 图中被抽象为实体集，而在另一局部 E-R 图中被抽象为联系集或属性；或者同一事物在不同局部 E-R 图中所具有的属性不完全相同。这种现象就是结构冲突。解决结构冲突的办法是根据情况将同一事物在所有涉及的局部 E-R 图中统一抽象为属性、实体集或联系集。

2.3.5　E-R 图的设计步骤

E-R 图设计作为概念模型设计，应当分为局部 E-R 图设计和全局 E-R 图集成两个步骤。

1．局部 E-R 图设计

局部 E-R 图设计就是根据需求分析得到的数据字典并按照 E-R 图的设计原则完成如下工作：

（1）确定和命名所有的实体集。

（2）确定和命名每一实体集的属性。

（3）确定每一实体集的主键码和外键码。

（4）确定和命名所有的联系集。

（5）确定每一联系集的主键码、外键码和所有描述属性。

（6）确定每一联系集的类型。如果难以确定一个联系集的类型，则应当将该联系集当做多对多联系集对待。

（7）确定每一联系集的所有参与实体集的参与度。如果难以确定一个实体集的参与度，则在局部 E-R 图不标出该实体集参与度，并且当做部分参与对待。

（8）画出各局部 E-R 图。

局部 E-R 图设计中，要将每一个局部应用所涉及的数据分别从数据字典中抽取出来，参照数据流图，标定局部应用中的实体集、实体集的属性、标识实体的键码，确定实体集间的联系集及其类型，务必使实体集之间的联系集准确地反映应用领域中各事物之间的联系。

2．全局 E-R 图集成

全局 E-R 图集成就是逐步将各局部 E-R 图整合成全局 E-R 图。各局部 E-R 图之间可能存在属性冲突、命名冲突、结构冲突，甚至还有数据冗余。全局 E-R 图集成步骤主要是妥善处理诸如此类的问题，必要时可能还要补充进行需求分析。所有这些问题解决后，就得到一个成熟、完善的全局 E-R 图。

集成全局 E-R 图时,首先要考虑合并分 E-R 图,生成初步的全局 E-R 图,接着消除属性冲突、命名冲突和结构冲突,最后还要进行修改与重构,消除不必要的冗余,设计生成基本 E-R 图。

应当注意,E-R 图不能反映实体完整性约束和参照完整性约束之外的数据完整性约束。因此,E-R 图不能全面反映客观世界的数据完整性约束。这是 E-R 图的局限性。

例 2.9 某百货公司管辖若干个商店(Stores),每家商店销售(Sell)若干种商品(Merchandises),每种商品可在多家商店销售。每家商店有若干职工(Employees),但每个职工只能工作于(WorkIn)一家商店。商店的属性有:商店编号(sNo),店名(sName),店址(sAddr),店经理(sManager)。商品的属性有:商品编号(mNo),商品名(mName),单价(mPrice)。职工的属性有:职工编号(eNo),职工名(eName),性别(eSex),工资(eWage)。职工在某商店工作要记录开始时间(seDate),商店销售商品要记录月销售量(smAmount)。职工和产品之间没有直接联系。图 2.2 是该百货公司的 E-R 图。

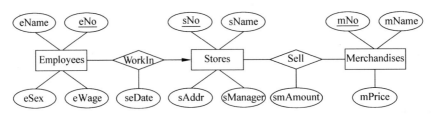

图 2.2　某百货公司 E-R 图

例 2.10　假设某高校教学管理系统的业务规则如下:

(1) 学校下属若干个系(Departments),每个系有系名(dName)和系主任(dChief)等属性。

(2) 每个系有若干个教研室(Rooms),但每个教研室只能隶属于(RD)一个系。

(3) 每个教研室有名称(rName)和教研室主任(rChief)等属性。

(4) 每个教研室有若干教师(Teachers),但每个教师只能属于(TR)一个教研室。

(5) 每个教师有编号(tNo)、姓名(tName)、性别(tSex)、职称(tTitle)等属性。

(6) 每个系有若干学生(Students),但每一学生只能属于(SD)一个系。

(7) 每个学生有学号(sNo)、姓名(sName)、性别(sSex)、专业(sSpecialty)等属性。

(8) 每个教研室开设(RC)若干门课程(Courses),每一门课程也可以由多个教研室开设。

(9) 每一门课程有课号(cNo)、课名(cName)、学时(cHours)等属性。

(10) 每个教师可主讲(TC)若干门课程,每一门课程也可以同时由多个教师主讲。教师主讲的课程结束后,应当有个质量评价(tcAppraise)。

(11) 每个学生可选修(SC)若干门课程,每一门课程也可以同时被多个学生选修。学生选修的课程结束后应当有个成绩(scGrade)。

图 2.3 是该高校教学管理系统 E-R 图。

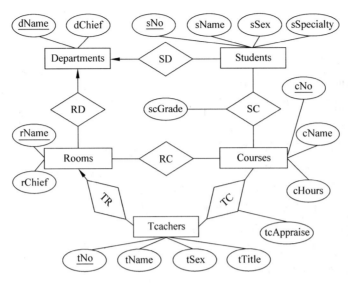

图 2.3　某高校教学管理系统 E-R 图

2.4　小结

1. DBS 需求分析的目标是给出应用领域中的数据项、各数据项之间的关系和数据操作任务的详细定义,为 DBS 设计过程后续各阶段的工作奠定基础,为优化数据库的逻辑结构和物理结构提供依据。

2. DBS 需求分析的任务是深入特定应用环境,详细调查和分析用户的数据需求、处理需求和系统需求,形成一个能够全面、完整、准确地反映特定应用环境需求的需求分析报告。

3. DBS 需求分析的成果是以数据流图和数据字典为核心内容的需求分析报告。

4. 数据库概念设计的目标是建立仅从用户角度看待数据及其处理需求的数据库概念模型。概念设计阶段的主要任务是通过对特定应用环境的用户需求进行综合、归纳与抽象,形成一个独立于具体 DBMS 的概念模型。

5. E-R 图是 DBS 概念设计的主要工具。

6. 局部 E-R 图设计中,对每一个局部应用涉及的数据分别从数据字典中抽取出来,参照数据流图,标定局部应用中的实体、实体的属性、标识实体的键码,确定实体间的联系及其类型,务必使实体集之间的联系准确地反映应用领域中各事物之间的联系。

7. 集成全局 E-R 图时,首先要考虑合并局部 E-R 图,生成初步的全局 E-R 图,接着消除属性冲突、命名冲突和结构冲突,最后还要进行修改与重构,消除不必要的冗余,设计生成基本 E-R 图。

8. 本章关于需求分析步骤的划分主要参考了文献[1]。

2.5 习题

1. 需求分析的目标和任务是什么？

2. 需求分析阶段的工作可以分为哪些步骤来完成？

3. 什么是数据流图？数据流图有哪些要素？

4. 什么是数据字典？数据字典描述的内容主要有哪些？

5. 概念模型设计可以分为哪几个步骤？

6. 什么是聚集？什么是概括？什么是特化？

7. 什么是属性？什么是全局属性？什么是局部属性？

8. 什么是超键码、键码、主属性、非主属性？

9. 什么是弱实体集？

10. E-R 图设计有哪些原则？

11. 局部 E-R 图之间可能有哪些冲突？

12. 某高校有若干个系(Departments)，每个系有若干个专业，任何两个系都没有同名的专业，每个专业每年只招一个班(Classes)。每个班只隶属于(SubjectedTo)一个系，全班学的是同一专业；每个学生只能属于(BelongTo)一个班级，每个班级有多名学生。描述学生(Students)的属性有：学号(sNo)、姓名(sName)、性别(sSex)、出生年月(sBirthYM)；描述班级的属性有：班号(cNo)、专业名(cSpecialty)、人数(cNum)；描述系的属性有：系名(dName)、系主任名(dChief)、系办公地(dAddr)，且每个系只有一个系主任。学生与系之间的直接联系可以忽略。已知学号和班号是全校统一编号，试设计该高校的 E-R 图。

13. 假设某公司的业务规则如下：

(1) 公司下设几个部门(Departments)，如技术部、财务部、市场部等。

(2) 每个部门可承担(Hold)多个工程项目(Projects)，但每个工程项目只能属于一个部门。

(3) 每个部门有多名职工(Employees)，但每一名职工只能服务于(Serve)一个部门。

(4) 每个部门的职工可能参与多个工程项目的施工，每个工程项目可能有多名职工参与施工(Construct)，且根据职工在工程项目中完成的情况发放酬金(remuneration)。

(5) 工程项目有工程号(pNo)、工程名(pName)和工期(pTimeLimit)三个属性；部门有部门号(dNo)和部门名(dName)两个属性；职工有工号(eNo)、姓名(eName)和性别(eSex)三个属性。

试设计该公司的 E-R 图。

14. 设有宾馆(Hotels)和房客(Guests)两个实体集。宾馆属性有宾馆编号(hNo)、宾馆名(hName)、地址(hAddr)、总机电话(hTel)等属性；房客属性有房客编号(gNo)、姓名(gName)、性别(gSex)、年龄(gAge)等属性。一个宾馆可有多个房客住宿(ResideIn)，一个房客可以到多个宾馆住宿。房客住宿时，宾馆要为其分配房间号(rAddr)，开通一个住宿电话(rTel)，并记录其个人信息及入住时间(rInTime)；房客退房时，宾馆要登记退房时间(rOutTime)，收取住宿费(rCost)，并关闭住宿电话。已知不同房间每天的住宿价格是不同的，房客住宿费等于房客所住房间每天的住宿单价乘以该房客的住宿天数。住宿电话是按房间分配的,一个房间可有若干个电话号码(因为一个房间可能住多个房客),房客退房后,住宿电话被关闭,但电话号码仍然保留给该房间以后来的房客,两个房间的电话号码没有重复。并假设每个房客每月到每个宾馆至多住宿一次,宾馆的销售记录每月更新一次。试设计宾馆管理 E-R 图。

15. 设有商店(Stores)和顾客(Customers)两个实体集。商店属性有商店编号(sNo)、商店名(sName)、地址(sAddr)、电话(sTel)等属性;顾客属性有顾客编号(cNo)、姓名(cName)、性别(cSex)、地址(cAddr)、电话(cTel)等属性。一个商店可有多个顾客购物(Shop),一个顾客可以到多个商店购物,顾客每天去商店购物时,商店要记录其个人信息及消费金额(shopCost)和日期(shopDate),以便进行售后服务。假设电话号码是按地址分配的,一个地址可有多个电话号码,但同一个地址的电话号码没有重复。并假设每个顾客每天到每个商店至多购物一次,商店的销售记录每天更新一次。试设计商店管理 E-R 图。

16. 假设某公司在多个地区设有销售部(Stores)专门经销本公司的多种产品(Products),每个销售部雇用(Employ)多名职工(Employees),但每名职工只属于一个销售部。销售部有名称(sName)、地区(sArea)和电话(sTel)等属性,销售部名称无重复;产品有编号(pNo)、产品名(pName)和单价(pPrice)等属性,职工有职工号(eNo)、姓名(eName)、性别(eSex)和工资(eWage)等属性。职工被公司雇用有开始时间(logDate),每个销售部销售(Sell)产品有数量(sellAmount)属性。试设计该公司的 E-R 图。

17. 设图书信息管理系统有图书(Books)、作者(Authors)、出版社(Presses)三个实体集。图书有书号(bNo)、书名(bName)、大小(bSize)、页数(bPages)、类型(bType)、价格(bPrice)等属性;作者有作者号(aNo),作者名(aName),作者性别(aSex)、作者电话(aTel)等属性;出版社有出版社号(pNo)、出版社名(pName)、出版社地址(pAddr)、出版社邮政编码(pPostCode)等属性。其中书名、作者名都可能出现重复;各地的出版社名也可能出现重复,而同一地址的出版社名无重复;不同的地址可以有相同的邮政编码,但一个地址只能有一个邮政编码。书号、作者号、出版社号都无重复。假设每本图书只能由一个出版社出版,但可以有多个作者;每个作者可以写多本书;每个出版社也可以出版多本书;忽略作者与出版社之间的直接联系。试画出该系统的 E-R 图。

第3章

关系数据库基本理论

本章和下一章专门研究关系数据库理论。本章研究和介绍关系数据库的基本理论,即关系模式、关系实例的有关概念和关系运算。下一章专门研究关系数据库规范化理论。

在本章和下一章,我们将用 $|Q|$ 表示有限集合 Q 中的元素个数,用大写英文字母 U 表示一个关系模式的属性集合(有限集),$R(U)$、$S(U)$、$T(U)$ 等表示关系模式,同时用大写英文字母 R、S、T 等表示相应关系模式的关系或关系实例,用小写英文字母 s、t、u、v 等表示关系实例中的元组,用大写英文字母 A、B、C、D、E、F、G、H、I、J 等表示关系模式的单个属性,用大写英文字母 K 表示键码或超键码,大写英文字母 X、Y、Z、V、W 等表示关系模式的属性子集。当关系模式 $R(U)$ 的属性都用单个大写英文字母表示时,可用英文字母组成的字符串来表示相应的属性子集。

3.1 集合论的基本概念

3.1.1 集合的基本概念

简单地说,集合是具有某种共同性质的一类事物(对象)的全体。集合 A 中的每一个对象 a 称为该集合的一个元素,记作 $a \in A$,读作"a 属于 A"或"a 在 A 中"或"A 含有 a"。如果一个对象 x 不是集合 A 的元素,则记作 $x \notin A$,读作"x 不属于 A"或"x 不在 A 中"或"A 不含有 a"。

集合中的元素无重复、无顺序且像人的姓名那样可以无限制地反复使用而集合本身不发生任何变化。一个集合不能是它自己的元素。以集合为元素的集合称为类或族。

集合常常用大写的英文字母表示,集合的元素常常用小写的英文字母表示。如果一个集合中只有少数有限个元素,可将表示这些元素的符号全部罗列在一对花括号中,元素之间用逗号隔开,如 $A=\{1,2,3\}$,$B=\{1\}$。如果一个集合中有很多元素或无限多元素但通过少数元素可以毫无歧义地推知其他元素,则将这些少数元素罗列在一对花括号中,而多数元素用英文的省略号表示,如 $B=\{1,3,5,\cdots,2009\}$ 表示不超过 2009 的所有奇数,而所有奇数平方可用集合 $C=\{1^2,3^2,\cdots,(2n-1)^2,\cdots\}$ 表示等。如果一个集合中元素的共同特性是可以精确描述的,则该集合在花括号中的表示分两部分,两部分之间用一条竖线"|"隔开,竖线前面是对该集合元素的一般形式的描述,竖线后面是对该集合所有元素共同特性的精确描述,如 $D=\{x \mid x \in \mathbb{R} \wedge \neg(0 \leqslant x < 1 \wedge \sin x = 0)\}$,其中"$\neg$"表示逻辑"非"运算,"$\wedge$"表示逻辑"与"运算。一般地,还用"$\vee$"表示逻辑"或"运算。

如果集合 A 的所有元素都在集合 B 中，则称集合 A 是集合 B 的一个子集合（子集），记作 $A \subseteq B$（读作"A 含于 B"）或 $B \supseteq A$（读作"B 包含 A"）。反之，集合 A 不是集合 B 的子集，当且仅当集合 A 中至少有一个元素不在集合 B 中。显然，任何一个集合 A 都是它自己的子集，即 $A \subseteq A$。

如果 $A \subseteq B$，而集合 B 至少有一个元素 b 不在集合 A 中，则称集合 A 是集合 B 的一个真子集，记作 $A \subset B$（读作"A 真含于 B"）或 $B \supset A$（读作"B 真包含 A"）。

如果 $A \subseteq B$ 和 $B \supseteq A$ 同时成立，则称这两个集合相等，记作 $A = B$。

我们引入一个称为"空集"的概念，记作 $\varnothing$。$\varnothing$ 没有任何元素，但与所有集合同等对待。对于任何集合或集合族 A，必须有 $\varnothing \subseteq A$。否则按照"$\subseteq$"的定义将至少有一个 $x \in \varnothing$ 不在 A 中，与空集的定义矛盾。注意 $\{\varnothing\}$ 是由单个空集 $\varnothing$ 组成的集合族，而不是空集 $\varnothing$ 本身，因为它有一个元素 $\varnothing$。还应当注意，不要将空集符号 $\varnothing$ 写为希腊字母 ϕ 或 Φ。

若集合或集合族 $A \neq \varnothing$，即 A 中至少有一个元素，则称集合或集合族 A 非空。我们也常用 $\varnothing \subset A$ 表示 $A \neq \varnothing$，用 $A \nsubseteq B$ 表示 $A \subseteq B$ 不成立。

3.1.2　集合的代数运算及性质

1. 集合的并、交运算

两个集合的并、交运算分别定义如下：
$$A \cup B = \{x \mid x \in A \vee x \in B\}$$
$$A \cap B = \{x \mid x \in A \wedge x \in B\}$$

设 $A_1, A_2, \cdots, A_m$ 是 m 个集合。如果对于任意的 $1 \leqslant i < j \leqslant m$，都有 $A_i \cap A_j = \varnothing$，则称这 m 个集合是互不相交的或两两不相交的。如果对于任意的 $1 \leqslant i < j \leqslant m$，都有 $A_i \nsubseteq A_j$，且 $A_j \nsubseteq A_i$，则称这 m 个集合是互不包含的。

2. 集合的差运算与补运算

二集合的差运算定义为：$A - B = \{x \mid x \in A \wedge x \notin B\}$。显然 $A - B = A - (A \cap B)$。

对于非空集合 U，定义它的子集 X 的补运算（余运算）为：$\overline{X} = U - X$。

有了集合的补运算，就可以将 U 表示为互不相交的两部分：$U = X \cup \overline{X}$。有了集合的差运算，就可以将两个集合的并表示为互不相交的三部分：
$$X \cup Y = (X - Y) \cup (Y - X) \cup (X \cap Y)$$
另外，容易证明：若 X、Y 都是 U 的子集，则 $X - Y = X \cap \overline{Y}$，$X \cap Y = X - (X - Y)$。

这些表示方法将在本章和下一章用到。

3. 集合的笛卡儿乘积

定义 3.1　一个集合的笛卡儿乘积定义为这个集合本身。$m \geqslant 2$ 个集合 $D_1, D_2, \cdots, D_m$ 的笛卡儿乘积定义为
$$D_1 \times D_2 \times \cdots \times D_m = \{<a_1, a_2, \cdots, a_m> \mid a_1 \in D_1 \wedge a_2 \in D_2 \wedge \cdots \wedge a_m \in D_m\}$$
其中，每一个元素 $<a_1, a_2, \cdots, a_m>$ 称为一个 m-元组（m-tuple），诸 $a_k (1 \leqslant k \leqslant m)$ 称为此元组的分量。

可以看出,若诸 $D_k(1{\leqslant}k{\leqslant}m)$ 都有限,且 $|D_k|=n_k$,则 $|D_1{\times}D_2{\times}{\cdots}{\times}D_m|=n_1n_2{\cdots}n_m$。当 $D_1,D_2,{\cdots},D_m$ 中至少有一个是空集时,$D_1{\times}D_2{\times}{\cdots}{\times}D_m{=}\varnothing$。

容易证明集合的笛卡儿乘积满足结合律,即 $(A{\times}B){\times}C{=}A{\times}(B{\times}C)$。

4. 集合的幂集

集合 U 的所有子集构成的集合族 $2^U{=}\{A|A{\subseteq}U\}$ 称为 U 的幂集。当 U 是有限集合时,其子集个数为 $|2^U|=2^{|U|}$,其中 $|U|$ 表示集合 U 的元素个数。

3.1.3 集合的运算性质

设 U 是非空集合,A、B、C 都是 U 的子集,$A_1,A_2,{\cdots},A_m$ 是 U 的一族子集。集合的并、交、补运算具有下列性质:

交换律:$A{\cup}B{=}B{\cup}A,A{\cap}B{=}B{\cap}A$。

分配律:$A{\cap}(A_1{\cup}A_2{\cup}{\cdots}{\cup}A_m){=}(A{\cap}A_1){\cup}(A{\cap}A_2){\cup}{\cdots}{\cup}(A{\cap}A_m)$,

$\qquad A{\cup}(A_1{\cap}A_2{\cap}{\cdots}{\cap}A_m){=}(A{\cup}A_1){\cap}(A{\cup}A_2){\cap}{\cdots}{\cap}(A{\cup}A_m)$。

同一律:$A{\cup}\varnothing{=}A,A{\cap}U{=}A$。

补余律:$A{\cup}\overline{A}{=}U$(排中律),$A{\cap}\overline{A}{=}\varnothing$(矛盾律)。

基元律:$A{\cup}U{=}U,A{\cap}\varnothing{=}\varnothing$。

幂等律:$A{\cup}A{=}A,A{\cap}A{=}A$。

吸收律:$A{\cup}(A{\cap}B){=}A,A{\cap}(A{\cup}B){=}A$。

交叠律:$A{\cup}(\overline{A}{\cap}B){=}A{\cup}B,A{\cap}(\overline{A}{\cup}B){=}A{\cap}B$。

结合律:$(A{\cup}B){\cup}C{=}A{\cup}(B{\cup}C),(A{\cap}B){\cap}C{=}A{\cap}(B{\cap}C)$。

对偶律:$\overline{A{\cup}B}{=}\overline{A}{\cap}\overline{B},\overline{A{\cap}B}{=}\overline{A}{\cup}\overline{B}$。

双重否定律:$\overline{(\overline{A})}{=}A$。

上述性质中,交换律、分配律、同一律、补余律是最根本的性质,其余的性质都可以由这四条性质推出。对偶律又叫 De Morgan 律。另外容易证明 $\overline{A{\cup}B}{=}\overline{A}{-}B$。

3.2 关系数据库的基本概念

3.2.1 集合上的关系与关系数据模型

1. 集合上的关系

定义 3.2 设 $D_1,D_2,{\cdots},D_m$ 是 $m{\geqslant}1$ 个非空集合。笛卡儿乘积 $D_1{\times}D_2{\times}{\cdots}{\times}D_m$ 的每一个子集 R 称为集合 $D_1,D_2,{\cdots},D_m$ 上的一个 m-元关系。特别地,当 $R{=}\varnothing$ 时,称为集合 $D_1,D_2,{\cdots},D_m$ 上的空关系。

由此定义可以看出,如果 $D_1,D_2,{\cdots},D_m$ 都是有限集合,且 $|D_k|=n_k$,则 $D_1,D_2,{\cdots},D_m$ 上的关系共有 $2^{n_1n_2{\cdots}n_m}$ 个。这时,对于 $D_1,D_2,{\cdots},D_m$ 上的每一个非空关系,都可以用一个二维表将其所有元组列出,每一个元组独占一行,而各列依次对应集合 $D_1,D_2,{\cdots},D_m$。因此,今后常将"有限关系"和"二维表"两个概念不加区别。

2. 关系数据模型

定义 3.3 数据结构为关系的逻辑数据模型称为关系模型。

关系模型是数学化的模型,它的优点在于:

(1) 关系模型具有坚实的数学理论基础。关系模型是以集合论中的多元关系概念为基础发展起来的,数学基础坚实。这使得对于关系数据库的所有操作在数学上都化为各种集合运算。关系规范化理论使得关系数据库的优化也有了坚实的数学基础。另外,数理逻辑也可以引入到关系模型中来。

(2) 关系模型的数据结构简单直观,容易理解。在关系模型中,只有二维表这一种简单直观的数据结构,所有操作的原始数据、中间数据和结果数据都用二维表来表示,简单易懂。

(3) 基于关系模型的关系数据库有功能强大、简单易懂、可以嵌入到高级编程语言中使用且可以访问远程数据库的结构化查询语言 SQL。SQL 被认为是数据库发展历史上的一个奇迹。SQL 包括数据定义语言(DDL)、数据操纵语言(DML)、数据控制语言(DCL)和嵌入式 SQL 使用规范。DDL、DML、DCL 使得 SQL 具有十分灵活强大的数据定义、数据查询、数据修改和数据控制功能。嵌入式 SQL 语言使用规范使得 SQL 语言可以嵌入到 C、C++、Visual Basic、Delphi、Java 等高级语言中使用。SQL 现在已经成为国际标准。

(4) 关系模型的数据完整性约束容易实现。在关系模型中,数据完整性约束可分为域完整性约束、实体完整性约束、参照完整性约束和用户定义的完整性约束:关系数据库以主键码导航数据,从而很容易实现实体完整性;关系数据库用外键码实现参照完整性约束,简单、方便又实用;关系数据库结构化查询语言 SQL 提供了各种不同的数据类型,并提供了CHECK 约束和断言约束机制,这使得域完整性约束和用户定义的各种完整性约束也非常容易实现。

(5) 基于关系模型的 RDBS 具有高度的数据独立性,对关系数据库的查询、修改等操作不涉及数据库的物理存储结构和访问技术等细节。这大大简化了程序员的工作。

以上优点决定了关系数据库是数据库的主流。

关系模型的主要缺点是不便于表达现实世界中客观存在的一些复杂的数据结构,如CAD 数据、图形数据、嵌套递归的数据等。

3.2.2 关系模式、关系实例与关系数据库

定义 3.4 设 $U = \{A_1, A_2, \cdots, A_m\}$ 是描述某类事物的一个非空的全局属性集合,并且 U 的语义由 U 中各属性的语义完全确定。以该类事物的名称 R 或以其别名命名的属性集合 $R(U)$ 称为一个关系模式,或称为该类事物的关系模式。

今后,凡是提到"属性集合",均应当理解为非空的和有限的。

属性集合的语义是指其中各属性的含义和它们取值时的制约关系。一般说来,一类事物各属性的值不是完全独立(互不相干)的,而是彼此有一定约束的。比如在同一所大学的各个学院里,一个学生不能有两个学号;两个学生可能有相同的姓名、性别、住址甚至有相同的出生年月日,但不能有同一个学号;出生年月相同的学生应当有相同的年龄。出版社出版的图书也有类似的性质。

定义 3.5　设 $U=\{A_1,A_2,\cdots,A_m\}$ 是某类事物的一个全局属性集合，$R(U)$ 是相应的关系模式，$D(U)=D(A_1)\times D(A_2)\times\cdots\times D(A_m)$，其中 $D(A_k)$ 为属性 A_k 的值域。称 $D(U)$ 为属性集 U 的值域，$D(U)$ 的每一个子集称为属性集合 U 上的一个关系，或称为关系模式 $R(U)$ 的一个关系。U 上完全满足 U 的语义的每一个关系称为关系模式 $R(U)$ 的一个关系实例。

这里需要强调一下，"事物"一词可以指现实世界的实体，也可以指实体之间的联系。"一类事物"就是指一个实体集或联系集。

应当注意，在定义 3.5 中只要诸 $D(A_k)(1\leqslant k\leqslant m)$ 中有一个是无限的，则 $D(U)$ 就是无限的。另外，属性集合 U 上的空关系显然是关系模式 $R(U)$ 的一个关系实例。

关系模式有内涵和外延两个方面。内涵决定外延，外延反映内涵。关系模式各属性的含义和它们取值时的制约关系（即属性集 U 的语义）就是关系模式的内涵。关系模式的所有关系实例的集合就是关系模式的外延，是关系模式的状态空间。

必须把"关系"和"关系实例"两个概念严格区别开来。关系实例中的每一个元组描述那一类事物中的一个个体，而关系实例规定那一类事物在某一时刻所含有的所有个体，具有那一类事物的群体特征。在一般情况下，$D(A_1)$，$D(A_2)$，$\cdots$，$D(A_m)$ 上的所有（可能是无限多）关系中，有一部分是关系模式 $R(U)$ 的关系实例，而另一部分不完全满足 U 的语义，因而不是关系实例。

例 3.1　设 $U=AB$，属性 A 的值域为 $D(A)=\{a_1,a_2\}$，属性 B 的值域为 $D(B)=\{b_1,b_2\}$，则 U 上的关系共有 16 个。如果在任何时候，当被描述的那一类事物中的两个个体在属性 B 上的取值不同时，在属性 A 上的取值也必须不同，则关系模式 $R(U)$ 的每一个关系实例不能同时含有元组 a_1b_1 和 a_1b_2，也不能同时含有元组 a_2b_1 和 a_2b_2。所以 U 上的所有 16 个关系中，有些不是关系模式 $R(U)$ 的关系实例。

本书将用 R 表示关系模式 $R(U)$ 的关系实例，用小写字母 r、s、t、u、v、w 等表示关系（可以不是关系实例）中的元组。

定义 3.6　当两个关系模式具有完全相同的属性集，且它们属性集的语义完全相同时，称为这两个关系模式相同。

可见，两个关系模式是否相同与它们属性集中属性的排列顺序无关。两个关系模式相同还意味着它们各属性的值域也完全对应相同。因此我们有下面的定理 3.1。

定理 3.1　两个关系模式相同当且仅当它们有完全相同的关系实例集合。

定义 3.7　给定关系模式 $R(U)$ 和 U 的非空子集 X。对于属性集合 U 上的任意一个关系 R 和 R 的任意一个元组 s，我们将以 $s[A]$ 表示 s 在属性 $A\in U$ 上的值，以 $s[X]$ 表示 s 在属性集合 X 上的值。若 t 也是 R 的任意一个元组，则 $s[X]=t[X]$ 是指对于每一个属性 $A\in X$，都成立 $s[A]=t[A]$，也就是说，s 和 t 两个元组有完全相同的 X 组属性值。

换句话说，$s[X]=t[X]$ 当且仅当对于 X 的每一个非空子集 Y，都有 $s[Y]=t[Y]$。

定义 3.8　具有一定逻辑联系的有限个（至少一个）关系模式构成的集合称为一个关系数据库模型或关系数据库模式。关系数据库模型中各关系模式的属性集合取值时的制约关系称为该关系数据库模型的数据完整性约束或数据依赖。

定义 3.9　根据关系数据库模型实现的数据库称为关系数据库。关系数据库模型的每一个关系模式在关系数据库中被实现为一个二维表，称为该关系模式的基本表。基本表在任何时刻的表现形式都是原关系模式的一个有限的关系实例。基本表中表示原关系模式各属性的列称为字段,每一个元组称为一条记录。

关系数据库中的主要数据对象是基本表。基本表在任何时刻都应当是原关系模式的一个有限关系实例而不是其他的关系,同时各基本表之间必须满足关系数据库模型原有的数据完整性约束,即保持关系数据库模型原有的数据依赖。也就是说,对关系数据库进行的任何操作都应当是将关系数据库从原来的数据完整性状态转移到另一个数据完整性状态:每一个基本表或者不变,或者是原关系模式的另一个有限关系实例,状态转移后各基本表之间还要满足关系数据库模型原有的数据完整性约束。

应当强调,这里所说的基本表是关系数据库模型中各关系模式的实现,不包括其他关系模式的实现。但是,在具体的关系数据库中,可能将关系数据库模型以外的关系模式在物理上也实现为二维表。在关系数据库理论中,这样的二维表应当排除在“基本表”之外。

例 3.2　在学生选课信息关系数据库模型中,有三个关系模式:

学生信息关系模式 Students(sNo,sName,sSex,sBirthDate,sAge,sDept),

课程信息关系模式 Courses(cNo,cName,cHours,cPNo),

选课信息关系模式 SC(sNo,cNo,scGrade)。

其中 sNo 表示学号,cNo 表示课号,cPNo 表示直接先修课课号(假设每一门课至多有一门直接先修课)。图 3.1 是对应的关系数据库在某一时刻的内容。

sNo	sName	sSex	sBirthDate	sAge	sDept
1	王亚娟	女	1990-08-27	21	信息工程
2	生爱国	男	1991-04-13	20	网络工程

cNo	cName	cHours	cPNo
1	计算机基础	60	1
2	数据库原理	40	1

sNo	cNo	scGrade
1	1	95
1	2	87
2	1	89
2	2	93

图 3.1　学生选课信息关系数据库

对关系数据库的查询结果可以不是关系数据库模型中某个关系模式的关系实例,即可以不满足某些数据完整性约束。

在实践中,关系数据库中的基本表与原关系模式的关系实例是有一定区别的。

首先,基本表可能允许某些字段取空值,而关系实例中的元组在所有属性上一般不能有空值。关系模式中的所有属性都应视为全局属性,因而在理论上不允许关系实例有空值,否则关系数据库理论的有些结论就不能普遍成立。

其次,无限的关系实例不能实现为基本表,因为计算机不能在有限的时间和空间里表示和处理无限多个数据(元组)。

第三,由于域完整性约束对数据格式的要求,两个不同的关系实例被实现为基本表后可能完全相同。比如理论上为无理数的数据必须实现为有限位有理数,因而含有无理数数据的关系实例被实现为基本表后只能是原来关系实例的近似(另一个关系实例)。

3.2.3 关系数据库模型中的数据完整性约束

定义 3.10 给定关系模式 $R(U)$ 和 U 的非空子集 K。如果在 $R(U)$ 的每一个关系实例中,任何两个元组的 K 组属性值都不完全相同,即如果属性集合 K 能够唯一标识 $R(U)$ 的每一个关系实例的所有元组,则称 K 是关系模式 $R(U)$ 的一个超键码或超键。如果 K 是关系模式 $R(U)$ 的一个超键码,而 K 的任何一个真子集都不是 $R(U)$ 的超键码,则称 K 是关系模式 $R(U)$ 的一个键码、键、码或候选键。每一键码所含有的属性都称为主属性,不在任何一个键码中的属性称为非主属性。

这个定义与定义 2.15 本质上是一致的。

每一个关系模式 $R(U)$ 必然有超键码,因为 U 本身就是一个超键码。在下一章,我们将看到,每一个关系模式都至少有一个键码,有的关系模式还可能有两个以上键码。

定义 3.11 在关系数据库所实现的关系数据库模型中,对每一个关系模式在其所有键码中指定一个键码用来唯一标识每一个关系实例的所有元组(即基本表的所有记录),这个键码称为该关系模式的主键码,也称为该基本表的主键码。构成主键码的属性称为主键属性。

定义 3.12 在一个关系数据库模型中,如果一个关系模式的一个引用属性集合对应的目标属性集合是本关系模式或另一个关系模式的主键码,则称此引用属性集合为本关系模式的外键码或外键,也称为对应的基本表的外键码。外键码的目标属性集合称为该外键码的目标主键。

例 3.3 在例 3.2 的学生选课信息关系数据库模型中,sNo 是学生信息关系模式的主键码;cNo 是课程信息关系模式的主键码;{sNo,cNo} 是选课信息关系模式的主键码。可以看出,sNo 和 cNo 都是选课信息关系模式的外键码;cPNo 是课程信息关系模式的外键码,它的目标属性是本关系模式的主键码 cNo。

数据完整性约束是逻辑数据模型的三大要素之一。

定义 3.13 关系数据库模型中的数据完整性是指实现关系数据库模型的关系数据库中数据的正确性、一致性和相容性。

数据完整性一般由数据完整性规则来规定。一个关系模式的数据完整性约束是规定该关系模式的所有关系实例的条件,是区别关系实例与非关系实例的标准,也是判别基本表是否正确的标准。

关系数据库模型中的数据完整性约束有 4 类:域完整性约束、实体完整性约束、参照完整性约束和用户定义的完整性约束。

域完整性约束简称域约束,它要求关系数据库的基本表中被约束字段的数据具有正确的数据类型、统一的格式和有效的数据范围。域约束是最基本的完整性约束。

比如,在例 3.2 的学生信息关系数据库模型中,要求 sSex 这个字段只能在字符串集合 {'男','女'} 中取值。另外,如果规定 sBirthDate 这个字段的数据格式是形如"1991-10-31"的格式,则"1991.10.31"和"10/31/1991"格式非法。

又如,一个关系模式的某一属性的值域是区间 $(0,1)$,该属性有无穷多个可能值。但是如果对该关系模式的基本表要求该字段的值保留至多 4 位小数,则该字段最多有 10^4 种可能值。这实际上是在数据库模型实现时对该属性的值域做了限定,将无限的值域近似地化为了有限的值域。这正是域约束的重要性所在,也反映了理论和实践的关系。

实体完整性约束又叫主键码约束,它要求每一个关系实例中任何两个元组的主键属性值不能完全相同。在基本表中,还要求每一条记录在所有主键属性上不取空值。

参照完整性约束又称为引用完整性约束,它要求关系模式的外键码在基本表中每一条记录上的值等于其目标主键的某个当前值,即要求外键码"不引用当前不存在的实体"。

比如在例 3.2 的学生信息关系数据库中,选课信息基本表中的学号必须等于学生信息基本表中出现的某个学号(必须有那个学生),选课信息基本表中的课号必须等于课程信息基本表中出现的某个课号(必须有那门课程)。

一个关系模式还可能有些引用属性的目标属性不是本关系模式或另一关系模式的主键属性。这些引用属性的取值不构成这里所说的参照完整性约束。也就是说,这样的完整性约束在关系数据库模型实现时一般会被忽略。因此,在 DBS 概念结构设计和逻辑结构设计时应当尽量避免出现这样的完整性约束。

用户定义的完整性约束反映某一具体应用所涉及的数据必须满足的语义要求。比如用户根据应用要求规定一个或两个基本表中的某些列的值之和不超过 1。

3.2.4　关系运算的分类

关系数据库模型的数据操作(即关系运算)也是关系数据库模型的三大要素之一。关系运算可以分为三类:关系代数、关系演算和关系逻辑。关系演算与关系代数在表达功能上是等价的。而关系逻辑要比关系代数更富有表达力。

关系代数分为基本运算、组合运算和扩展运算三类。关系代数的基本运算包括关系的并、差、笛卡儿积、投影、选择 5 种运算。关系代数的组合运算包括关系的交、除法、内连接和自然连接 4 类运算;内连接运算中最常见的是比较连接,特别是等值连接。关系代数的扩展运算包括关系的外连接、改名、赋值、广义投影、外部并、半连接、聚集等运算;外连接又有左外连接、右外连接和全外连接之别;常用的聚集运算有最大值(max)、最小值(min)、平均值(avg)、总和值(sum)、计数值(count)等 5 种。关系演算分为元组关系演算和域关系演算两类。

应当注意,内连接、自然连接和外连接是三个互不相同但互相交叉的概念。

在关系代数的诸多运算中,关系的并、交、差和笛卡儿积是传统的集合运算,其余的基本运算和组合运算称为关系代数的专门运算。

如果对关系数据库的基本表进行的基本运算的结果不是原来关系数据库模型的关系实例,就只能将其视为对数据库的查询(即数据检索),而不能视为基本表。

关系的组合运算和扩展运算一般只表示对数据库的查询,运算结果可以不完全满足关系数据库的数据完整性约束,有些时候还允许运算结果中某些属性列的值为空。这本来不符合关系的定义,但可以将它们视为广义关系。

3.3　关系代数

3.3.1　关系代数的基本运算

1. 关系的并、交运算和差(减法)运算

定义 3.14　设 $R(U)$ 是一个关系模式。对于属性集合 U 上的任意两个关系 R 和 S,定

义关系 R 和关系 S 的并、交、差分别为集合 R 和集合 S 的并、交、差：

$$R \cup S = \{t \mid t \in R \vee t \in S\}$$
$$R \cap S = \{t \mid t \in R \wedge t \in S\}$$
$$R - S = \{t \mid t \in R \wedge t \notin S\}$$

关系的交运算本来不是关系代数的基本运算，而是组合运算。但是其定义与并运算相似，因此在这里一并列出，以便比较。

2. 关系的笛卡儿积运算

定义 3.15　设 $R(U)$ 和 $S(V)$ 是两个关系模式。对于属性集合 U 上的任意一个关系 R 和属性集合 V 上的任意一个关系 S，定义关系 R 和关系 S 的笛卡儿积为集合 R 和集合 S 的笛卡儿积：$R \times S = \{rs \mid r \in R \wedge s \in S\}$。其中，$rs$ 表示将关系 S 的元组 s 直接拼接在关系 R 的元组 r 之后得到的新元组。

关系的笛卡儿积运算又称为交叉连接运算。当 $U \cap V = \varnothing$ 时，$R \times S$ 就是属性集合 $U \cup V$ 上的一个关系。而当 $U \cap V \neq \varnothing$ 时，$R \times S$ 不是任何一个属性集合上的关系。

由于 $U \cup V$ 中的属性没有顺序，因此关系的笛卡儿积满足交换律，即 $R \times S = S \times R$。

例 3.4　设 $U = AB$，$V = BC$，属性 A、B、C 的值域分别为 $D_A = \{a_1, a_2\}$、$D_B = \{b_1, b_2\}$、$D_C = \{c_1, c_2, c_3\}$，则 U 上的关系 $R = \{a_1 b_1, a_1 b_2\}$ 与 V 上的关系 $S = \{b_1 c_2, b_2 c_1\}$ 的笛卡儿积为 $R \times S = \{a_1 b_1 b_1 c_2, a_1 b_1 b_2 c_1, a_1 b_2 b_1 c_2, a_1 b_2 b_2 c_1\}$。

定理 3.2　设 $R(U)$ 和 $S(V)$ 是两个关系模式。对于属性集合 U 上的任意两个关系 R、R' 和属性集合 V 上的任意两个关系 S、S'，成立

$$(R \cup R') \times (S \cup S') = (R \times S) \cup (R \times S') \cup (R' \times S) \cup (R' \times S')$$

这个定理的证明留给读者去完成。

当 $R = R'$ 或 $S = S'$ 时，定理 3.2 就是关系的笛卡儿积对关系并运算的分配律。

3. 关系的投影运算

定义 3.16　设 $R(U)$ 是一个关系模式，X 是 U 的任一非空子集。对于属性集合 U 上的任意一个关系 R，定义 R 在 X 上的投影为属性集合 X 上的关系 $\Pi_X(R) = \{r[X] \mid r \in R\}$。

例 3.5　在例 3.4 中，属性集合 U 上的关系 $R = \{a_1 b_1, a_1 b_2\}$ 在属性 A 上的投影为 $\Pi_A(R) = \{a_1\}$。

定理 3.3　设 R 是属性集合 U 上的一个关系，$\varnothing \subset X \subseteq Y \subseteq U$，则

$$\Pi_X(R) = \Pi_X(\Pi_Y(R))$$

证明：设 $s \in \Pi_X(R)$，则存在 $r \in R$，使 $s = r[X]$，于是 $t = r[Y] \in \Pi_Y(R)$ 满足 $t[X] = s$，可见 $s = t[X] \in \Pi_X(\Pi_Y(R))$，即 $\Pi_X(R) \subseteq \Pi_X(\Pi_Y(R))$。反之，设 $s \in \Pi_X(\Pi_Y(R))$，则存在 $t \in \Pi_Y(R)$ 使 $t[X] = s$，又存在 $r \in R$，使 $r[Y] = t$，于是 $s = t[X] = r[X] \in \Pi_X(R)$，即 $\Pi_X(\Pi_Y(R)) \subseteq \Pi_X(R)$。

综合以上两方面的结果得 $\Pi_X(R) = \Pi_X(\Pi_Y(R))$。　∎

定理 3.4　设 $R(U)$ 和 $S(V)$ 是两个关系模式，$U \cap V = \varnothing$，X 是 U 的一个非空子集，Y 是 V 的一个非空子集。对于属性集合 U 上的任意一个关系 R 和属性集合 V 上的任意一个关系 S，成立

$$\Pi_{X \cup Y}(R \times S) = \Pi_X(R) \times \Pi_Y(S)$$

证明：任取 $u\in\Pi_X(R)\times\Pi_Y(S)$。因 $X\cap Y=\varnothing$，故 $u[X]\in\Pi_X(R)$，$u[Y]\in\Pi_Y(S)$。于是存在 $r\in R$ 和 $s\in S$，使 $r[X]=u[X]$，$s[Y]=u[Y]$。因 $rs\in R\times S$，而 $U\cap V=\varnothing$，故 $rs[X]=r[X]$，$rs[Y]=s[Y]$。从而 $u=u[X\cup Y]=rs[X\cup Y]\in\Pi_{X\cup Y}(R\times S)$。所以 $\Pi_X(R)\times\Pi_Y(S)\subseteq\Pi_{X\cup Y}(R\times S)$。

任取 $u\in\Pi_{X\cup Y}(R\times S)$，存在 $r\in R$ 和 $s\in S$，使 $rs[X\cup Y]=u$。因 $U\cap V=\varnothing$，故 $rs[X]=r[X]$，$rs[Y]=s[Y]$，从而 $u[X]=r[X]\in\Pi_X(R)$，$u[Y]=s[Y]\in\Pi_Y(S)$。所以 $u\in\Pi_X(R)\times\Pi_Y(S)$，即 $\Pi_{X\cup Y}(R\times S)\subseteq\Pi_X(R)\times\Pi_Y(S)$。

综合以上两方面的结果得 $\Pi_{X\cup Y}(R\times S)=\Pi_X(R)\times\Pi_Y(S)$。 ■

定理 3.5　设 $R(U)$ 和 $S(V)$ 是两个关系模式，$X=U-V\neq\varnothing$，$Y=U\cap V$。对于属性集合 X 上的任意一个关系 Q 和属性集合 V 上的任意一个关系 $S\neq\varnothing$，当 $Y=\varnothing$ 时，$\Pi_U(Q\times S)=Q$；当 $Y\neq\varnothing$ 时，$\Pi_U(Q\times S)=Q\times\Pi_Y(S)$。

证明：当 $Y=\varnothing$ 时，$X=U$，$\Pi_U(Q\times S)=\Pi_X(Q\times S)=\Pi_X(Q)=Q$。当 $Y\neq\varnothing$ 时，因 $X\cap V=\varnothing$，$X\cup Y=U$，且 X 是 X 的一个非空子集，Y 是 V 的一个非空子集。由定理 3.4 知 $\Pi_U(Q\times S)=\Pi_X(Q)\times\Pi_Y(S)=Q\times\Pi_Y(S)$。 ■

定理 3.6　设 $R(U)$ 和 $S(V)$ 是两个关系模式，$X=U-V\neq\varnothing$，$Y=U\cap V$。对于属性集合 U 上的任意一个关系 R 和属性集合 V 上的任意一个关系 $S\neq\varnothing$，当 $Y=\varnothing$ 时，属性集合 X 上满足 $\Pi_U(Q\times S)\subseteq R$ 的最大关系 Q 等于 R；当 $Y\neq\varnothing$ 时，X 上满足 $\Pi_U(Q\times S)\subseteq R$ 的最大关系 Q 等于 X 上满足 $T\times\Pi_Y(S)\subseteq R$ 的所有关系 T 之并。

证明：对于 X 上的任意一个关系 Q，当 $Y=\varnothing$ 时，$X=U$。根据定理 3.5 有 $\Pi_U(Q\times S)=Q$。于是满足 $\Pi_U(Q\times S)\subseteq R$ 的最大关系为 $Q=R$。

当 $Y\neq\varnothing$ 时，根据定理 3.5，$\Pi_U(Q\times S)=Q\times\Pi_Y(S)$。若属性集合 X 上的关系 Q_1 和 Q_2 都满足 $\Pi_U(Q\times S)\subseteq R$，则由笛卡儿积对关系并运算的分配律得

$$\Pi_U((Q_1\cup Q_2)\times S)=(Q_1\cup Q_2)\times\Pi_Y(S)=(Q_1\times\Pi_Y(S))\cup(Q_2\times\Pi_Y(S))\subseteq R$$

显然 $\Pi_U(\varnothing\times S)\subseteq R$。所以属性集合 X 上满足 $\Pi_U(Q\times S)\subseteq R$ 的关系 Q 构成的关系族非空且有最大者，最大者就是 X 上满足 $T\times\Pi_Y(S)\subseteq R$ 的所有关系 T 之并。 ■

定理 3.7　设 $R(U)$ 是一个关系模式，$X\subseteq U$。对于 U 上的任意两个关系 R 和 R'，成立 $\Pi_X(R\cup R')=\Pi_X(R)\cup\Pi_X(R')$。

此定理的证明留给读者去完成。

由此定理立即看出，若 R、S 都是 U 上的关系，且 $R\subseteq S$，则 $\Pi_X(R)\subseteq\Pi_X(S)$。

4. 关系的选择运算

定义 3.17　设 $R(U)$ 是一个关系模式，R 是属性集合 U 上的任意一个关系，C 是关于 U 中属性的值的一个谓词。属性集合 U 上的关系 $\sigma_C(R)=\{t\mid t\in R\wedge C(t)\}$ 称为 R 按条件 C 进行选择运算的结果，σ 称为选择运算符。其中 $C(t)$ 表示元组 t 对应的各属性值使 $C(t)$ 为真。

条件 C 一般是对 R 中元组的筛选条件。

例 3.6　设 Books(bNo,bName,bPrice,bPress) 是图书管理关系数据库模型中描述图书信息的关系模式，如果相应的关系数据库中基本表 Books 的当前状态是关系实例 R，则 $\sigma_{bPrice\leqslant20.0}(R)$ 表示查询当前基本表中价格不高于 20.0 元的所有图书。

3.3.2 关系代数的组合运算

1. 关系的除法运算

定义 3.18 设 $R(U)$ 和 $S(V)$ 是两个关系模式，$X=U-V\neq\varnothing$，$Y=U\bigcap V$。对于属性集合 U 上的任意一个关系 R 和属性集合 V 上的任意一个关系 $S\neq\varnothing$，定义 R 和 S 的除法商 $R\div S$ 为 X 上满足 $\Pi_U(Q\times S)\subseteq R$ 的最大关系 Q。

定理 3.8 设 $R(U)$ 和 $S(V)$ 是两个关系模式，$X=U-V\neq\varnothing$，$Y=U\bigcap V$。对于属性集合 U 上的任意一个关系 R 和属性集合 V 上的任意一个关系 $S\neq\varnothing$，记 $Q=R\div S$，则下列结论成立：

(1) $Q\subseteq\Pi_X(R)$，并且当 $Y=\varnothing$ 或 $R=\varnothing$ 时，$Q=R=\Pi_X(R)$；

(2) 若 $Y\neq\varnothing$，且 $Q\neq\varnothing$，则 $\Pi_Y(S)\subseteq\Pi_Y(R)$；

(3) $R\div S=\Pi_X(R)-\Pi_X(\Pi_X(R)\times\Pi_Y(S)-R)$。

证明：(1) 由于 $S\neq\varnothing$，且 $\Pi_U(Q\times S)\subseteq R$，注意到 $X\bigcap V=\varnothing$，由定理 3.3 有 $Q=\Pi_X(Q\times S)=\Pi_X(\Pi_U(Q\times S))\subseteq\Pi_X(R)$。当 $Y=\varnothing$ 时，$U=X$，根据定理 3.6，$Q=R=\Pi_X(R)$ 成立；当 $R=\varnothing$ 时，由 $U\bigcap V=\varnothing$ 知 $Q=\Pi_U(Q\times S)\subseteq R$，从而 $Q=\varnothing$，$Q=R=\Pi_X(R)$ 成立。

(2) 若 $Y\neq\varnothing$，则由定理 3.6 知 $Q\times\Pi_Y(S)\subseteq R$。又若 $Q\neq\varnothing$，则由于 $X\bigcap V=\varnothing$，有 $\Pi_Y(S)=\Pi_Y(Q\times\Pi_Y(S))\subseteq\Pi_Y(R)$。

(3) 记 $T=\Pi_X(R)-\Pi_X(\Pi_X(R)\times\Pi_Y(S)-R)$，来证明 $Q=T$。

当 $Y=\varnothing$ 时，由本定理的 (1) 知 $Q=\Pi_X(R)$。而由 $\Pi_Y(S)=\varnothing$ 知 $T=\Pi_X(R)$，所以有 $Q=T$。当 $R=\varnothing$ 时，显然 $Q=\varnothing=T$。

以下设 $Y\neq\varnothing$，$R\neq\varnothing$。由本定理的 (1) 知 $Q\subseteq\Pi_X(R)$。由定理 3.6 知，Q 是 X 上满足 $Q\times\Pi_Y(S)\subseteq R$ 的最大关系。

若 $Q=\varnothing$，则由 $\Pi_X(R)\neq\varnothing$ 知 $\Pi_X(R)\times\Pi_Y(S)\not\subseteq R$。对于任意的 $x\in\Pi_X(R)$，存在 $y\in\Pi_Y(S)$，使 $xy\notin R$，即 $xy\in\Pi_X(R)\times\Pi_Y(S)-R$，从而 $x\in\Pi_X(\Pi_X(R)\times\Pi_Y(S)-R)$。这说明 $\Pi_X(R)\subseteq\Pi_X(\Pi_X(R)\times\Pi_Y(S)-R)$，即 $T=\varnothing$，从而 $Q=T$ 成立。

以下设 $Q\neq\varnothing$，来证明 $Q=T$。

我们断言：对于任意的 $x\in Q$，必有 $x\notin\Pi_X(\Pi_X(R)\times\Pi_Y(S)-R)$，从而 $x\in T$，即 $Q\subseteq T$。否则，若有 $x\in Q$ 满足 $x\in\Pi_X(\Pi_X(R)\times\Pi_Y(S)-R)$，则存在 $u\in\Pi_X(R)\times\Pi_Y(S)-R$，满足 $u[X]=x\in Q$，$y=u[Y]\in\Pi_Y(S)$。显然 $u=xy\in Q\times\Pi_Y(S)$，由 $Q\times\Pi_Y(S)\subseteq R$ 知 $u\in R$，与 $u\notin R$ 矛盾。从而 $x\notin\Pi_X(\Pi_X(R)\times\Pi_Y(S)-R)$。

我们也断言：$T\subseteq Q$。否则，如果 $T\not\subseteq Q$，则存在 $x\in T$，使 $x\notin Q$。由于 Q 为 X 上满足 $Q\times\Pi_Y(S)\subseteq R$ 的最大关系，必有 $(Q\bigcup\{x\})\times\Pi_Y(S)\not\subseteq R$，即 $(Q\times\Pi_Y(S))\bigcup(\{x\}\times\Pi_Y(S))\not\subseteq R$，从而 $\{x\}\times\Pi_Y(S)\not\subseteq R$。于是有 $y\in\Pi_Y(S)$ 使 $xy\notin R$。由 $x\in T$ 知 $x\in\Pi_X(R)$，从而 $xy\in\Pi_X(R)\times\Pi_Y(S)-R$，$x\in\Pi_X(\Pi_X(R)\times\Pi_Y(S)-R)$。这说明 $x\notin T$，与 $x\in T$ 矛盾。所以 $T\subseteq Q$。

综合以上两个方面的结果知 $Q=T$。

例 3.7 图 3.2 是关系除法的一个例子。

	R			S			R÷S
A	B		B	C			A
a	b		b	e			a
a	d		d	d			
a	e		e	a			
b	d						

图 3.2 关系除法的例子

2. 关系的内连接运算

定义 3.19 设 $R(U)$ 和 $S(V)$ 是两个关系模式，$X \subseteq U, Y \subseteq V, \theta$ 是关于 X 和 Y 的一个谓词。对于 U 上的任意一个关系 R 和 V 上的任意一个关系 S，定义 $\sigma_{\theta(X,Y)}(R \times S)$ 为 R 和 S 的 θ 内连接运算。特别地，如果 θ 是比较 X 和 Y 的谓词，则称为比较连接运算；更特别地，如果 θ 是比较 X 和 Y 的谓词 $X = Y$，则称为等值连接运算。

内连接运算被 Microsoft SQL Server 实现为内连接（INNER JOIN）运算。

3. 关系的自然连接运算

定义 3.20 设 $R(U)$ 和 $S(V)$ 是两个关系模式。对于属性集合 U 上的任意一个关系 R 和属性集合 V 上的任意一个关系 $S \neq \varnothing$，定义 R 和 S 的自然连接 $R \infty S$ 为 $U \cup V$ 上的关系

$$R \infty S = \{t \mid t \in D(U \cup V) \mid t[U] \in R \wedge t[V] \in S\}$$

可以看出，$R \infty S$ 是 R 中的元组和 S 中的元组按相等的 $Y = U \cap V$ 组属性值"粘合"的结果。当 $Y \neq \varnothing$ 时，在 R 和 S 等值连接的结果中，对应于 Y 属性组的列重复出现；将重复出现的列粘合之后得到的就是 R 和 S 的自然连接 $R \infty S$；当 $Y = \varnothing$ 时，R 和 S 的自然连接就是它们的笛卡儿积，即 $R \infty S = R \times S$。由此可见，自然连接运算是笛卡儿积、选择和投影三种运算的复合。自然连接运算是使用最多的运算之一。

自然连接运算可以用 Microsoft SQL Server 实现的内连接（INNER JOIN）和投影（SELECT）运算来实现。

说明：自然连接的运算符本来是顶点相对的两个正三角形拼成的，但由于这个符号只能用图形实现，不便于在数学公式中使用，所以本书就用"∞"这个符号代替了。外连接运算符和半连接运算符也有类似的问题。

例 3.8 图 3.3 是关系自然连接运算的一个例子。

	R			S				R∞S		
A	B	C	B	C	D		A	B	C	D
a	b	c	b	c	d		a	b	c	d
a'	b'	c'	b	c	d'		a	b	c	d'
			b"	c"	d"					

图 3.3 自然连接的例子

例 3.9 图 3.4 是关系自然连接运算的一个实际例子。

S

sNo	sName	sClass	sSpeciality
2001	董竹君	204	自动化
2011	王轶鸿	504	计算机
2033	邹 静	204	计算机

SC

sNo	sName	cName	scGrade
2001	董竹君	C 语言	83
2001	董竹君	操作系统	80
2001	董竹君	离散数学	85
2001	董竹君	数据库原理	95
2011	王轶鸿	C 语言	89
2011	王轶鸿	操作系统	85
2011	王轶鸿	离散数学	90
2011	王轶鸿	数据库原理	86
2033	邹 静	C 语言	91
2033	邹 静	操作系统	93
2033	邹 静	离散数学	88
2033	邹 静	数据库原理	85

(a)

$S \infty SC$

sNo	sName	sClass	sSpeciality	cName	scGrade
2001	董竹君	204	自动化	C 语言	83
2001	董竹君	204	自动化	操作系统	80
2001	董竹君	204	自动化	离散数学	85
2001	董竹君	204	自动化	数据库原理	95
2011	王轶鸿	504	计算机	C 语言	89
2011	王轶鸿	504	计算机	操作系统	85
2011	王轶鸿	504	计算机	离散数学	90
2011	王轶鸿	504	计算机	数据库原理	86
2033	邹 静	204	计算机	C 语言	91
2033	邹 静	204	计算机	操作系统	93
2033	邹 静	204	计算机	离散数学	88
2033	邹 静	204	计算机	数据库原理	85

(b)

图 3.4 自然连接的实际例子

定理 3.9 如果不考虑属性的顺序,则关系的自然连接满足交换律。

证明:设 R、S 分别是属性集合 U_1、U_2 上的关系。我们要证明的是 $R \infty S = S \infty R$。记 $U_1 \bigcap U_2 = Y$,并设 $X = U_1 - Y$,$Z = U_2 - Y$,则 X、Y、Z 两两不相交。且 $U_1 = X \bigcup Y$,$U_2 = Y \bigcup Z$。现在,分别以 x、y、z 表示关系 X、Y、Z 中的元素,根据自然连接的定义有 $R \infty S = \{<x, y, z> | <x, y> \in R \wedge <y, z> \in S\} = S \infty R$。 ∎

定理 3.10 关系的自然连接满足结合律。

证明:设 R、S、T 分别是属性集合 U_1、U_2、U_3 上的关系。我们要证明的是 $(R \infty S) \infty T = R \infty (S \infty T)$。记 $U_1 \bigcap U_2 \bigcap U_3 = K$,并设

$(U_1 - K) \bigcap (U_2 - K) = Y$, $(U_2 - K) \bigcap (U_3 - K) = Z$, $(U_1 - K) \bigcap (U_3 - K) = W$

则 K、W、Y、Z 两两不相交。更进一步,设

$$X = U_1 - K - Y - W, \quad Q = U_2 - K - Y - Z, \quad V = U_3 - K - W - Z$$

则 K、Q、V、W、X、Y、Z 两两不相交,且

$$U_1 = K \cup W \cup X \cup Y, \quad U_2 = K \cup Q \cup Y \cup Z, \quad U_3 = K \cup V \cup W \cup Z$$

现在,分别以 k、q、v、w、x、y、z 表示关系 K、Q、V、W、X、Y、Z 中的元组,根据自然连接的定义有

$$R \infty S = \{<k,q,w,x,y,z> \mid <k,w,x,y> \in R \wedge <k,q,y,z> \in S\}$$
$$S \infty T = \{<k,q,v,w,y,z> \mid <k,q,y,z> \in S \wedge <k,v,w,z> \in T\}$$

可以看出 $(R \infty S) \infty T$ 和 $R \infty (S \infty T)$ 都等于

$$\{<k,q,v,w,x,y,z> \mid <k,w,x,y> \in R \wedge <k,q,y,z> \in S \wedge <k,v,w,z> \in T\}$$

所以 $(R \infty S) \infty T = R \infty (S \infty T)$。 ■

定理 3.11　设 R、S 分别是属性集合 U、V 上的关系,$\varnothing \subset W \subseteq V$。若 $T = \Pi_W(S)$,则 $R \infty S \infty T = R \infty S$。

证明：由于 $T = \Pi_W(S)$,因此 $S \infty T = S$,从而 $R \infty S \infty T = R \infty (S \infty T) = R \infty S$。 ■

定理 3.12　关系的自然连接对关系的并、交、差具有分配律。即若 R 是属性集合 U 上的关系,S、S' 是属性集合 V 上的关系,则

$$R \infty (S \cup S') = (R \infty S) \cup (R \infty S')$$
$$R \infty (S \cap S') = (R \infty S) \cap (R \infty S')$$
$$R \infty (S - S') = (R \infty S) - (R \infty S')$$

此定理的证明留给读者去完成。

3.3.3　关系代数的扩展运算

3.3.3.1　关系的外连接和半连接

1. 关系的外连接

由例 3.8 可以看出,当 $Y = U \cap V \neq \varnothing$ 时,在属性集合 U 上的关系 R 和属性集合 V 上的关系 S 的自然连接中,关系 R 的某些元组(如例 3.8 中关系 R 的元组 $a'b'c'$)可能因为不能与关系 S 的元组粘合而被丢弃,关系 S 的某些元组(如例 3.8 中关系 S 的元组 $b''c''d''$)也可能因为不能与关系 R 的元组粘合而被丢弃。把某些原被丢弃的元组添加到自然连接结果中,就是外连接。

定义 3.21　设 $R(U)$ 和 $S(V)$ 是两个关系模式。对于属性集合 U 上的任意一个关系 R 和属性集合 V 上的任意一个关系 S,R 和 S 的外连接是 $U \cup V$ 上的广义关系：将关系 R 中在计算 $R \infty S$ 时原被丢弃的元组添加到 $R \infty S$ 的结果中,新添加元组的 $V - U$ 组属性取空值,得到的新关系称为 R 和 S 的左外连接；将关系 S 中在计算 $R \infty S$ 时原被丢弃的元组添加到 $R \infty S$ 的结果中,新添加元组的 $U - V$ 组属性取空值,得到的新关系称为 R 和 S 的右外连接；左外连接和右外连接之并称为 R 和 S 的全外连接。

例 3.10　图 3.5 的三个图依次为例 3.8 中 R 和 S 的左外连接、右外连接和全外连接。图中 * 号表示空值。

由此可见,外连接是在自然连接的结果中强行添加了一些广义"元组"后得到的结果。虽然对于一部分关系来说,外连接和自然连接是相同的,但并不能因此说外连接是自然连接的推广或自然连接是外连接的特殊情形,正如不能因为对于一部分关系来说自然连接和笛

卡儿积是相同的就将自然连接看成笛卡儿积的推广一样。

A	B	C	D
a	b	c	d
a	b	c	d'
a'	b'	c'	*

（a）左外连接

A	B	C	D
a	b	c	d
a	b	c	d'
*	b''	c''	d''

（b）右外连接

A	B	C	D
a	b	c	d
a	b	c	d'
a'	b'	c'	*
*	b''	c''	d''

（c）全外连接

图 3.5　左外连接、右外连接和全外连接的例子

外连接运算被 Microsoft SQL Server 实现为外连接运算，对应于左、右、全外连接的运算符分别为 LEFT OUTER JOIN、RIGHT OUTER JOIN、FULL OUTER JOIN。

2. 关系的半连接

定义 3.22　设 $R(U)$ 和 $S(V)$ 是两个关系模式。对于属性集合 U 上的任意一个关系 R 和属性集合 V 上的任意一个关系 $S \neq \varnothing$，定义 R 和 S 的半连接为 U 上的关系 $\Pi_U(R \infty S)$。

A	B	C
a	b	c

图 3.6　关系半连接的例子

例 3.11　图 3.6 为例 3.8 中 R 和 S 的半连接。

3.3.3.2　关系的改名、赋值、外部并、广义投影和聚集运算

有时，在关系运算的表达式中，将某些关系改名可能在保证正确性的条件下使表达式意义更加清晰。设 R 是关系模式 $R(U)$ 的一个关系，改名运算 $\rho_S(R)$ 表示将关系 R 改名为 S。也就是说，S 是关系 R 的一个别名。如果将关系 R 改名的同时也要将 R 对应的属性集 U 中的属性也改名，成为属性集合 V，则此改名运算可以写成 $\rho_{S(V)}(R)$，这时 V 也是 U 的一个别名。

赋值运算符"←"用于在描述计算关系代数表达式的算法中给临时变量赋值，它不具有编程语言中赋值运算符的执行功能。

外部并的定义类似于外连接。

定义 3.23　设 $R(U)$ 和 $S(V)$ 是两个关系模式。对于属性集合 U 上的任意一个关系 R 和属性集合 V 上的任意一个关系 S，R 和 S 的外部并是 $U \cup V$ 上的一个广义关系，其每一个元组 t 或者满足 $t[U] \in R$ 而 $t[V-U]$ 为空值，或者满足 $t[V] \in S$ 而 $t[U-V]$ 为空值。

关系的广义投影是在投影的同时使用了被投影关系某些属性的算术函数的关系运算。

例 3.12　对于描述图书的关系模式 Books(bNo,bName,bPrice,bPress)，如果要查询将图书统一降价 5% 后的书号、书名和价格，则关系代数表达式为 $\Pi_{bNo, bName, bPrice * 0.95}(Books)$。

常用的聚集运算有最大值（max）、最小值（min）、平均值（avg）、总和值（sum）、计数值（count）等 5 种。这里 max、min、avg、sum、count 本来就是关系数据库标准语言 SQL 中的聚集函数名。

3.3.4　关系代数的安全性

对于一个关系运算来说，如果当参加运算的关系都是有限关系时，该运算一定能在有限步完成，并且其每一个中间结果和最后结果也都是有限关系，则称该运算是安全的。换句话

说,如果一个关系运算不产生无限关系和无穷验证,则称该运算是安全的。

所谓无穷验证,是指确定一个关系运算表达式的值须要进行无限多次计算(验证)的情况。传统的集合运算只有补运算可能产生无限关系和无穷验证。关系代数的基本运算是并、差、笛卡儿积、投影和选择,它们构成了关系代数运算的基本完备集。由于没有补运算,它们都不产生无限关系和无穷验证,因而是安全的。

3.3.5　关系代数表达式的优化

3.3.5.1　关系代数表达式的优化问题

定义 3.24　给定一个关系数据库模型。从该关系数据库模型中关系模式的有限多个关系出发,经过有限次关系代数基本运算所得到的数学表达式称为一个关系代数表达式。

关系数据库的所有组合运算都可以用关系代数表达式来表示。不过,同一操作可能用不同的两个以上关系代数表达式来表示,而完成同一操作的这些关系代数表达式在实际执行时的效率可能千差万别。这就要求在这些关系代数表达式中选择一个执行效率较高的。这就是关系代数表达式的优化问题。

例 3.13　设某个关系数据库模型中有两个关系模式 $R(U)$ 和 $S(V)$, $X=U-V\neq\varnothing$, $Y=U\cap V\neq\varnothing$, $Z=V-U\neq\varnothing$,且 $\xi\in D(Z)$。如果 R 是 $R(U)$ 的一个关系,S 是 $S(V)$ 的一个关系,且 $|R|=2^{18}$, $|S|=2^{14}$,则 $|R\times S|=|R|\times|S|=2^{32}$。在计算对该关系数据库的查询表达式 $\Pi_X(\sigma_{R.Y=S.Y\wedge Z=\xi}(R\times S))$ 时,要先计算 $R\times S$。但要存储 $R\times S$ 这一中间结果,须要占用大量的存储空间。如果按照选择运算的级联规则和选择运算对笛卡儿积的分配律将该关系表达式等价变换为 $\Pi_X(\sigma_{R.Y=S.Y}(\sigma_{Z=\xi}(R)\times\sigma_{Z=\xi}(S)))=\Pi_X(\sigma_{R.Y=S.Y}(R\times\sigma_{Z=\xi}(S)))$,就可能大大减少对存储空间的占用,因为 $|\sigma_{Z=\xi}(S)|$ 可能很小。在极端情况下,若 $|\sigma_{Z=\xi}(S)|=1$,则 $|R\times\sigma_{Z=\xi}(S)|=|R|$。再根据 3.3.5.2 节的规则 15,该关系表达式又可以等价变换为 $\Pi_X(R\infty\sigma_{Z=\xi}(S))$,进一步减少了对存储空间的占用。

关系代数表达式的实际执行效率往往取决于对外存储器(主要是磁盘)的访问,因为外存访问速度比内存访问速度慢得多。所以,一般地说,减少对外存的访问可以提高关系代数表达式的执行效率。选择一定策略来提高关系代数表达式执行效率的措施就是关系代数表达式的优化。减少存储空间占用、减少外存访问都是关系代数表达式的优化策略。

3.3.5.2　关系代数表达式的等价变换规则

在关系代数表达式的优化过程中,须要进行等价变换。这就需要相应的等价变换规则。

规则 1　同一属性集合上关系的并和交都满足交换律和结合律。

规则 2　两个属性集合上关系的笛卡儿积和自然连接都满足交换律。即若 $R(U)$ 和 $S(V)$ 是两个关系模式,则对于 $R(U)$ 的任意一个关系 R 和 $S(V)$ 的任意一个关系 S,成立

$$R\times S=S\times R, \quad R\infty S=S\infty R$$

规则 3　三个属性集合上关系的笛卡儿积和自然连接都满足结合律。即若 $R(U)$、$S(V)$ 和 $T(W)$ 是三个关系模式,则对于 $R(U)$ 的任意一个关系 R、$S(V)$ 的任意一个关系 S 和 $T(W)$ 的任意一个关系 T,成立

$$(R\times S)\times T=R\times(S\times T), \quad (R\infty S)\infty T=R\infty(S\infty T)$$

规则 4　同一属性集合上关系的并和交互相具有分配律。即

$$(R \cup R') \cap S = (R \cap S) \cup (R' \cap S)$$

$$(R \cap R') \cup S = (R \cup S) \cap (R' \cup S)$$

规则 5　同一属性集合上两个关系的差满足

$$R - S = R - (R \cap S), \quad (R \cap S) = R - (R - S)$$

规则 6　同一属性集合上关系的选择运算满足级联性质,即

$$\sigma_{C_1}(\sigma_{C_2}(R)) = \sigma_{C_1 \wedge C_2}(R)$$

规则 7　同一属性集合上关系的投影运算满足级联性质,即若 R 是属性集合 U 上的一个关系, $\varnothing \subset X \subseteq Y \subseteq U$, 则 $\Pi_X(R) = \Pi_X(\Pi_Y(R))$。

规则 8　两个属性集合上关系的自然连接对其中一个属性集合上两个关系的并、交、差满足分配律。即若 R 是属性集合 U、V 上的关系,S、S' 是属性集合 V 上的关系,则

$$R \infty (S \cup S') = (R \infty S) \cup (R \infty S')$$

$$R \infty (S \cap S') = (R \infty S) \cap (R \infty S')$$

$$R \infty (S - S') = (R \infty S) - (R \infty S')$$

规则 9　选择运算对同一属性集合上两个关系的并、交运算满足分配律。即

$$\sigma_C(R \cup S) = \sigma_C(R) \cup \sigma_C(S)$$

$$\sigma_C(R \cap S) = \sigma_C(R) \cap \sigma_C(S)$$

规则 10　在一定条件下,选择运算对两个属性集合上关系的笛卡儿积和自然连接满足分配律。即若 $R(U)$ 和 $S(V)$ 是两个关系模式,C 是只涉及属性集合 U 或只涉及属性集合 V 的谓词,则对于 $R(U)$ 的任意一个关系 R 和 $S(V)$ 的任意一个关系 S,成立

$$\sigma_C(R \times S) = \sigma_C(R) \times \sigma_C(S)$$

$$\sigma_C(R \infty S) = \sigma_C(R) \infty \sigma_C(S)$$

在这个规则中,如果 C 只涉及属性集合 $U - V$,则 $\sigma_C(S) = S$;如果 C 只涉及属性集合 $V - U$,则 $\sigma_C(R) = R$。

规则 11　同一属性集合上关系的投影运算对关系的并运算满足分配律。即若 $R(U)$ 是一个关系模式,$X \subseteq U$,则对于 U 上的任意两个关系 R 和 R',成立

$$\Pi_X(R \cup R') = \Pi_X(R) \cup \Pi_X(R')$$

规则 12　关系的投影运算对两个属性集合上关系的笛卡儿积满足分配律。即若 $R(U)$ 和 $S(V)$ 是两个关系模式,$U \cap V = \varnothing$,X 是 U 的一个非空子集,Y 是 V 的一个非空子集,则对于 U 上的任意一个关系 R 和 V 上的任意一个关系 S,成立

$$\Pi_{X \cup Y}(R \times S) = \Pi_X(R) \times \Pi_Y(S)$$

规则 13　设 R、S 分别是属性集合 U、V 上的关系,$\varnothing \subset W \subseteq V$。若 $T = \Pi_W(S)$,则 $R \infty S \infty T = R \infty S$。

规则 14　同一属性集合上关系的投影运算和选择运算可交换。即若 $R(U)$ 是一个关系模式,C 是只涉及属性集合 $X \subseteq U$ 的一个谓词,则对于 $R(U)$ 的任意一个关系 R,成立

$$\Pi_X(\sigma_C(R)) = \sigma_C(\Pi_X(R))$$

规则 15　设有两个关系模式 $R(U)$ 和 $S(V)$,$X = U - V \neq \varnothing$,$Y = U \cap V \neq \varnothing$,$\varnothing \subset Z \subseteq X$。如果 R 是 $R(U)$ 的一个关系,S 是 $S(V)$ 的一个关系,则

$$\Pi_Z(\sigma_{R.Y = S.Y}(R \times S)) = \Pi_Z(R \infty S)$$

3.3.5.3　关系代数表达式的优化策略

关系表达式的优化是一个很复杂的问题。关系表达式优化的目标是选择有效的策略来求给定关系表达式的值。这里只从大的方面给出一些优化策略(原则):

(1) 选择运算尽早做。目的:缩小中间关系,减少输入输出次数。

(2) 投影紧跟选择做。投影运算尽可能紧跟选择运算做,必要时同时进行一连串选择-投影运算。目的:避免重复扫描。

(3) 笛卡儿积避免做。尽量避免使用笛卡儿积,即尽量将笛卡儿积转化为连接运算,以减少存储空间的占用。目的:减少空间占用。

(4) 投影、双目运算结合做。将投影运算与其前或其后的双目运算结合起来,以避免单纯为了投影运算而扫描关系。目的:减少扫描遍数。

(5) 公共子式预先做。预先计算并保存公共子表达式的值,便于以后使用,以减少重复计算。目的:减少重复计算。

(6) 连接属性建索引。对关系文件进行预处理,按连接属性等高频使用属性排序并建立索引。目的:使两个文件快速建立连接关系,以提高存取效率。

(7) 关系顺序巧安排。合理安排表达式中关系的排列顺序,因为关系的排列顺序有时也会影响执行效率。目的:提高缓存访问效率。

例 3.14　在例 3.2 的学生选课信息关系数据库模型中,试用关系表达式表示如下操作。

(1) 查询信息工程系(IE)全体学生的学号、姓名和性别信息:
$$\Pi_{sNo,sName,sSex}(\sigma_{sDept='IE'}(Students))$$

(2) 查询至少选修了 DB 课程的所有学生的学号和姓名:
$$\Pi_{sNo,sName}((\sigma_{cName='DB'}(Courses)\infty SC)\infty Students)$$

这里先计算自然连接 $\sigma_{cName='DB'}(Courses)\infty SC$,中间结果较小,因为名为 DB 的课程不会很多。

(3) 查询既选修了 DB 课程又选修了 IT 课程的学生的学号:
$$\Pi_{sNo}(SC\infty \sigma_{cName='DB'}(Courses)) \bigcap \Pi_{sNo}(SC\infty \sigma_{cName='IT'}(Courses))$$

(4) 查询在以 102 号课程为直接先修课的课程中至少选修了一门的学生的学号和姓名:
$$\Pi_{sNo,sName}((\sigma_{cNo\neq120 \wedge cPNo=120}(Courses)\infty SC)\infty Students)$$

(5) 查询没有选修 201 号课程的学生的学号与姓名:
$$\Pi_{sNo,sName}(Students) - \Pi_{sNo,sName}(\sigma_{cNo=201}(SC)\infty Students)$$

(6) 查询选修了课程信息表中全部课程的学生的学号和姓名:
$$\Pi_{sNo,sName}(Students\infty(SC \div Courses))$$

(7) 查询至少选修了姓名为 WXG 的所有学生所选全部课程的学生的学号和姓名:
$$\Pi_{sNo,sName}((SC \div \Pi_{cNo}(\sigma_{sName='WXG'}(Students)\infty SC))\infty Students)$$

在关系代数中,笛卡儿积和连接运算是最花费时间和存储空间的。因此关系表达式优化的基本策略是尽量避免或减少这两种运算,万不得已需要做这两种运算时,要尽可能将这两种运算安排在选择运算和投影运算之后进行。也就是说,上面的 7 种优化策略中,前 3 种策略是基本策略。

关系表达式的优化是由 DBMS 的 DML 编译器采用基本优化策略启发式优化算法来完成的。

3.4　关系演算

定义 3.25　用谓词演算公式来表示关系的方法就是关系演算。

关系演算可以分为元组关系演算和域关系演算两种。

关系演算中用到的逻辑运算符有 ∧（与）、∨（或）、¬（非）、→（蕴涵）、↔（等值）。量词有全称量词 ∀ 和存在量词 ∃。

关于谓词演算的推理规则可参阅数理逻辑或离散数学的教科书。

3.4.1　元组关系演算

定义 3.26　使用关于元组变量的谓词演算公式来表示关系的方法是元组关系演算。

元组关系演算的一般形式为 $\{t \mid P(t)\}$，其中 $P(t)$ 是一个关于元组变量 t 的谓词公式。因此，元组关系演算 $\{t \mid P(t)\}$ 的结果是使谓词公式 $P(t)$ 为真（即满足条件 $P(t)$）的所有元组 t 组成的关系。

在元组关系演算中，既可以用 $t \in R$ 也可以用 $R(t)$ 表示 t 是关系 R 的一个元组。

在前面的关系代数中，关系的并、交、差、笛卡儿积和选择运算等实际上都是用元组关系演算定义的。

例 3.15　设 S,C 分别是例 3.2 的学生信息关系模式和课程信息关系模式的关系实例。对于任意的 $s \in S$ 和 $c \in C$，以 $SC(s,c)$ 表示"学生 s 选修了课程 c"这个谓词。

(1)"选修了课程信息表 C 中全部课程的学生"构成的关系可用元组关系演算表示为：

$$\{s \mid S(s) \wedge \forall c(c \in C \rightarrow SC(s,c))\} = \{s \mid S(s) \wedge \neg \exists c(c \in C \wedge \neg SC(s,c))\}$$

(2)"选修了学生 s_0 所选全部课程的学生"构成的关系可用元组关系演算表示为

$$\{s \mid S(s) \wedge \forall c(c \in C \wedge SC(s_0,c) \rightarrow SC(s,c))\}$$
$$= \{s \mid S(s) \wedge \neg \exists c(c \in C \wedge SC(s_0,c) \wedge \neg SC(s,c))\}$$

这个例子将在第 5 章讲 SQL 语言 SELECT 语句的相关子查询时用到。

3.4.2　域关系演算*

定义 3.27　使用关于属性变量（域变量）的谓词演算公式来表示关系的方法是域关系演算。

域关系演算的一般形式为 $\{<t_1,t_2,\cdots,t_k> \mid P(t_1,t_2,\cdots,t_k)\}$，其中 $P(t_1,t_2,\cdots,t_k)$ 是一个关于域变量 $t_1,t_2,\cdots,t_k$ 的谓词公式。因此，域关系演算的结果是使谓词公式 $P(t_1,t_2,\cdots,t_k)$ 为真的所有形如 $<t_1,t_2,\cdots,t_k>$ 的元组形成的关系。

例 3.16　设 B(bNo,bName,bPrice,bPress) 是图书管理数据库模型中图书信息关系模式。要查询价格大于 50 元的图书的书号和书名，可以用域关系演算表示为

$$\{<a,b> \mid a \in D(\text{bNo}) \wedge b \in D(\text{bName})\} \wedge \exists x \exists y(x \in D(\text{bPrice})$$
$$\wedge \, y \in D(\text{bPress}) \wedge B(a,b,x,y) \wedge x > 50.00)\}$$

3.4.3 安全关系演算与关系代数的等价性

无论是哪一种关系演算,只要将演算限制在定义该演算的谓词公式所涉及的关系值范围内,则关系演算就不产生无限关系和无穷验证,因而是安全的。

已经证明,关系代数的基本运算、安全的元组关系演算和安全的域关系演算三者之间可以互相表达,因而它们是互相等价的。

3.5 关系逻辑*

定义 3.28 以 Prolog 语言为文法模型用一阶谓词表示关系的方法称为关系逻辑或数据逻辑。

3.5.1 关系逻辑的要素

1. 关系逻辑的谓词

关系逻辑用谓词表示关系,谓词中的变量依次对应关系中元组的各个分量。

关系逻辑的谓词分为外延谓词和内涵谓词两种。其关系存储在数据库中的谓词是外延谓词,而由逻辑规则定义的谓词是内涵谓词。

2. 关系逻辑的原子

关系逻辑中有两种原子:关系原子和算术原子。它们都返回逻辑值。

定义 3.29 带有由若干个常量或变量构成的参数表的谓词符号称为关系原子。

在关系原子中,谓词符号用大写字母表示,变量用小写字母表示,常量写在一对单撇号中。

定义 3.30 用中缀表示法表示的算术比较表达式称为算术原子。

使算术比较表达式为真的参数值可能有无穷多个。

3. 关系逻辑的规则

定义 3.31 关系逻辑的每一个规则是由三部分组成的形如 $H \leftarrow G_1 \wedge G_2 \wedge \cdots \wedge G_n$ 的式子,表达了"如果 $G_1 \wedge G_2 \wedge \cdots \wedge G_n$ 为真,那么关系 H 有什么样的元组"的语义,相当于逻辑蕴涵式 $G_1 \wedge G_2 \wedge \cdots \wedge G_n \rightarrow H$。三部分分别是:

(1) H 是一个关系逻辑原子,称为规则头部。

(2) $G_1 \wedge G_2 \wedge \cdots \wedge G_n$ 称为规则体。每一个 $G_k(1 \leqslant k \leqslant n)$ 称为一个子目标。子目标要么是关系逻辑的原子,要么是关系逻辑原子的逻辑非。即每一 G_k 具有 P_k 或 $\neg P_k$ 的形式,其中 P_k 是一个关系逻辑原子。

(3) 左箭头符号"←"读作"if",用来连接规则头部和规则体。

例 3.17 设 S 是关系模式

$$Students(sNo, sName, sSex, sBirthDate, sDept)$$

的关系,考虑规则 $H(a,b,c) \leftarrow S(a,b,c,d,\text{'IE'}) \wedge d \leqslant \text{'1980-10-11'}$。在这条规则中,变量 a、b、c、d 分别对应于 sNo、sName、sSex、sBirthDate,常量'IE'表示 sDept 的当前值为信息工程系。$S(a,b,c,d,\text{'IE'})$ 表示$<a,b,c,d,\text{'IE'}>$是关系 S 的一个元组。当 sBirthDate 的当前值不晚于'1990-10-11'时,子目标 $d \leqslant \text{'1990-10-11'}$ 的值为真。该规则等价于选择、投影和关系赋值构成的关系代数表达式

$$H \leftarrow \Pi_{\text{sNo,sName,sSex}}(\sigma_{d \leqslant \text{'1990-10-11'} \wedge \text{sDept}=\text{'IE'}}(S))$$

4. 关系逻辑的查询

有限个(至少一个)关系逻辑规则构成的集合称为一个关系逻辑查询。

3.5.2　关系逻辑规则的安全性

关系逻辑规则体中的子目标可以是关系逻辑原子或关系逻辑原子的逻辑非。而关系逻辑原子有关系原子和算术原子之分,因此关系逻辑规则的子目标有 4 种形式。这 4 种形式中,只有关系原子总是有限的,另外三种形式一般不是有限的。因而当关系逻辑的规则体中有这三种形式的子目标时,该规则一般是不安全的。另外,关系逻辑规则的头部关系也有可能是无限的,因而可能是不安全的。为了保证关系逻辑规则运用的安全性,必须对规则体中所出现的变量的使用加上这样的"安全性条件",从而抛弃不安全的关系逻辑规则。这个"安全性条件"是:对于出现在关系逻辑规则头部和规则体中的任何变量,在规则体中必须有一个含有该变量的子目标是关系原子。

例 3.18　设 $U=ABCD$ 是一个属性集合。H、P、Q 分别是关系模式 $H(A,B)$、$P(A,C)$、$Q(A,C,D)$ 的关系,变量 x、y、z、u 分别对应属性 A、B、C、D。容易看出,关系逻辑规则 $H(x,y) \leftarrow P(x,z) \wedge \neg Q(x,z,u) \wedge (x \geqslant y)$ 不是安全的关系逻辑规则,因为规则中唯一的关系原子 $P(x,z)$ 不含有规则中出现的变量 y 和 u。

3.5.3　从关系代数到关系逻辑的转换

关系代数的基本运算和组合运算都可以用安全的关系逻辑规则来表示,从而每一个关系代数表达式都可以用安全的关系逻辑规则来表示。

1. 同一属性集合上两个关系的交、并、差等运算的关系逻辑规则表示

设 $U=\{A_1,A_2,\cdots,A_n\}$ 是一个属性集合。如果 R 和 S 是 U 上的关系,变量 $a_1,a_2,\cdots,a_n$ 对应于属性 $A_1,A_2,\cdots,A_n$,则 R 和 S 的交、并、差运算可用关系逻辑规则表示为

$R \cap S$:　$H(a_1,a_2,\cdots,a_n) \leftarrow R(a_1,a_2,\cdots,a_n) \wedge S(a_1,a_2,\cdots,a_n)$

$R \cup S$:　(1) $H(a_1,a_2,\cdots,a_n) \leftarrow R(a_1,a_2,\cdots,a_n)$

　　　　　(2) $H(a_1,a_2,\cdots,a_n) \leftarrow S(a_1,a_2,\cdots,a_n)$

$R - S$:　$H(a_1,a_2,\cdots,a_n) \leftarrow R(a_1,a_2,\cdots,a_n) \wedge \neg S(a_1,a_2,\cdots,a_n)$

其中,并运算被转化为两条规则,两条规则缺一不可。

2. 一个属性集合上关系的投影运算的关系逻辑规则表示

设 $U=\{A_1,A_2,\cdots,A_n\}$ 是一个属性集合,$X=\{A_{i_1},A_{i_2},\cdots,A_{i_k}\}$,$1 \leqslant i_1 < i_2 < \cdots < i_k \leqslant n$。

如果 R 是 U 上的关系,变量 $a_1,a_2,\cdots,a_n$ 对应于属性 $A_1,A_2,\cdots,A_n$,则 R 上的投影运算可用关系逻辑规则表示为

$$\Pi_X(R): H(a_{i_1},a_{i_2},\cdots,a_{i_k}) \leftarrow R(a_1,a_2,\cdots,a_n)$$

3. 一个属性集合上关系的选择运算的关系逻辑规则表示

设 $U=\{A_1,A_2,\cdots,A_n\}$ 是一个属性集合,$C(A_1,A_2,\cdots,A_n)$ 是一个关于 A_1、A_2、$\cdots$、A_n 的谓词公式,表示选择运算的选择条件,其中没有逻辑量词。又设 R 是 U 上的关系,变量 $a_1,a_2,\cdots,a_n$ 对应于属性 $A_1,A_2,\cdots,A_n$。如果谓词公式 C 中没有逻辑"与"运算以外的其他逻辑运算,则 R 上的选择运算可用关系逻辑规则表示为

$$\sigma_C(R): H(a_1,a_2,\cdots,a_n) \leftarrow R(a_1,a_2,\cdots,a_n) \wedge C(a_1,a_2,\cdots,a_n)$$

如果谓词公式 C 中有逻辑"或"运算,则可以运用数理逻辑的规则将其表示为析取式,析取式的每一项是算术比较表达式的逻辑"与"。这时候,R 上的选择运算可以转化为若干条关系逻辑规则,使得析取式的每一项对应于一条如上的关系逻辑规则。

例 3.19 设 $U=ABCD,C(A,B,C,D)=A+B\geqslant 2 \wedge (C\leqslant 5 \vee D\neq 0)$ 是一个谓词公式,表示选择运算的选择条件。又设 R 是 U 上的关系,变量 a、b、c、d 对应于属性 A、B、C、D。将谓词公式 $C(A,B,C,D)$ 化为析取式,就是

$$C(A,B,C,D) = (A+B\geqslant 2 \wedge C\leqslant 5) \vee (A+B\geqslant 2 \wedge D\neq 0)$$

因此,R 上的选择运算 $\sigma_C(R)$ 可用两条关系逻辑规则表示为

(1) $H(a,b,c,d)\leftarrow R(a,b,c,d) \wedge a+b\geqslant 2 \wedge c\leqslant 5$

(2) $H(a,b,c,d)\leftarrow R(a,b,c,d) \wedge a+b\geqslant 2 \wedge d\neq 0$

4. 两个属性集合上关系的笛卡儿积运算的关系逻辑规则表示

设 $U=\{A_1,A_2,\cdots,A_m\}$ 和 $V=\{B_1,B_2,\cdots,B_n\}$ 是两个属性集合。如果 R 是 U 上的关系,S 是 V 上的关系,变量 $a_1,a_2,\cdots,a_m$ 对应于属性 $A_1,A_2,\cdots,A_m$,变量 $b_1,b_2,\cdots,b_n$ 对应于属性 $B_1,B_2,\cdots,B_n$,则 R 和 S 的笛卡儿积 $R\times S$ 可用关系逻辑规则表示为

$$H(a_1,a_2,\cdots,a_m,b_1,b_2,\cdots,b_n) \leftarrow R(a_1,a_2,\cdots,a_m) \wedge S(b_1,b_2,\cdots,b_n)$$

5. 两个属性集合上关系的自然连接运算的关系逻辑规则表示

设 U 和 V 是两个属性集合,$X=U-V,Y=U\bigcap V,Z=V-U$,且 $X=\{A_1,A_2,\cdots,A_l\}$,$Y=\{B_1,B_2,\cdots,B_m\}$,$Z=\{C_1,C_2,\cdots,C_n\}$。如果 R 是 U 上的关系,S 是 V 上的关系,变量 $a_1,a_2,\cdots,a_l$ 对应于属性 $A_1,A_2,\cdots,A_l$,变量 $b_1,b_2,\cdots,b_m$ 对应于属性 $B_1,B_2,\cdots,B_m$,变量 $c_1,c_2,\cdots,c_n$ 对应于属性 $C_1,C_2,\cdots,C_n$,则 R 和 S 的自然连接 $R\infty S$ 可用关系逻辑规则表示为

$$H(a_1,\cdots,a_l,b_1,\cdots,b_m,c_1,\cdots,c_n) \leftarrow R(a_1,\cdots,a_l,b_1,\cdots,b_m) \wedge S(b_1,\cdots,b_m,c_1,\cdots,c_n)$$

3.5.4 递归过程

对关系数据库的查询有时会遇到递归问题。

定义 3.32 所谓递归就是直接或间接地调用自身的算法过程。

用关系代数表示递归是很困难的,但是用关系逻辑表示递归就相对容易一些。

例 3.20 在例 3.2 的关系数据库模型中,Courses(cNo,cName,cHours,cPNo)是课程信息关系模式,其中直接先修课课号 cPNo 是一个引用属性,它的目标属性为 cNo。设 R 是此关系模式的一个关系,变量 x、y、z、u、v 分别对应于属性 cNo、cName、cHours、cPNo、cPNo。在这个关系中查询每一门课程的所有先修课课号的关系逻辑规则是:

$$PN(x,u) \leftarrow x \neq uR(x,y,z,u), PN(x,v) \leftarrow x \neq u \wedge x \neq v \wedge R(x,y,z,u) \wedge PN(u,v)$$

二者缺一不可。

3.6 小结

1. 数据结构为关系的逻辑模型是关系模型。关系模型以多元关系及其运算为背景,除了具有坚实的数学理论基础外,还有其他许多优点,因而显示了旺盛的生命力。

2. 关系模式有内涵和外延两个方面。关系模式各属性的含义和它们取值时的制约关系就是关系模式的内涵。关系模式的所有关系实例的集合就是关系模式的外延,是关系模式的状态空间。必须把"关系"和"关系实例"两个概念严格区别开来。

3. 关系数据库模型是由有一定逻辑联系的有限个(至少一个)关系模式构成的集合。关系数据库模型中各关系模式的属性集合取值时的制约关系是该关系数据库模型的数据完整性约束或数据依赖。在学习关系数据库理论时,要特别关注数据完整性约束。

4. 关系数据库模型中的数据完整性约束主要有 4 类:域完整性约束、实体完整性约束、参照完整性约束和用户定义的完整性约束。

5. 关系数据库中的主要数据对象是基本表。基本表在任何时刻都应当是原关系模式的一个有限关系实例(而不是其他的关系)的实现,同时各基本表之间必须满足关系数据库模型原有的数据完整性约束,即保持关系数据库模型原有的数据依赖。

6. 关系运算可以分为三类:关系代数、关系演算和关系逻辑。关系代数最容易理解和接受,但有时候用关系演算更为方便。关系演算分为元组关系演算和域关系演算。并、差、笛卡儿积、投影、选择 5 种运算是关系代数的基本运算。关系逻辑功能强大,但使用较少。

7. 本章关于关系逻辑的内容主要参考了文献[1]。

3.7 习题

1. 关系模型有哪些优点?
2. 什么是关系模式? 什么是关系模式的关系实例?
3. 对一个关系模式来说,关系和关系实例是一回事吗? 为什么?
4. 什么是关系数据库模型? 什么是关系数据库?
5. 什么是超键码、键码、主属性和非主属性? 什么是主键码和主键属性?
6. 什么是外键码和目标主键?
7. 什么是关系数据库模型中的数据完整性?
8. 什么是域完整性约束、实体完整性约束、参照完整性约束和用户定义的完整性约束?

9. 关系运算可以分为哪三类?

10. 关系代数有哪些基本运算?

11. 设 $R=\{(a,b),(e,b),(d,e)\}$ 和 $S=\{(b,e),(e,d),(d,f)\}$ 分别是关系模式 $R(A,B)$ 和 $S(B,C)$ 的两个关系,求 $R\infty S$ 和 $R\div S$。

12. 设 $R=\{(a,b),(a,d),(a,e)\}$ 和 $S=\{(b,e),(d,d),(e,f)\}$ 分别是关系模式 $R(A,B)$ 和 $S(B,C)$ 的两个关系,求 $R\infty S$ 和 $R\div S$。

13. 设公司-商品-用户数据库模型为

$$Companies(cNo,cName,cAddr)$$
$$Merchandises(mNo,mName)$$
$$Users(uNo,uName,uAddr)$$
$$CM(cNo,uNo,cuPrice)$$
$$UM(uNo,mNo,umQuantity)$$

其中 cNo、mNo、uNo 分别是前三个关系模式的主键码,名为 CM 的关系模式描述公司生产商品的联系集,名为 UM 的关系模式描述用户使用商品的联系集。试用关系运算表达如下查询:

(1) 查询实际向远大教育集团供应商品的公司的编号和名称。

(2) 查询实际向远大教育集团供应"个人电脑"的公司的编号和名称。

(3) 查询生产的某些商品价格高于 1600 元的公司的编号和名称。

(4) 查询生产的所有商品价格都低于 3000 元的公司的编号和名称。

(5) 查询没有使用地址为"西安"的公司生产的价格高于 2000 元的商品的用户的编号和名称。

(6) 查询使用过 24 号公司生产的所有商品种类的用户的编号和名称。

第 4 章
关系规范化理论和DBS逻辑设计

我们知道,关系数据库模型是由一个以上逻辑上有一定联系的关系模式组成的集合,集合中的关系模式之间通过外键码联系。因此一个关系数据库的优劣取决于构成关系数据库模型的各关系模式的内部结构和相互联系。关系模式的内部结构决定了关系模式实例中的数据依赖关系。最基本的数据依赖关系是函数依赖(Functional Dependency,FD)和多值依赖(MultiValued Dependency,MVD),但函数依赖比多值依赖更为重要。除函数依赖和多值依赖外,还有连接依赖(Joint Dependency,JD)、域依赖(Domain Dependency,DD)和键依赖(Key Dependency,KD)等。本章前九节从函数依赖这一最重要的基本概念出发研究关系数据库规范化理论,最后一节研究 DBS 的逻辑结构设计问题。关系数据库规范化理论又称为关系模式规范化理论,简称关系规范化理论。

除了上一章开头的约定外,本章还将用大写希腊字母 Λ、Θ、Π 等表示关系模式的属性子集,用大写希腊字母 Φ、Ψ、Γ 等表示关系模式的函数依赖集,大写希腊字母 Δ 表示关系模式的键码集合,大写希腊字母 Σ 根据需要表示函数依赖集或属性子集。当关系模式 $R(U)$ 的属性都用单个大写英文字母表示时,可用英文字母组成的字符串来表示相应的属性子集。

4.1 函数依赖

4.1.1 函数依赖的定义

定义 4.1　给定关系模式 $R(U)$ 和 U 的非空子集 X、Y。如果关系模式 $R(U)$ 的任意一个关系实例 R 中都没有使 $s[X]=t[X]$ 与 $s[Y]\neq t[Y]$ 同时成立的元组 s、t,即对于 R 的任意两个元组 s、t,$s[X]\neq t[X]$ 与 $s[Y]=t[Y]$ 至少有一个成立,则称属性集合 Y 函数依赖于属性集合 X,或称属性集合 X 函数决定属性集合 Y,记作 $X{\rightarrow}Y$。当 $X{\rightarrow}Y$ 成立时,我们也称 $X{\rightarrow}Y$ 是一个函数依赖(Functional Dependency,FD),并将 X、Y 分别称为这个函数依赖的左部和右部。反之,如果存在关系模式 $R(U)$ 的一个关系实例 R 和 R 的两个元组 s、t,使得 $s[X]=t[X]$ 但 $s[Y]\neq t[Y]$,则称 X 不函数决定 Y,或称 Y 不函数依赖于 X,记作 $X\nrightarrow Y$。如果一个函数依赖的左部(右部)只有一个属性,则称此函数依赖为左单的(右单的)。

函数依赖是关系模式的属性之间最重要的一类数据依赖关系,是关系模式内部固有的一类数据完整性约束。函数依赖是相等产生依赖。在关系模式 $R(U)$ 中,$X{\rightarrow}Y$ 的充分必要条件是对于 $R(U)$ 的任意一个关系实例 R 和 R 的任意两个元组 s、t,当 $s[X]=t[X]$ 时必有

$s[Y]=t[Y]$，或者当 $s[Y] \neq t[Y]$ 时必有 $s[X] \neq t[X]$。也就是说，函数依赖 $X \rightarrow Y$ 揭示了关系模式 $R(U)$ 的每一个关系实例的所有元组中 Y 组属性值对 X 组属性值的依赖性。函数依赖 $X \rightarrow Y$ 从关系模式 $R(U)$ 的所有关系实例中排除了使 $s[X]=t[X]$ 与 $s[Y] \neq t[Y]$ 同时成立的元组 s、t。

$X \rightarrow Y$ 的含义本质上是说：对于关系模式 $R(U)$ 的任意一个关系实例 R，Y 组属性值是 X 组属性值的函数。不过，对于不同的关系实例，这个函数可能也不同。

函数依赖的概念是 Codd 在 1970 年引入的。

例 4.1 设关系模式 $R(A,B,C,D)$ 的两个关系实例如图 4.1 所示。

R_1

A	B	C	D
1	2	3	4
1	2	3	5
3	4	1	2
3	4	1	5

R_2

A	B	C	D
1	2	3	4
1	2	5	6
3	4	1	2
3	4	1	3

图 4.1 关系模式 $R(A,B,C,D)$ 的两个关系实例

从关系实例 R_1 猜测 $AB \rightarrow C$ 可能成立，但这一猜测立即被关系实例 R_2 否定。因为关系 R_2 第一、二两行的元组 $s=(1\ 2\ 3\ 4)$ 和 $t=(1\ 2\ 5\ 6)$ 满足 $s[AB]=t[AB]$，但 $s[C]=3 \neq 5=t[C]$。所以在这一关系模式中 $AB \not\rightarrow C$。

在一个关系模式 $R(U)$ 中，如果 $X \rightarrow Y$ 与 $Y \rightarrow X$ 同时成立，则称属性集 X 与属性集 Y 等效，记作 $X \leftrightarrow Y$，并称 $X \leftrightarrow Y$ 为一个双向函数依赖。

一个关系模式的所有函数依赖是由其所有关系实例共同反映出来的属性之间的依赖关系。如果两个关系模式有完全相同的属性集合和完全相同的所有关系实例，则它们有完全相同的函数依赖和其他数据依赖，因而它们本质上是相同的关系模式。不过它们可能有不同的实际含义，因而可能有不同的关系模式名。

4.1.2 Armstrong 公理系统与函数依赖推理规则

关系模式中的函数依赖是由各属性的含义决定的。在确定一个关系模式的函数依赖时，一般只能从属性含义上分析，而不能在数学上进行证明。不过，从一些基本的函数依赖出发，根据函数依赖的性质，可以在数学上推导出（即"通过正确的逻辑推理得出"）其他的一些函数依赖。这个过程称为函数依赖推理。逻辑推理有自己的规则，读者可以参考数理逻辑或形式逻辑方面的有关书籍。这一小节研究函数依赖的性质即函数依赖推理规则。

1. Armstrong 公理系统

定理 4.1 给定关系模式 $R(U)$ 和 U 的任意非空子集 X、Y。若 $Y \subseteq X$，则 $X \rightarrow Y$。这一性质称为函数依赖的自反律或自反规则。

证明：设 $Y \subseteq X$。对于 $R(U)$ 的任意一个关系实例 R 和 R 的任意两个元组 s、t，若 $s[X]=t[X]$，则由 $s[X]=t[X]$ 的定义可知 $s[Y]=t[Y]$。所以 $X \rightarrow Y$。 ∎

定义 4.2 对于关系模式 $R(U)$ 和 U 的任意非空子集 X、Y，若 $Y \subseteq X$，则称函数依赖 $X \rightarrow Y$ 为平凡函数依赖。否则如果 $X \rightarrow Y$ 而 $Y \nsubseteq X$，则称函数依赖 $X \rightarrow Y$ 为非平凡函数

依赖。

平凡函数依赖是永远存在的,是不可能消除的。在讨论一个关系模式的函数依赖时,可以只关心其非平凡函数依赖,而平凡函数依赖在必要时直接使用就行了,无须明确提及。

定义 4.3 一个关系模式的所有函数依赖所构成集合的每一个子集(包括空子集)称为该关系模式的一个函数依赖集。如果一个非空函数依赖集中的所有函数依赖都是非平凡的,则称其为该关系模式的一个非平凡函数依赖集。如果一个非空函数依赖集中的所有函数依赖都是左单的(右单的),则称该函数依赖集为左单的(右单的)。

今后,凡是说到"函数依赖集"一般要求非空,是否允许为空根据上下文判断。

定理 4.2 给定关系模式 $R(U)$ 和 U 的任意非空子集 X、Y。若 $X \rightarrow Y$,且 $V \subseteq W \subseteq U$,则 $X \cup W \rightarrow Y \cup V$。这一性质称为函数依赖的增广律或增广规则。

证明: 设 $X \rightarrow Y$。对于 $R(U)$ 的任意一个关系实例 R 和 R 的任意两个元组 s 和 t,如果 $s[X \cup W] = t[X \cup W]$,则 $s[X] = t[X]$,且 $s[W] = t[W]$。由 $s[X] = t[X]$ 和 $X \rightarrow Y$ 可得 $s[Y] = t[Y]$,从而 $s[Y \cup V] = t[Y \cup V]$。所以 $X \cup W \rightarrow Y \cup V$。 ■

定理 4.3 给定关系模式 $R(U)$ 和 U 的任意非空子集 X、Y、Z。若 $X \rightarrow Y$,且 $Y \rightarrow Z$,则 $X \rightarrow Z$。这一性质称为函数依赖的传递律或传递规则。

证明: 用反证法。如果 $X \nrightarrow Z$,则存在 $R(U)$ 的一个关系实例 R 和 R 的两个元组 s、t,使得 $s[X] = t[X]$,但 $s[Z] \neq t[Z]$。这时必然有 $s[Y] \neq t[Y]$,否则将由 $s[Y] = t[Y]$ 和 $Y \rightarrow Z$ 的假设得到 $s[Z] = t[Z]$,与 $s[Z] \neq t[Z]$ 矛盾。但是由 $s[X] = t[X]$ 和 $s[Y] \neq t[Y]$ 又得到 $X \nrightarrow Y$,与 $X \rightarrow Y$ 矛盾。所以必有 $X \rightarrow Z$。 ■

函数依赖的自反律、增广律、传递律构成的函数依赖推理规则集合,称为 Armstrong 公理系统。Armstrong 公理系统是 Armstrong 在 1974 年引入的。

2. 由 Armstrong 公理系统衍生的函数依赖推理规则

从 Armstrong 公理系统可以推导出函数依赖推理的左增广规则、右增广规则、分解规则、合并规则、复合规则、伪传递规则、通用一致性规则、正则化规则等。

定理 4.4 给定关系模式 $R(U)$ 及 U 的任意非空子集 X、Y、Z、V、W 和任意子集 Q。从 Armstrong 公理系统可以推导出下面的函数依赖推理规则:

(1) 左增广规则:若 $X \rightarrow Y$,则 $X \cup Q \rightarrow Y$;

(2) 右增广规则:若 $X \rightarrow Y$,且 $Q \subseteq X$,则 $X \rightarrow Y \cup Q$;

(3) 分解规则:若 $X \rightarrow Y$,且 $Z \subseteq Y$,则 $X \rightarrow Z$;

(4) 合并规则:若 $X \rightarrow Y$,且 $X \rightarrow Z$,则 $X \rightarrow Y \cup Z$;

(5) 复合规则:若 $X \rightarrow Y$,且 $V \rightarrow W$,则 $X \cup V \rightarrow Y \cup W$;

(6) 伪传递规则:若 $X \rightarrow Y$,且 $Y \cup Q \rightarrow Z$,则 $X \cup Q \rightarrow Z$;

(7) 通用一致性规则:若 $X \rightarrow Y$,且 $V \rightarrow W$,则 $X \cup (V - Y) \rightarrow Y \cup W$;

(8) 正则化规则:若 $Y \nsubseteq X$,则 $X \rightarrow Y$ 的充分必要条件是 $X \rightarrow Y - X$。

证明: (1)~(2)。由自反律、增广律和传递律立即得到左增广规则和右增广规则。

(3) 分解规则。设 $Z \subseteq Y$,则由自反律可知 $Y \rightarrow Z$。若还成立 $X \rightarrow Y$,则由传递律得到 $X \rightarrow Z$。所以从 Armstrong 公理系统可以推导出分解规则。

(4) 合并规则。因 $X \rightarrow Z$,由增广律可知 $X \rightarrow X \cup Z$;因 $X \rightarrow Y$,由增广律可知 $X \cup Z \rightarrow Y$

$\cup Z$；再由传递律得到 $X \rightarrow Y \cup Z$。所以从 Armstrong 公理系统可以推导出合并规则。

（5）复合规则。因 $X \rightarrow Y$，由增广律可知 $X \cup V \rightarrow Y \cup V$。因 $V \rightarrow W$，由增广律可知 $Y \cup V \rightarrow Y \cup W$。再由传递律得到 $X \cup V \rightarrow Y \cup W$。所以从 Armstrong 公理系统可以推导出复合规则。

（6）伪传递规则。因 $X \rightarrow Y$，由增广律可知 $X \cup Q \rightarrow Y \cup Q$。因 $Y \cup Q \rightarrow Z$，由传递律得到 $X \cup Q \rightarrow Z$。所以从 Armstrong 公理系统可以推导出伪传递规则。

（7）通用一致性规则。由自反律得 $X \cup (V-Y) \rightarrow X$。因 $X \rightarrow Y$，由传递律可知 $X \cup (V-Y) \rightarrow Y$。又由增广律得 $X \cup (V-Y) \rightarrow Y \cup (V-Y)$。而 $V \subseteq Y \cup (V-Y)$，由自反律和传递律得到 $X \cup (V-Y) \rightarrow V$。因 $V \rightarrow W$，由传递律可知 $X \cup (V-Y) \rightarrow W$。再由合并规则得到 $X \cup (V-Y) \rightarrow Y \cup W$。所以从 Armstrong 公理系统可以推导出通用一致性规则。

（8）正则化规则。

必要性：设 $X \rightarrow Y$，由 $Y = (Y-X) \cup (X \cap Y)$ 和分解规则得到 $X \rightarrow Y-X$。

充分性：设 $X \rightarrow Y-X$，由增广律得到 $X \cup (X \cap Y) \rightarrow (Y-X) \cup (X \cap Y)$，即 $X \rightarrow Y$。

所以从 Armstrong 公理系统可以推导出正则化规则。　■

应当注意，在左增广规则和伪传递规则中，允许 $Q = \varnothing$。当 $Q = \varnothing$ 时，伪传递规则就是传递规则。结合运用分解规则和合并规则立即得到如下的定理 4.5。

定理 4.5　设 X, Y 是关系模式 $R(U)$ 的非空的属性子集。$X \rightarrow Y$ 的充分必要条件是对于每一个 $A \in Y$，均成立 $X \rightarrow A$。

例 4.2　假设每一个学生只属于一个系，每一个系只有一个系主任，且同一个系的学生住在同一栋楼里，考虑描述学生信息的关系模式

$$\text{Students(sNo, sName, sSex, sBirthDate, sAge, dName, dChief, dAddr)}$$

其中 sNo 为学号，dName 为系名，dChief 为系主任名，dAddr 为与系名对应的楼号，其余属性可顾名思义。容易看出，这个关系模式有下面的非平凡函数依赖：

$$\text{sNo} \rightarrow \{\text{sName, sSex, sBirthDate, dName}\}$$
$$\text{sBirthDate} \rightarrow \text{sAge}$$
$$\text{dName} \rightarrow \{\text{dChief, dAddr}\}$$

因 sNo $\rightarrow$ {sName, sSex, sBirthDate, dName}，由定理 4.5 得到 sNo $\rightarrow$ dName, sNo $\rightarrow$ sBirthDate。又因 dName $\rightarrow$ {dChief, dAddr}，由传递律得 sNo $\rightarrow$ {dChief, dAddr}；又因 sBirthDate $\rightarrow$ sAge，由传递律得到 sNo $\rightarrow$ sAge。

例 4.3　已知关系模式 $R(A, B, C, D, E, F)$ 有函数依赖集：

$$\Phi = \{A \rightarrow B, A \rightarrow C, CD \rightarrow E, CD \rightarrow F, B \rightarrow E\}$$

问：是否有 $A \rightarrow E$？是否有 $CD \rightarrow EF$？是否有 $AD \rightarrow F$？

解：因 $A \rightarrow B$，且 $B \rightarrow E$，由传递律得到 $A \rightarrow E$。因 $CD \rightarrow E$，且 $CD \rightarrow F$，由合并规则得到 $CD \rightarrow EF$。因 $A \rightarrow C$，且 $CD \rightarrow F$，由伪传递规则得到 $AD \rightarrow F$。

4.1.3　函数依赖集的正则闭包

1. 函数依赖集的逻辑蕴涵

定义 4.4　设 Φ 和 Ψ 是关系模式 $R(U)$ 的两个函数依赖集。如果从 Φ 中的函数依赖出

发,运用函数依赖推理规则能够推导出 Ψ 中的所有函数依赖,则称函数依赖集 Φ 逻辑蕴涵函数依赖集 Ψ,或称函数依赖集 Ψ 为函数依赖集 Φ 所逻辑蕴涵,记作 $\Phi \Rightarrow \Psi$。如果 $\Phi \Rightarrow \Psi$ 与 $\Psi \Rightarrow \Phi$ 同时成立,则称函数依赖集 Φ 与函数依赖集 Ψ 等价,记作 $\Phi \Leftrightarrow \Psi$。

容易看出,关系模式 $R(U)$ 的任何一个函数依赖集都逻辑蕴涵该关系模式的所有平凡函数依赖。

定义 4.5 设 X、Y 是关系模式 $R(U)$ 的非空的属性子集。如果 $X \rightarrow Y$,且 $X \cap Y = \varnothing$,则称函数依赖 $X \rightarrow Y$ 是正则的。如果 $R(U)$ 的一个非平凡函数依赖集中的所有函数依赖都是正则的,则称这个函数依赖集是正则的。

可以看出,正则的函数依赖一定也是非平凡的。正则化规则表明:关系模式 $R(U)$ 的每一个非平凡函数依赖 $X \rightarrow Y$ 都可以通过从该函数依赖右部删除左、右部公共属性 $X \cap Y$ 而化为与之等价的正则函数依赖 $X \rightarrow Y - X$。$X \rightarrow Y - X$ 称为 $X \rightarrow Y$ 的正则化(函数依赖)。当 $X \rightarrow Y$ 本身就是正则函数依赖时,其正则化函数依赖就是 $X \rightarrow Y$ 本身。

定义 4.6 设 Φ 是关系模式 $R(U)$ 的一个非平凡函数依赖集。如果 Φ 逻辑蕴涵关系模式 $R(U)$ 的所有正则函数依赖,则称 Φ 是关系模式 $R(U)$ 的一个基本函数依赖集。如果 $R(U)$ 的一个基本函数依赖集 Φ 是正则的,则称 Φ 是关系模式 $R(U)$ 的一个正则基本函数依赖集。

$R(U)$ 的每一个基本函数依赖集逻辑蕴涵 $R(U)$ 的所有正则函数依赖,当然也逻辑蕴涵 $R(U)$ 的所有非平凡函数依赖。

定理 4.6 给定关系模式 $R(U)$ 和 U 的任意非空子集 X、Y、V、W。函数依赖推理规则有下列性质:

(1) 若 $X \rightarrow Y$,则对这个函数依赖分别单独运用增广律和右增广规则推导出的函数依赖 $X \cup V \rightarrow Y \cup V (\varnothing \subset V \subseteq U)$ 和 $X \rightarrow Q \cup Y (\varnothing \subset Q \subseteq X)$ 一定不是正则的。单独运用自反律推导出的函数依赖是平凡的,从而不是正则的。

(2) 若 $X \rightarrow Y$,且 $X \cap Y = \varnothing$,$Y \cap V = \varnothing$,则对这个正则函数依赖运用左增广规则推导出的函数依赖 $X \cup V \rightarrow Y$ 仍然是正则的。

(3) {左增广规则,右增广规则,分解规则}$\Rightarrow$增广律。

(4) {左增广规则,合并规则}$\Rightarrow$复合规则。

(5) {左增广规则,右增广规则,传递律}$\Rightarrow$伪传递规则。

(6) {左增广规则,右增广规则,分解规则,合并规则}$\Rightarrow$通用一致性规则。

(7) {左增广规则,右增广规则,分解规则}$\Rightarrow$正则化规则。

证明: (1)和(2)是显然的。

(3) 若 $X \rightarrow Y$,$V \subseteq W \subseteq U$,则由左增广规则得到 $X \cup W \rightarrow Y$。因 $W \subseteq X \cup W$,又由右增广规则得到 $X \cup W \rightarrow Y \cup W$。再由 $Y \cup V \subseteq Y \cup W$ 和分解规则得到 $X \cup W \rightarrow Y \cup V$。

(4) 若 $X \rightarrow Y$,$V \rightarrow W$,则由左增广规则得到 $X \cup V \rightarrow Y$,$X \cup V \rightarrow W$。再由合并规则得到 $X \cup V \rightarrow Y \cup W$。

(5) 由(3)和伪传递规则的证明即可得出结论。

(6) 若 $X \rightarrow Y$,则由左增广规则得到 $X \cup (V - Y) \rightarrow Y$。再由右增广规则得到 $X \cup (V - Y) \rightarrow Y \cup (V - Y)$。而 $V \subseteq Y \cup (V - Y)$,由分解规则得到 $X \cup (V - Y) \rightarrow V$。更进一步,若还有 $V \rightarrow W$,则由传递律得到 $X \cup (V - Y) \rightarrow W$。最后,由合并规则得到 $X \cup (V - Y) \rightarrow Y \cup W$。

(7) 由定理4.4的证明和本定理的(3)即可看出。 ∎

定理4.7 设 Φ 是关系模式 $R(U)$ 的一个非平凡函数依赖集,则凡是从 Φ 中的函数依赖出发运用函数依赖推理规则能够推导出的非平凡函数依赖,都可以通过运用左增广规则、右增广规则、分解规则、合并规则和传递律推导出。

证明: 单独运用自反律不产生非平凡函数依赖。自反律只有与传递律联合运用的时候,才可能产生新的非平凡函数依赖,即由 $X \rightarrow Y$ 和 $\varnothing \subset Y' \subseteq Y$ 得到 $X \rightarrow Y'$,这相当于单独运用分解规则。单独运用增广律、单独运用传递律、联合运用增广律和传递律都可能产生新的非平凡函数依赖。而由定理4.6,联合运用左增广规则、右增广规则和分解规则可以推导出增广律。所以凡是从 Φ 中的函数依赖出发运用函数依赖推理规则能够推导出的非平凡函数依赖都可以通过运用左增广规则、右增广规则、分解规则、合并规则和传递律推导出。 ∎

2. 函数依赖集的正则闭包

定义4.7 设 Φ 是关系模式 $R(U)$ 的一个函数依赖集。为 Φ 所逻辑蕴涵的所有正则函数依赖(所有函数依赖)构成的集合 $\Phi^{\oplus}(\Phi^+)$ 称为函数依赖集 Φ 的正则闭包(闭包)。

显然,若 Φ 中没有非平凡函数依赖,则 $\Phi^{\oplus} = \varnothing$。若 Φ 中有至少一个非平凡函数依赖 $X \rightarrow Y$,则由正则化规则可知 $X \rightarrow Y - X$ 是与 $X \rightarrow Y$ 等价的正则函数依赖,因此 $X \rightarrow Y - X \in \Phi^{\oplus}$,从而 $\Phi^{\oplus} \neq \varnothing$。

函数依赖集闭包的定义中不仅没有"正则"的要求,就连"非平凡"的要求也没有。这使得闭包的计算异常复杂和繁琐,至今也没有一个计算 Φ^+ 的有效算法。因而 Φ^+ 不具有任何实际意义。不过,为 Φ 所逻辑蕴涵的每一个非平凡函数依赖的正则化函数依赖都在 $\Phi^{\oplus}$ 中。也就是说,$\Phi^{\oplus}$ 等于 Φ^+ 中的所有正则函数依赖构成的集合。这样一来,与闭包 Φ^+ 的计算相比,计算正则闭包 $\Phi^{\oplus}$ 的工作量和复杂性大幅度减小。稍后将给出计算 $\Phi^{\oplus}$ 的一个算法。

例4.4 已知关系模式 $R(A,B,C)$ 的一个函数依赖集 $\Phi = \{A \rightarrow B, B \rightarrow C\}$,经计算得到 $\Phi^{\oplus} = \{A \rightarrow B, B \rightarrow C, A \rightarrow C, A \rightarrow BC, AC \rightarrow B, AB \rightarrow C\}$,其中只有6个函数依赖,而 Φ^+ 中有43个函数依赖。由此可见正则闭包的优点。

定理4.8 设 Φ、Ψ 是关系模式 $R(U)$ 的两个函数依赖集,则下列结论成立:

(1) 函数依赖集的正则闭包是正则的,且是唯一的。

(2) 若 Φ 中的所有函数依赖都是正则的,则 $\Phi \subseteq \Phi^{\oplus}$。

(3) $(\Phi^{\oplus})^{\oplus} = \Phi^{\oplus}$。

(4) 若 $\Phi \subseteq \Psi$,则 $\Phi^{\oplus} \subseteq \Psi^{\oplus}$。

(5) 若 $\Phi \Rightarrow \Psi$,则 $\Psi^{\oplus} \subseteq \Phi^{\oplus}$。

(6) $\Phi \Leftrightarrow \Psi$ 的充分必要条件是 $\Phi^{\oplus} = \Psi^{\oplus}$。

证明: (1)~(2)是显然的。

(3) 一方面,由(2)的结论显然有 $\Phi^{\oplus} \subseteq (\Phi^{\oplus})^{\oplus}$。另一方面,由于 $\Phi^{\oplus}$ 中的所有函数依赖都为 Φ 所逻辑蕴涵,因此为 $\Phi^{\oplus}$ 所逻辑蕴涵的所有正则函数依赖也都为 Φ 所逻辑蕴涵。所以 $(\Phi^{\oplus})^{\oplus} \subseteq \Phi^{\oplus}$。结合两个方面的结果得 $(\Phi^{\oplus})^{\oplus} = \Phi^{\oplus}$。

(4) 若 $\Phi \subseteq \Psi$,则为 Φ 所逻辑蕴涵的所有正则函数依赖也都为 Ψ 所逻辑蕴涵,所以 $\Phi^{\oplus} \subseteq \Psi^{\oplus}$。

(5) 若 $\Phi \Rightarrow \Psi$,则 Ψ 中的所有函数依赖都为 Φ 所逻辑蕴涵,因此为 Ψ 所逻辑蕴涵的所有正则函数依赖也都为 Φ 所逻辑蕴涵。所以 $\Psi^{\oplus} \subseteq \Phi^{\oplus}$。

(6) 由(5)直接得出结论。 ∎

3. 求函数依赖集正则闭包的算法

定理 4.9 设 Φ 是关系模式 $R(U)$ 的一个非平凡函数依赖集,则下面的算法可求得 Φ 的正则闭包 $\Phi^{\oplus}$:

(1) 令 $\Psi := \varnothing, \Gamma := \varnothing$。

(2) 按照分解规则、合并规则和正则化规则初始化 Ψ。首先,对于 Φ 中每一个非平凡函数依赖 $X \to Y$ 和 $Y-X$ 的每一个非空子集 Z(包括 $Z = Y-X$),若 $X \to Z \notin \Psi$,则将 $X \to Z$ 添加到 Ψ 中;其次,将 Ψ 中左部相同的函数依赖合并为一个正则函数依赖,若合并后得到的正则函数依赖不在 Ψ 中,则将其添加到 Ψ 中(Ψ 中原有的函数依赖保持不变)。

(3) 令 $\Upsilon := \Psi - \Gamma, \Gamma := \Psi$。

(4) 按照左增广规则扩展 Ψ。对于 Υ 中每一个函数依赖 $X \to Y$,当 $X \cup Y \neq U$ 时,对于 $U - (X \cup Y)$ 的每一个非空子集 V,若 $X \cup V \to Y \notin \Psi$,则将 $X \cup V \to Y$ 添加到 Ψ 中。

(5) 按照合并规则和分解规则扩展 Ψ。设 Υ 中所有函数依赖的左部构成的集合为 Δ。对于每一个 $X \in \Delta$,按照合并规则将 Ψ 中左部为 X 的所有函数依赖合并为一个正则函数依赖 $X \to Y$,若 $X \to Y \notin \Psi$,则将 $X \to Y$ 添加到 Ψ 中(Ψ 中原有的函数依赖保持不变);然后对于 Y 的每一个非空子集 Z(包括 $Z = Y$),若 $X \to Z \notin \Psi$,则将 $X \to Z$ 添加到 Ψ 中。

(6) 按照右增广规则、传递律和正则化规则扩展 Ψ。对于每一个 $Y \to V \in \Psi$,若 $Y \cup V \neq U$,则对于 $\Psi - \{Y \to V\}$ 中同时满足 $V \subseteq W$、$W - V \subseteq Y$、$Z \nsubseteq Y$ 三个条件的每一函数依赖 $W \to Z$,若 $Y \to Z - Y \notin \Psi$,则将 $Y \to Z - Y$ 添加到 Ψ 中。

(7) 若 $\Gamma = \Psi$,则输出结果 $\Phi^{\oplus} = \Psi$,算法结束;否则转向(3)。

证明:显然 $\Psi \neq \varnothing$,且每一步添加到 Ψ 中的函数依赖都是正则的。其次,由定理 4.6,新增的正则函数依赖都可以通过运用左增广规则、右增广规则、分解规则、合并规则和传递律产生。第三,Ψ 中每添加一个函数依赖,都可能与其他函数依赖一起直接或间接地运用传递律。第(6)步的做法实际上是先对 $Y \to V$ 运用右增广规则,得到 $Y \to V \cup (W-V)$,即 $Y \to W$,再与 $W \to Z$ 一起运用传递律得到 $Y \to Z$,正则化后为 $Y \to Z - Y$。(4)、(5)、(6)三步遍历了运用传递律的所有情况。因此由定理 4.7 可知,该算法可求出 Φ 的正则闭包 $\Phi^{\oplus}$。 ∎

求一个函数依赖集的闭包或正则闭包是一个非常复杂的问题。定理 4.9 给出的算法实际上只给出了计算 $\Phi^{\oplus}$ 的逻辑步骤,适合手工计算时参照。如果要用计算机编程实现,就可能要对第(6)步进行修改,因为判断 $Y \cup V \neq U$、$V \subseteq W$、$W - V \subseteq Y$、$Z \nsubseteq Y$ 这样的条件本身就很复杂。实际操作时,还可以设置一个记录循环次数的变量,使计算过程层次更清楚。

例 4.5 已知关系模式 $R(A,B,C,D)$ 有非平凡函数依赖集:

$$\Phi = \{AB \to C, AC \to D, BC \to AD, D \to B\}$$

求 $\Phi^{\oplus}$。

解:可以看出,Φ 中的所有函数依赖都是正则的。根据定理 4.9 的算法计算如下:

(1) 令 $\Psi := \varnothing, \Gamma := \varnothing$。

(2) 按照分解规则和正则化规则初始化 Ψ,得到

$$\Psi = \{AB \to C, AC \to D, BC \to AD, D \to B, BC \to A, BC \to D\}$$

（3）令 $\varUpsilon:=\varPsi-\varGamma=\varPsi,\varGamma:=\varPsi,n:=1$。

（4）按照左增广规则扩展 $\varPsi$，得到

$$\varPsi=\{AB\to C,AC\to D,BC\to A,BC\to D,BC\to AD,D\to B,$$
$$ABD\to C,ABC\to D,BCD\to A,ACD\to B,AD\to B,CD\to B\}$$

（5）按照合并规则和分解规则扩展 $\varPsi$，未产生新的正则函数依赖。

（6）按照右增广规则、传递律和正则化规则扩展 $\varPsi$，得到

$$\varPsi=\{AB\to C,AC\to D,BC\to A,BC\to D,BC\to AD,D\to B,$$
$$ABC\to D,ABD\to C,ACD\to B,AD\to B,BCD\to A,CD\to B,$$
$$AB\to D,AC\to B,AD\to C,CD\to A\}$$

（7）$\varGamma\ne\varPsi$，转向（3）。

（3'）令

$$\varUpsilon:=\varPsi-\varGamma=\{ABC\to D,ABD\to C,ACD\to B,AD\to B,BCD\to A,CD\to B,$$
$$AB\to D,AC\to B,AD\to C,CD\to A\}$$

$\varGamma:=\varPsi,n:=2$。

（4'）按照左增广规则扩展 $\varPsi$，未产生新的正则函数依赖。

（5'）按照合并规则和分解规则扩展 $\varPsi$，得到

$$\varPsi=\{AB\to C,AC\to D,BC\to A,BC\to D,BC\to AD,D\to B,ABC\to D,$$
$$ABD\to C,ACD\to B,AD\to B,BCD\to A,CD\to B,AB\to D,AC\to B,$$
$$AD\to C,CD\to A,AB\to CD,AC\to BD,AD\to BC,CD\to AB\}$$

（6'）按照右增广规则、传递律和正则化规则扩展 $\varPsi$，未产生新的正则函数依赖。

（7'）$\varGamma\ne\varPsi$，转向（3）。

（3''）令 $\varUpsilon:=\varPsi-\varGamma=\{AB\to CD,AC\to BD,AD\to BC,CD\to AB\},\varGamma:=\varPsi,n:=3$。

（4''）按照左增广规则扩展 $\varPsi$，未产生新的正则函数依赖。

（5''）按照合并规则和分解规则扩展 $\varPsi$，未产生新的正则函数依赖。

（6''）按照右增广规则、传递律和正则化规则扩展 $\varPsi$，未产生新的正则函数依赖。

（7''）$\varGamma=\varPsi$，转向（3）。最后得到

$$\varPhi^{\oplus}=\{AB\to C,AB\to D,AB\to CD,ABC\to D,ABD\to C,AC\to B,$$
$$AC\to D,AC\to BD,ACD\to B,AD\to B,AD\to C,AD\to BC,BC\to A,$$
$$BC\to D,BC\to AD,BCD\to A,CD\to A,CD\to B,CD\to AB,D\to B\}$$

4.1.4　属性集关于函数依赖集的闭包

定义 4.8　设 $\varPhi$ 是关系模式 $R(U)$ 的一个函数依赖集，X 是 U 的任一非空子集。满足 $\varPhi\Rightarrow X\to Y$ 的最大属性集合 Y 称为 X 关于 $\varPhi$ 的闭包，记作 $X_{\varPhi}^{+}$。

所谓"Y 最大"是指如果 $\varPhi\Rightarrow X\to Z$，则必有 $Z\subseteq Y$。

由于 $X\subseteq X_{\varPhi}^{+}$ 是显然的，$\varPhi$ 中的平凡函数依赖对于 $X_{\varPhi}^{+}$ 没有任何作用，因此在计算 $X_{\varPhi}^{+}$ 时可以暂不考虑平凡函数依赖，或者直接假设 $\varPhi$ 是正则的。

$X_{\varPhi}^{+}$ 也可以定义为同时满足如下三个条件的属性集合 $Y\subseteq U$：

（1）$X\subseteq Y$。

（2）$\varPhi\Rightarrow X\to Y$。

(3) 若 $\Phi \Rightarrow X \to Z$，则 $Z \subseteq Y$。

定理 4.10　设 Φ 是关系模式 $R(U)$ 的一个函数依赖集，X 是 U 的任一非空子集，记

$$\Phi(X) = \{V \mid \varnothing \subset V \subseteq U \wedge (\Phi \Rightarrow X \to V)\}$$

则 $X_\Phi^+ = \bigcup\limits_{V \in \Phi(X)} V$，即 X_Φ^+ 是 $\Phi(X)$ 的最大元素，从而属性集关于函数依赖集的闭包是唯一的。

证明： 记 $Y = \bigcup\limits_{V \in \Phi(X)} V$，则 $X \subseteq Y$。由于 U 有限，显然 $\Phi(X)$ 有限。对于每一个 $V \in \Phi(X)$，由于 $\Phi \Rightarrow X \to V$，因此根据合并规则有 $\Phi \Rightarrow X \to Y$。同时，对于任意的 $\varnothing \subset Z \subseteq U$，若 $\Phi \Rightarrow X \to Z$，则 $Z \in \Phi(X)$，因此 $Z \subseteq Y$。所以 $X_\Phi^+ = Y$。 ∎

显然，X 的所有非空子集都在 $\Phi(X)$ 中，并且对于每一个 $V \in \Phi(X)$，V 的所有非空子集也都在 $\Phi(X)$ 中。特别是要注意 $X_\Phi^+ \in \Phi(X)$。

定理 4.11　设 Φ 是关系模式 $R(U)$ 的一个函数依赖集，X 是 U 的任一非空子集，则下面的算法可以求得 X_Φ^+：

(1) 令 $Y := X$，$\Psi := \Phi$。

(2) 令 $Z := Y$。

(3) 在 Ψ 中任取一个满足 $V \subseteq Y$ 但 $W \nsubseteq Y$ 的非平凡函数依赖 $V \to W$，并令 $Y := Y \cup W$，$\Psi := \Psi - \{V \to W\}$。如果没有这样的非平凡函数依赖，就跳过这一步。

(4) 判断。若 $\Psi = \varnothing$ 或 $Y = Z$，则输出结果 $X_\Phi^+ = Y$ 并结束；否则转向(2)。

证明： 算法的循环过程实际上是从 X 出发不断运用自反律、增广律和传递律进行函数依赖推理的过程：$(V \subseteq Y) \wedge (V \to W) \Rightarrow (Y \to W)$。由于 Y 的初始值为 X，且算法每一步都确保 $X \to Y$ 成立，因此，则算法结束后必有 $Y \in \Phi(X)$。

设算法结束后的输出为 Y，则显然 $Y \subseteq X_\Phi^+$。反之，对于每一个 $A \in X_\Phi^+ = \bigcup\limits_{V \in \Phi(X)} V$，以下分两种情况证明 $A \in Y$，从而 $X_\Phi^+ \subseteq Y$，即 $X_\Phi^+ = Y$。

a) $A \in X$，则显然 $A \in Y$；

b) $A \notin X$。由于 $\Phi \Rightarrow X \to A$，从 Φ 出发推导 $X \to A$ 的过程是连续有限次运用增广律、传递律和自反律的过程，因此存在 $V_i \to W_i \in \Phi (1 \leqslant i \leqslant n)$，使 $V_i \subseteq V_{i-1} \cup W_{i-1}$，$A \in W_n$。其中 $V_0 = X$，$W_0 = \varnothing$。算法结束条件是 $\Psi = \varnothing$ 或 $Y = Z$，即当 Φ 中所有的非平凡函数依赖都已经用过或者再没有可用的非平凡函数依赖时算法结束。算法中一旦运用函数依赖 $V_i \to W_i$，就一定同时执行 $Y := Y \cup W_i$。由于 $V_1 \subseteq X$，$V_i \subseteq V_{i-1} \cup W_{i-1} (2 \leqslant i \leqslant n)$，算法中必然运用所有这些函数依赖 $V_i \to W_i (1 \leqslant i \leqslant n)$。可见算法蕴涵着从 Φ 出发推导 $X \to W_n$ 的过程，算法结束后一定有 $V_i \cup W_i \subseteq Y (1 \leqslant i \leqslant n)$，从而 $W_n \subseteq Y$，$A \in Y$。 ∎

例 4.6　设关系模式 $R(A, B, C, D, E, F)$ 有非平凡函数依赖集

$$\Phi = \{AB \to C, BC \to AD, D \to E, CF \to B\}$$

且 $X = AB$，试求 X_Φ^+。

解： 应用定理 4.11 所给的算法计算如下：

(1) 令 $Y := X$，$\Psi := \Phi$。

(2) 令 $Z := Y = AB$。

(3) 因 $AB = Y$，取 $AB \to C \in \Psi$，令 $Y := Y \cup \{C\} = ABC$，且

$$\Psi = \Psi - \{AB \to C\} = \{BC \to AD, D \to E, CF \to B\}$$

（4）判断。因 $\Psi\neq\varnothing$ 且 $Y\neq Z$，转向（2）。

（2'）令 $Z:=Y=ABC$。

（3'）因 $BC\subseteq Y$，取 $BC\rightarrow AD\in\Psi$，令 $Y=Y\bigcup AD=ABCD$，且

$$\Psi=\Psi-\{BC\rightarrow AD\}=\{D\rightarrow E,CF\rightarrow B\}$$

（4'）判断。因 $\Psi\neq\varnothing$ 且 $Y\neq Z$，转向（2）。

（2''）令 $Z:=Y=ABCD$。

（3''）因 $D\in Y$，取 $D\rightarrow E\in\Psi$，令 $Y=Y\bigcup\{E\}=ABCDE$，且

$$\Psi=\Psi-\{D\rightarrow E\}=\{CF\rightarrow B\}$$

（4''）判断。因 $\Psi\neq\varnothing$ 且 $Y\neq Z$，转向（2）。

（2'''）令 $Z:=Y=ABCDE$。

（3'''）Ψ 中只有一个函数依赖 $CF\rightarrow B$，不满足 $CF\subseteq Y$。

（4'''）判断。因 $Y=Z$，算法结束；结果为 $X_{\Phi}^+=ABCDE$。

定理 4.12 设 Φ 是关系模式 $R(U)$ 的一个非平凡函数依赖集，X、Y 是 U 的任意两个非空子集。$\Phi\Rightarrow(X\rightarrow Y)$ 的充分必要条件是 $Y\subseteq X_{\Phi}^+$。

证明：

必要性：设 $\Phi\Rightarrow(X\rightarrow Y)$，则 $Y\in\Phi(X)$，因此由定理 4.10 可知 $Y\subseteq X_{\Phi}^+$。

充分性：设 $\varnothing\subset Y\subseteq X_{\Phi}^+$，则由 $X_{\Phi}^+\in\Phi(X)$ 可知 $Y\in\Phi(X)$，即 $\Phi\Rightarrow(X\rightarrow Y)$。∎

例 4.7 对于例 4.6 中的关系模式 $R(A,B,C,D,E,F)$ 和函数依赖集 Φ，判断 Φ 是否逻辑蕴涵函数依赖 $AB\rightarrow D$ 和 $D\rightarrow A$。

解：由例 4.6 知，$(AB)_{\Phi}^+=ABCDE$，故 $D\in(AB)_{\Phi}^+$，所以 Φ 逻辑蕴涵函数依赖 $AB\rightarrow D$。容易计算出 $D_{\Phi}^+=DE$，而 $A\notin D_{\Phi}^+$，所以 Φ 不逻辑蕴涵函数依赖 $D\rightarrow A$。

4.1.5 部分函数依赖和传递函数依赖

定义 4.9 设 $R(U)$ 是一个关系模式，X、Y 是 U 的任意两个非空子集。如果存在 X 的一个非空真子集 X'，满足 $X'\rightarrow Y$，则称 Y 部分函数依赖于 X。否则，如果 $X\rightarrow Y$，而 X 的任何一个非空真子集 X' 都不满足 $X'\rightarrow Y$，则称 Y 完全函数依赖于 X。

若 $X'\subset X$，且 $X'\rightarrow Y$，则必有 $X\rightarrow Y$。

定义 4.10 设 $R(U)$ 是一个关系模式，X、Y、Z 是 U 的任意三个非空子集。如果 $X\rightarrow Y$，$Y\rightarrow Z$，$Y\nrightarrow X$，且 $Z\nsubseteq Y$，则称 Z（通过 Y）传递函数依赖于 X，或称 X（通过 Y）传递函数决定 Z；也称 Z（通过 Y）间接函数依赖于 X，或称 X（通过 Y）间接函数决定 Z，记作 $X\rightarrow Y\rightarrow Z$。这时，也称 $X\rightarrow Y\rightarrow Z$ 是关系模式 $R(U)$ 的一个传递函数依赖，并将 X、Y、Z 分别称为这个传递函数依赖的左部、中部和右部。如果 $X\rightarrow Z$，而不存在 U 的非空子集 Y 同时满足 $X\rightarrow Y$、$Y\rightarrow Z$、$Y\nrightarrow X$ 和 $Z\nsubseteq Y$ 四个条件，则称 Z 直接函数依赖于 X，或称 X 直接函数决定 Z。

应当注意，若 $X\rightarrow Y$，$Y\rightarrow Z$，则 $X\rightarrow Z$ 必然成立，但如果还有 $Y\rightarrow X$ 或 $Z\subseteq Y$，则不能肯定 Z 是否传递函数依赖于 X，也不能有 $X\rightarrow Y\rightarrow Z$ 的写法。

例 4.8 在例 4.2 所举的描述学生信息的关系模式中，有下面的传递函数依赖：

$$\text{sNo}\rightarrow\text{sBirthDate}\rightarrow\text{sAge},\text{sNo}\rightarrow\text{dName}\rightarrow\text{dChief}$$

4.1.6 键码

1. 键码的定义和性质

定义 4.11 设 $R(U)$ 是一个关系模式，X 是 U 的一个非空子集。若 $X \to U$，则称 X 为关系模式 $R(U)$ 的一个超键码，或称为超键、超码。若 K 是关系模式 $R(U)$ 的一个超键码，而 K 的任何一个真子集都不是该关系模式的超键码，则称 K 为关系模式 $R(U)$ 的一个键码，或称为键、码、关键字、关键码、候选键、候选码。

换句话说，一个关系模式 $R(U)$ 的键码是能够唯一标识该关系模式每一个关系实例的所有元组的极小属性集合。"极小"是指键码中的每一个属性都是必需的，去掉键码中的任何一个属性，所得的属性子集都不再成为超键码，也就是说，键码中没有多余的属性。去掉"极小"二字的要求，就是超键码的含义了。

定义 4.11 与定义 2.15 和定义 3.10 本质上是一致的。

根据自反律，超键码 X 的定义实际上是说或者 $X = U$，或者 $X \neq U$，而 $X \to U - X$。

对于每一个关系模式 $R(U)$ 来说，U 必然是一个超键码，可见每一个关系模式必然有至少一个超键码。显然，包含一个键码的属性集合必然为超键码。反之，下面我们将证明：每一个超键码必然包含一个键码。

定理 4.13 关系模式 $R(U)$ 的任何一个超键码都至少包含一个键码。因此每一个关系模式都至少有一个键码，并且构成同一键码的属性之间没有非平凡函数依赖。如果 $X \to Y$ 是关系模式 $R(U)$ 的一个正则函数依赖，则 $U - Y$ 是超键码。如果关系模式 $R(U)$ 至少有一个非平凡函数依赖，则 U 不是键码。如果 K 是超键码，而 $X \to K$，则 X 也是超键码。

证明：设 X 是关系模式 $R(U)$ 的任意一个超键码。如果 $X_0 = X$ 不是 $R(U)$ 的键码，则存在 $A_0 \in X_0$ 使 $X_1 = X_0 - \{A_0\}$ 仍然是 $R(U)$ 的超键码；如果 X_1 不是 $R(U)$ 的键码，则存在 $A_1 \in X_1$ 使 $X_2 = X_1 - \{A_1\}$ 仍然是 $R(U)$ 的超键码；如果 X_2 不是 $R(U)$ 的键码，则存在 $A_2 \in X_2$ 使 $X_3 = X_2 - \{A_2\}$ 仍然是 $R(U)$ 的超键码，……。由于 X_0 是有限集，而 $X_k \subset X_{k-1}$ $(k \geqslant 1)$，这个过程必然在经过有限步找到 $R(U)$ 的一个键码后结束。否则我们将得到 X 的一个无限子集 $\{A_0, A_1, A_2, \cdots\}$，与 X 的有限性矛盾。

设 K 是关系模式 $R(U)$ 的一个超键码，而 K 有两个互不相交的真子集 X 和 Y 满足 $X \to Y$，则因 $X \subseteq K - Y$，由左增广规则知 $K - Y \to Y$，再由右增广规则知 $K - Y \to K$。而 $K \to U$，所以 $K - Y \to U$，即 $K - Y$ 是超键码，从而 K 不是键码。所以构成同一键码的属性之间没有正则函数依赖，当然也没有非平凡函数依赖。

如果 $X \to Y$ 是关系模式 $R(U)$ 的一个正则函数依赖，则由于 $X \subseteq U - Y$，由左增广规则知 $U - Y \to Y$，再由右增广规则知 $U - Y \to Y \bigcup (U - Y) = U$，所以 $U - Y$ 是超键码（从而 U 不是键码）。

如果关系模式 $R(U)$ 至少有一个非平凡函数依赖，则由正则化规则可知 $R(U)$ 至少有一个正则函数依赖，由前面的证明可知 U 不是键码。

其余的结论是显然的。 ■

推论 4.1 如果 $X \to Y$ 是关系模式 $R(U)$ 的一个正则函数依赖，则 $R(U)$ 一定有一个与 Y 不相交的键码。

例 4.9 找出下面描述学生信息、课程信息和选课信息的关系模式的键码：

$$SC(sNo, sName, sDept, cNo, cName, scGrade)$$

解：该关系模式的基本函数依赖集为

$$\Phi = \{sNo \to \{sName, sDept\}, cNo \to cName, \{sNo, cNo\} \to scGrade\}$$

显然 $\{sNo, cNo\} \to \{sName, sDept, cName, scGrade\}$，且 $sNo \nrightarrow cNo, cNo \nrightarrow sNo$。所以 $\{sNo, cNo\}$ 是该关系模式的键码。其实，这个键码也是唯一的。

定理 4.14 设 K 是关系模式 $R(U)$ 的一个键码，Z 是 U 的任意一个非空子集，且 $Z \nsubseteq K$。如果 Z 部分函数依赖于 K，则 Z 也传递函数依赖于 K。具体地说，如果 K 有非空真子集 K' 满足 $K' \to Z$，则 $K \to K' \to Z$。

证明：由于 K 是关系模式 $R(U)$ 的一个键码，因此对于 K 的每一个非空真子集，显然有 $K \to K', K' \nrightarrow K, Z \nsubseteq K'$。所以如果 K 有非空真子集 K' 满足 $K' \to Z$，则由定义 4.10 可知 $K \to K' \to Z$。 ∎

定理 4.15 设 Φ 是关系模式 $R(U)$ 的一个基本函数依赖集，X 是 U 的任意一个非空子集。X 是 $R(U)$ 的超键码的充分必要条件是 $U \in \Phi(X)$，即 $X_\Phi^+ = U$。

证明：

必要性：设 X 是 $R(U)$ 的超键码，则 $\Phi \Rightarrow (X \to U)$，即 $U \in \Phi(X)$。由定理 4.10 可知 $X_\Phi^+ = U$。

充分性：设 $X_\Phi^+ = U$，则 $U \in \Phi(X)$。因此 $\Phi \Rightarrow (X \to U)$，即 X 是 $R(U)$ 的超键码。 ∎

定义 4.12 在一个关系模式中，属于某个键码的属性称为该关系模式的主属性。不属于任何一个键码的属性称为该关系模式的非主属性。

定义 4.13 在一个关系数据库模型中，如果一个关系模式有一个引用属性集合（由引用属性组成的集合）对应的目标属性集合是本关系模式或另一个关系模式的主键码，则称此引用属性集合为本关系模式的外键码或外键，也称为对应的基本表的外键码。外键码的目标属性集合称为该外键码的目标主键。

例 4.10 设一个大学有若干个学院（Institute），各学院有在大学唯一的名称（iName），全校课程统一编号（cNo），但各学院对自己的学生进行独立编号。也就是说，分别属于两个不同学院的学生可能有相同的学号（sNo）。在描述该大学学生信息、课程信息和选课信息的关系数据库模型

$$Students(iName, sNo, sName, sSex, sAddr, sTel)$$
$$Courses(cNo. cName, cHours, cCredit)$$
$$SC(iName, sNo, cNo, scGrade)$$

中，$\{iName, sNo\}$ 和 cNo 都是选课关系模式 $SC(iName, sNo, cNo, scGrade)$ 的外键，它们分别是学生关系模式（Students）和课程关系模式（Courses）的主键码。

定义 4.14 关系模式 $R(U)$ 的未出现在任何一个正则函数依赖右部的属性称为 $R(U)$ 的核心属性。未出现在 $R(U)$ 的任何一个正则函数依赖左部但出现在了至少一个正则函数依赖右部的属性称为 $R(U)$ 的边缘属性。

定理 4.16 关系模式 $R(U)$ 的每一个键码都含有 $R(U)$ 的所有核心属性。反之，如果关系模式 $R(U)$ 的所有键码都含有某一属性，则该属性一定是核心属性。如果 $R(U)$ 的所

有核心属性构成的集合 Ω 本身是关系模式 $R(U)$ 的超键码,则 Ω 是该关系模式的唯一键码。

证明:因为核心属性 $A \in U$ 没有出现在 $R(U)$ 的任何一个正则函数依赖的右部,所以不含有 A 的任何一个属性集 X 都不满足 $X \to A$,从而 X 不是键码。所以 $R(U)$ 的所有键码都含有 A。反之,如果关系模式 $R(U)$ 的所有键码都含有某一属性 A,则 A 一定是核心属性。否则 A 一定出现在了某一正则函数依赖的右部,即存在 $X \subseteq U - \{A\}$ 使 $X \to A$,由推论 4.1 可知,存在 $R(U)$ 的一个键码 K,使 $A \notin K$,与假设矛盾。其余的结论是显然的。 ■

如果一个关系模式至少有一个正则函数依赖,则在所有正则函数依赖的左部和右部都未出现过的属性一定是核心属性,这样的核心属性构成的集合一定不是该关系模式的超键码。所以由核心属性构成的集合 Ω 如果是该关系模式的唯一键码,则 Ω 中必然有某些属性出现在了至少一个正则函数依赖的左部。

根据定理 4.16,例 4.9 中关系模式的键码 $\{sNo, cNo\}$ 是唯一的。

定理 4.17 关系模式 $R(U)$ 的所有边缘属性一定都是非主属性。

证明:由于边缘属性 A 未出现在 $R(U)$ 的任何一个正则函数依赖的左部,但出现在了至少一个正则函数依赖的右部,因此存在正则函数依赖 $X \to Y$ 使 $A \in Y$。由分解规则得到正则函数依赖 $X \to A$。显然 $X \subseteq U - \{A\}$,由自反律和传递律得到 $U - \{A\} \to A$,再由右增广规则得到 $U - \{A\} \to U$。这说明 U 不是键码。这样一来,对于 $R(U)$ 的任意一个键码 K,有 $K \neq U$,从而 $K \to U - K$ 是一个正则函数依赖。而 A 未出现在任何一个正则函数依赖的左部,所以 $A \notin K$。 ■

定理 4.18 设 $R(U)$ 是一个关系模式,Z 是 U 的任意一个非空子集,如果 Z 传递函数依赖于 U 的某个非空子集,则 Z 一定不是超键码。也就是说,传递函数依赖的右部一定不是超键码。

证明:用反证法。如果结论不成立,则存在 U 的非空子集 X、Y 使得 $X \to Y \to Z$,而 Z 是一个超键码。由传递函数依赖的定义知 $Y \nrightarrow X$。但是由 $Y \to Z$ 和 $Z \to X$ 有 $Y \to X$。这是矛盾的。 ■

如果将定理 4.18 中"传递函数依赖"的要求改为"部分函数依赖",则结论不成立,因为一个超键码可能是另外一个超键码的真子集。例 4.9 就能说明这一点:$\{sNo, cNo\}$ 是该关系模式的键码,但它部分函数依赖于 $\{sNo, cNo, scGrade\}$。

定理 4.19 设 A 是关系模式 $R(U)$ 的一个主属性,X 是 U 的一个非空子集。若 $A \notin X$,而 $X \to A$,则 X 一定含有主属性。也就是说,如果一个正则函数依赖的右部含有主属性,则其左部也一定含有主属性。

证明:用反证法。设 K 是含有 A 的键码,则由 $X \to A$ 和增广律知 $(K - \{A\}) \cup X \to K$,从而 $(K - \{A\}) \cup X$ 是超键码。由定理 4.13 知 $(K - \{A\}) \cup X$ 包含一个键码。如果 X 中没有主属性,则 $K - \{A\}$ 是超键码。这与 K 是键码的假设矛盾。 ■

在关系模式规范化理论中,求一个关系模式的所有键码和所有非主属性是判定一个关系模式是否第二范式、第三范式、BC 范式或第四范式的关键。而键码的计算又是非常复杂的问题。借助于定理 4.15~4.19 可能会在一定程度上简化键码的计算。

例 4.11 已知关系模式 $R(A, B, C, D, E)$ 有非平凡函数依赖集:

$$\Phi = \{AB \to CDE, BC \to ADE, AC \to D, BD \to E, E \to D\}$$

求它的所有键码和所有非主属性。

解：属性 B 在所有函数依赖的右部都没有出现，其余各属性均出现在至少一个正则函数依赖的右部。因此，B 是原关系模式的核心属性。另外，该关系模式显然没有边缘属性。据此，我们可以考虑在属性集合 $\{B\}$ 的基础上由少至多逐渐添加属性来寻找键码。

首先考察单个属性 B 是不是键码。这一步必不可少，否则求出的将可能只是超键码而非键码。由于从 Φ 推导不出左部为 B 的正则函数依赖，因此 $U \notin \Phi(B)$，即 B 不是键码。

再逐个考虑含有 B 的双属性集合 AB、BC、BD、BE 是不是键码。经计算得到：

$$(AB)_\Phi^+ = ABCDE，\quad (BC)_\Phi^+ = ABCDE，\quad (BD)_\Phi^+ = BDE，\quad (BE)_\Phi^+ = BDE$$

根据定理4.15，属性集 AB 和 BC 都是该关系模式的键码，而 BD 和 BE 不是。

接着考虑含有 B 的三属性集合是不是键码。考虑的三属性集合应当含有 B 但不能包含当前已经求得的键码 AB 和 BC，因此只要在不是键码的双属性集合 BD 和 BE 中加入一个属性来考虑。这样的三属性集合只有 BDE。由于 $(BDE)_\Phi^+ = BDE$，根据定理4.15，属性集 BDE 不是原关系模式的键码。

最后，在 BDE 中只能加入 A 或 C 构成四属性集合，但构成的四属性集合必然包含当前已经求得的键码 AB 和 BC 之一。

因此该关系模式只有两个键码 AB 和 BC，两个非主属性 D 和 E。

一个关系模式 $R(U)$ 可能只有一个键码，也可能有两个以上键码。一般情况下，在 $R(U)$ 的所有键码中选取一个用来唯一标识该关系模式每一个关系实例的所有元组。被选定的那个键码称为主键码、主键或主码。构成主键的每一属性称为主键属性。

我们可以按照例4.11的思路建立一个求关系模式所有键码和所有非主属性的算法。

2．求关系模式所有键码和所有非主属性的算法

定理 4.20　设 Φ 是关系模式 $R(U)$ 的一个正则基本函数依赖集，$R(U)$ 的所有核心属性的集合为 Ω，所有边缘属性的集合为 Θ。下面的算法可以求得 $R(U)$ 的所有键码构成的集合 Δ 和所有非主属性的集合 Π：

(1) 令 $\Delta := \varnothing$，$\Sigma := \{\Omega\}$。

(2) 若 $\Omega \neq \varnothing$，则判断 Ω 是否超键码。若 Ω 是超键码，则令 $\Delta := \{\Omega\}$，$\Pi := U - \Omega$，输出键码集合 Δ 和非主属性集合 Π，算法结束。

(3) 令 $\Sigma' := \Sigma$，$\Sigma := \varnothing$。

(4) 循环。对于每一个 $X \in \Sigma'$，依次执行(4-1)和(4-2)两个子步骤：

(4-1) $\Lambda := U - X - \Theta$；

(4-2) 子循环。若 $\Lambda \neq \varnothing$，则任取一个属性 $A \in \Lambda$，令 $\Lambda := \Lambda - \{A\}$，并考察 Δ 中是否有某个键码被 $X \cup \{A\}$ 包含。若是，则执行下一次子循环；若不是，则将 $X \cup \{A\}$ 添加到 Σ 中，即令 $\Sigma := \Sigma \cup \{X \cup \{A\}\}$。

(5) 判断。若 $\Sigma = \varnothing$，则令 $\Pi := U - \bigcup_{X \in \Delta} X$，输出键码集合 Δ 和非主属性集合 Π，算法结束。

(6) 循环。对于每一个 $X \in \Sigma$，判断 X 是不是超键码。若 X 是超键码，则将 X 添加到键码集合 Δ 中，并从 Σ 中删除 X，即令 $\Delta := \Delta \cup \{X\}$，$\Sigma := \Sigma - \{X\}$。

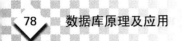

（7）转向（3）。

证明：首先注意，当 $\Omega\neq\varnothing$ 且 Ω 是超键码时，由定理 4.16 知 Ω 是唯一键码（这时可能会有 $\Omega\cup\Theta=U$），算法第（2）步正是针对这一情况。

下面考虑 Ω 不是键码的情况。当算法能执行到第（3）步时，Ω 一定不是键码。这时显然有 $\Omega\cup\Theta\neq U$，并且从第（3）步到第（7）步的循环至少要执行一次。注意：若 $\Omega=\varnothing$，则 Σ 的初始值是 $\{\varnothing\}$，$\{\varnothing\}\neq\varnothing$。

算法从第（3）步到第（7）步的第 k 次循环实现的功能是逐一确定在第 $k-1$ 次循环结束后保留在 Σ' 中的那些已经被确定不是超键码的 $|\Omega|+k-1$ 元属性子集增加一个属性后得到的 $|\Omega|+k$ 元属性子集是否构成新的超键码，若是，则将其添加到键码集合 Δ 中，并从 Σ 中删除。由于 $|\Omega|+k-1$ 元属性子集构成的超键码在第 $k-1$ 次循环结束前已经全部从 Σ 中删除，因此每一次循环中新发现的超键码　定是键码，这就保证了添加到 Δ 中的属性子集都是键码。在从第（3）步到第（7）步的第 k 次循环中，若第（5）步发现 $\Sigma=\varnothing$，则说明在第 $k-1$ 次循环结束后 Σ' 中保留的那些已经被确定不是超键码的 $|\Omega|+k-1$ 元属性子集增加任何一个属性都必然以现有的某个键码为真子集，也就是说原关系模式没有 $|\Omega|+k$ 元以上的键码，算法结束，所有键码都在 Δ 中。

最后，根据非主属性的定义，算法结束时的计算保证了 Π 是所有非主属性的集合。　∎

例 4.12　已知 $R(A,B,C,D,E,F)$ 的正则基本函数依赖集为：
$$\Phi=\{AB\rightarrow C,BC\rightarrow AD,D\rightarrow E,CF\rightarrow B\}$$
求该关系模式的所有键码和所有非主属性。

解：只有属性 F 没有出现在 Φ 中函数依赖的右部，故 $\Omega=\{F\}$。另外，只有属性 E 没有出现在 Φ 中函数依赖的左部，而出现在了 Φ 中函数依赖 $D\rightarrow E$ 的右部，故 $\Theta=\{E\}$。根据定理 4.20 给出的算法计算如下：

（1）令 $\Delta:=\varnothing$，$\Sigma:=\{\Omega\}$。

（2）$\Omega\neq\varnothing$，应用定理 4.11 给定的算法计算得到 $\Omega_\Phi^+=\Omega\neq ABCDEF$。

（3）令 $\Sigma':=\Sigma=\{\Omega\}$，$\Sigma:=\varnothing$。

（4）对于 $X=\Omega$，依次执行定理 4.20 所给算法的 (4-1) 和 (4-2) 两个子步骤，得到 $\Sigma=\{AF,BF,CF,DF\}$。

（5）判断。$\Sigma\neq\varnothing$。

（6）$(AF)_\Phi^+=AF$，$(BF)_\Phi^+=BF$，$(CF)_\Phi^+=ABCDEF$，$(DF)_\Phi^+=DEF$。$\Delta:=\{CF\}$，$\Sigma=\{AF,BF,DF\}$。

（7）转向（3）。

$(3')$ 令 $\Sigma':=\Sigma=\{AF,BF,DF\}$，$\Sigma:=\varnothing$。

$(4')$ 对于 $X=AF$，依次执行两个子步骤，得到 $\Sigma=\{ABF,ADF\}$；对于 $X=BF$，依次执行两个子步骤，得到 $\Sigma=\{ABF,ADF,BDF\}$；对于 $X=DF$，依次执行两个子步骤，得到 $\Sigma=\{ABF,ADF,BDF\}$。

$(5')$ 判断。$\Sigma\neq\varnothing$。

$(6')$ $(ABF)_\Phi^+=ABCDEF$，$(ADF)_\Phi^+=ADEF$，$(BDF)_\Phi^+=BDEF$，$\Delta:=\{CF,ABF\}$，$\Sigma=\{ADF,BDF\}$。

$(7')$ 转向（3）。

(3″) 令 $\Sigma' := \Sigma = \{ADF, BDF\}, \Sigma := \varnothing$。

(4″) 对于 $X = ADF$，依次执行两个子步骤，得到 $\Sigma = \varnothing$；对于 $X = BDF$，依次执行两个子步骤，得到 $\Sigma = \varnothing$。

(5″) 判断。因 $\Sigma = \varnothing$，令 $\Pi := U - \bigcup_{X \in \Delta} X = DE$，算法结束。

可见原关系模式有两个键码 CF 和 ABF，两个非主属性 D 和 E。

例 4.13 已知关系模式 $R(A, B, C, D, E, F)$ 有正则基本函数依赖集：

$$\Phi = \{AB \to C, C \to A, BC \to D, ACD \to B, D \to EF, BE \to C, CF \to BD, CE \to AF\}$$

试求此关系模式的所有键码。

解：所有属性都出现在了 Φ 中函数依赖的左部和右部，故 $\Omega = \varnothing, \Theta = \varnothing$。根据定理 4.20 给出的算法计算如下：

(1) 令 $\Delta := \varnothing, \Sigma := \{\varnothing\}$。

(2) $\Omega = \varnothing$。

(3) 令 $\Sigma' := \Sigma = \{\varnothing\}, \Sigma := \varnothing$。

(4) 对于 $X = \varnothing$，依次执行两个子步骤得 $\Sigma = \{A, B, C, D, E, F\}$。

(5) 判断。$\Sigma \neq \varnothing$。

(6) $A_\Phi^+ = A, B_\Phi^+ = B, C_\Phi^+ = AC, D_\Phi^+ = DEF, E_\Phi^+ = E, F_\Phi^+ = F$。

(7) 转向(3)。

(3′) 令 $\Sigma' := \Sigma = \{A, B, C, D, E, F\}, \Sigma := \varnothing$。

(4′) 对于 $X = A、B、C、D、E、F$，依次执行两个子步骤得：

$$\Sigma = \{AB, AC, AD, AE, AF, BC, BD, BE, BF, CD, CE, CF, DE, DF, EF\}$$

(5′) 判断。$\Sigma \neq \varnothing$。

(6′) $(AB)_\Phi^+ = ABCDEF, (AC)_\Phi^+ = AC, (AD)_\Phi^+ = ADEF, (AE)_\Phi^+ = AE, (AF)_\Phi^+ = AF,$
$(BC)_\Phi^+ = ABCDEF, (BD)_\Phi^+ = ABCDEF, (BE)_\Phi^+ = ABCDEF, (BF)_\Phi^+ = BF, (CD)_\Phi^+ = ABCDEF,$
$(CE)_\Phi^+ = ABCDEF, (CF)_\Phi^+ = ABCDEF, (DE)_\Phi^+ = DEF, (DF)_\Phi^+ = DEF, (EF)_\Phi^+ = EF$。
于是

$$\Delta = \{AB, BC, BD, BE, CD, CE, CF\}, \Sigma = \{AC, AD, AE, AF, BF, DE, DF, EF\}$$

(7′) 转向(3)。

(3″) 令 $\Sigma' := \Sigma = \{AC, AD, AE, AF, BF, DE, DF, EF\}, \Sigma := \varnothing$。

(4″) 对于 $X = AC、AD、AE、AF、BF、DE、DF、EF$，依次执行两个子步骤得 $\Sigma = \{ADE, ADF, AEF, DEF\}$。

(5″) 判断。$\Sigma \neq \varnothing$。

(6″) $(ADE)_\Phi^+ = ADEF, (ADF)_\Phi^+ = ADEF, (AEF)_\Phi^+ = AEF, (DEF)_\Phi^+ = DEF$
于是

$$\Delta = \{AB, BC, BD, BE, CD, CE, CF\}, \quad \Sigma = \{ADE, ADF, AEF, DEF\}$$

(7″) 转向(3)。

(3‴) 令 $\Sigma' := \Sigma = \{ADE, ADF, AEF, DEF\}, \Sigma := \varnothing$。

(4‴) 对于 $X = ADE、ADF、AEF、DEF$，依次执行两个子步骤得 $\Sigma = \{ADEF\}$。

(5‴) 判断。$\Sigma \neq \varnothing$。

(6‴) $(ADEF)_\Phi^+ = ADEF, \Delta = \{AB, BC, BD, BE, CD, CE, CF\}, \Sigma = \{ADEF\}$

$(7''')$ 转向(3)。

$(3'''')$ 令 $\Sigma' := \Sigma = \{ADEF\}, \Sigma := \varnothing$。

$(4'''')$ 对于 $X = ADEF$，依次执行两个子步骤得 $\Sigma = \varnothing$。

$(5'''')$ 判断。因 $\Sigma = \varnothing$，令 $\Pi := U - \bigcup_{X \in \Delta} X = \varnothing$，算法结束。

可见原关系模式没有非主属性，共有七个键码，它们构成集合：

$$\Delta = \{AB, BC, BD, BE, CD, CE, CF\}$$

注意到 $\Omega = \varnothing, \Theta = \varnothing$，我们对这个例子还可以通过如下的推理求得结果：

因为 Φ 中只有 C 和 D 单独出现在某个正则函数依赖的左部，且 $C_\Phi^+ = AC, D_\Phi^+ = DEF$，所以此关系模式没有单属性的键码。

因 $AB \rightarrow C, BC \rightarrow D, D \rightarrow EF$，故 $AB \rightarrow CDEF$，从而 AB 是键码。

因 $C \rightarrow A, AC$ 不是键码。

因 $(AD)_\Phi^+ = ADEF, (AE)_\Phi^+ = AE, (AF)_\Phi^+ = AF$，故 AD, AE, AF 都不是键码。

因 $C \rightarrow A$，而 AB 是键码，故 BC 是键码。

因 $D \rightarrow EF, BE \rightarrow C, C \rightarrow A$，故 $BD \rightarrow ACEF$，从而 BD 是键码。

因 $BE \rightarrow C$，而 BC 是键码，故 BE 是键码。

因 $(BF)_\Phi^+ = BF$，故 BF 不是键码。

因 $C \rightarrow A, D \rightarrow EF, ACD \rightarrow B$，故 $CD \rightarrow ABEF$，从而 CD 是键码。

因 $CE \rightarrow AF, CF \rightarrow BD$，故 $CE \rightarrow ABDF$，从而 CE 是键码。

因 $CF \rightarrow BD$，而 BD 是键码，故 CF 是键码。

因 $D \rightarrow EF$，故 DE, DF 都不是键码。

因 $(EF)_\Phi^+ = EF, (ADE)_\Phi^+ = ADEF, (ADF)_\Phi^+ = ADEF, (AEF)_\Phi^+ = AEF, (DEF)_\Phi^+ = DEF, (ADEF)_\Phi^+ = ADEF$，故 EF, ADE, ADF, AEF, DEF 都不是键码。

综合以上推理结果可知，原关系模式的所有键码是 $AB, BC, BD, BE, CD, CE, CF$。

虽然不用定理 4.20 也可以求得一个关系模式的所有键码，但我们难以判断是否求得了所有键码，即不知道是否漏掉了某些键码。运用定理 4.20 就没有这样的风险。

4.1.7 极小函数依赖集与正则覆盖

定义 4.15   设 Φ 是关系模式 $R(U)$ 的一个函数依赖集，$X \rightarrow Y \in \Phi$。如果成立 $\Phi - \{X \rightarrow Y\} \Rightarrow (X \rightarrow Y)$，则称函数依赖 $X \rightarrow Y$ 在 Φ 中是多余的。

在定义 4.15 中，$\Phi - \{X \rightarrow Y\} \Rightarrow (X \rightarrow Y)$ 的要求实际上是说从 Φ 中删除函数依赖 $X \rightarrow Y$ 后得到的函数依赖集 $\Phi' = \Phi - \{X \rightarrow Y\}$ 逻辑等价于 Φ。显然，任何一个函数依赖集所含有的平凡函数依赖总是多余的。

定义 4.16   设 Φ 是关系模式 $R(U)$ 的一个函数依赖集，$X \rightarrow Y \in \Phi, A \in X$，且 $X \neq \{A\}$。如果 $\Phi \Rightarrow (X - \{A\}) \rightarrow Y$，则称属性 A 在函数依赖 $X \rightarrow Y$ 中是多余的。

根据左增广规则，总有 $(X - \{A\}) \rightarrow Y \Rightarrow X \rightarrow Y$。因此，在定义 4.16 中，$X \rightarrow Y$ 的左部有多余属性 A 实际上是指 $(\Phi - \{X \rightarrow Y\}) \cup \{(X - \{A\}) \rightarrow Y\} \Leftrightarrow \Phi$。也就是说，将 Φ 中的函数依赖 $X \rightarrow Y$ 替换成 $(X - \{A\}) \rightarrow Y$ 后得到的函数依赖集 Φ' 等价于 Φ。

定义 4.17   设 Φ 是关系模式 $R(U)$ 的一个函数依赖集。如果 $R(U)$ 的一个函数依赖集

Φ^- 满足如下 5 个条件,则称 Φ^- 是 Φ 的一个极小函数依赖集:

(1) $\Phi^- \Leftrightarrow \Phi$。

(2) Φ^- 中每一个函数依赖都是右单的和正则的。

(3) Φ^- 中每一函数依赖的左部没有多余属性。

(4) Φ^- 中没有多余的函数依赖。

定义 4.18　设 Φ 是关系模式 $R(U)$ 的一个函数依赖集,Φ^- 是 Φ 的一个极小函数依赖集,将 Φ^- 中左部相同的函数依赖按照合并规则合并为一个函数依赖并删除合并前的函数依赖后,得到的结果 Φ_C 称为 Φ 的与 Φ^- 对应的正则覆盖。

在一般情况下,由于 $\Phi \Leftrightarrow \Phi^- \Leftrightarrow \Phi_C$,对于任意的 $X \subseteq U$,有 $X_\Phi^+ = X_{\Phi^-}^+ = X_{\Phi_C}^+$。另外,若 Φ 中没有非平凡函数依赖,则 Φ 有唯一的一个极小函数依赖集 $\Phi^- = \varnothing$。

定理 4.21　设 Φ 是关系模式 $R(U)$ 的一个基本函数依赖集,Φ^- 是 Φ 的一个极小函数依赖集,Φ_C 是 Φ 的与 Φ^- 对应的正则覆盖。

(1) 若 $Y \to B \in \Phi^-$,而 $R(U)$ 有右单的正则函数依赖 $X \to A$ 使 $X \cup \{A\} \subseteq Y \cup \{B\}$,则或者 $X = Y$ 与 $A = B$ 同时成立,或者 $A \in Y$ 与 $B \in X$ 同时成立。

(2) 若有 $Y \to B \in \Phi^-$ 满足 $Y \to U$,则 Y 是 $R(U)$ 的一个键码。

(3) 若有 $V \to W \in \Phi_C$ 满足 $V \to U$,则 V 是 $R(U)$ 的一个键码。

(4) 若 $V \to W \in \Phi_C$,而 $R(U)$ 有右单的正则函数依赖 $X \to A$ 使 $X \cup \{A\} \subseteq V \cup W$,则或者 $A \in V$,或者 $A \in W$ 与 $X \to V$ 同时成立。

证明: (1) 若 $A = B$,则 $X \subseteq Y$,这时必有 $X = Y$。否则将由 $\Phi^- \Rightarrow X \to B$ 知 $Y \to B$ 的左部有多余属性 $Y - X$,与 Φ^- 的定义矛盾。若 $A \neq B$,则 $A \in Y$,这时必有 $B \in X$。否则由 $B \notin X$ 有 $X \cup \{A\} \subseteq Y$,$X \subseteq Y - \{A\}$。于是由 $X \to A$ 有 $Y - \{A\} \to A$,从而 $Y - \{A\} \to Y$。再由 $Y \to B$ 得到 $Y - \{A\} \to B$,这说明 $\Phi^- \Rightarrow Y - \{A\} \to B$,即 $Y \to B$ 的左部有多余属性 A,与 Φ^- 的定义矛盾。所以 $B \in X$。

(2) 若有 $Y \to B \in \Phi^-$ 满足 $Y \to U$,则显然 Y 是 $R(U)$ 的一个超键码。否则,如果存在 $A \in Y$ 使 $Y - \{A\} \to U$,则 $Y - \{A\} \to B$,即 $\Phi^- \Rightarrow Y - \{A\} \to B$。这说明 $Y \to B$ 的左部有多余属性 A,与 Φ^- 的定义矛盾。所以 Y 是 $R(U)$ 的一个键码。

(3) 若有 $V \to W \in \Phi_C$ 使 $V \to U$,则显然 V 是 $R(U)$ 的一个超键码。否则,如果存在 $A \in V$ 使 $V - \{A\} \to U$,则 $V - \{A\} \to W$,即 $\Phi^- \Rightarrow V - \{A\} \to W$。这说明 $V \to W$ 的左部有多余属性,与 Φ_C 的定义矛盾。所以 V 是 $R(U)$ 的一个键码。

(4) 若 $A \notin V$,则 $A \in W$,由 Φ_C 的定义有 $V \to A \in \Phi^-$,且 $X \subseteq V \cup (W - \{A\})$。这时,由 $V \to W - \{A\}$ 有 $V \to X$,再由 $X \to A$ 又推得 $V \to A$。

现在用反证法证明 $X \to V$。设 $X \not\to V$。这时显然 $V \not\subseteq X_\Phi^+$。我们断言 $X \to A \notin \Phi^-$。因为如果 $X \to A \in \Phi^-$,则前面由 $V \to W - \{A\}$ 和 $X \to A$ 得到 $V \to A$ 的推理表明 $\Phi^- - \{V \to A\} \Rightarrow V \to A$,即 $V \to A$ 在 Φ^- 中是多余的,与 Φ^- 的定义矛盾。所以 $X \to A \notin \Phi^-$。

由于 $\Phi^- \Rightarrow X \to A$,并且 $X \to A \notin \Phi^-$,我们断言 $\Phi^- - \{V \to A\} \Rightarrow X \to A$。否则从 Φ^- 出发推导 $X \to A$ 的过程必然用到 $V \to A$,从而 $V \subseteq X_\Phi^+$,与 $V \not\subseteq X_\Phi^+$ 矛盾。所以 $\Phi^- - \{V \to A\} \Rightarrow X \to A$。

然而这样一来,前面由 $V \to W - \{A\}$ 和 $X \to A$ 得到 $V \to A$ 的推理又表明 $\Phi^- - \{V \to A\} \Rightarrow V \to A$。这说明 $V \to A$ 在 Φ^- 中是多余的,又与 Φ^- 的定义矛盾。所以必有 $\Phi \Rightarrow X \to V$。　■

定理 4.22　设 Φ 是关系模式 $R(U)$ 的一个函数依赖集。如果 Φ 含有至少一个非平凡函数依赖,则 Φ 至少有一个非空的极小函数依赖集,且下面的算法能求得 Φ 的一个极小函数依赖集:

(1) 运用分解规则和正则化规则初始化 Ψ(设 Ψ 的初值为 $\varnothing$)。对于 Φ 中每一个非平凡函数依赖 $X \rightarrow Y$ 和每一个 $A \in Y - X$,若 $X \rightarrow A \notin \Psi$,则将 $X \rightarrow A$ 添加到 Ψ 中,即令 $\Psi :=\Psi \cup \{X \rightarrow A\}$。

(2) 逐步删除 Ψ 中原有的多余函数依赖。逐个考察 Ψ 中的每一个函数依赖是否是多余的,如果是多余的,就将其删除。

(3) 删除 Ψ 中函数依赖左部的多余属性。对于 Ψ 中所有非左单的函数依赖,逐个考察它们的左部是否有多余属性。如果有多余属性,且删除多余属性后的函数依赖原来不在 Ψ 中,就将删除多余属性后的函数依赖添加到 Ψ 中。最后将含有多余属性的函数依赖删除。

(4) 逐步删除 Ψ 中最后的多余函数依赖。逐个考察 Ψ 中的每一个函数依赖是否是多余的,如果是多余的,就将其删除。

证明: 显然算法每一步执行完毕后,$\Psi \neq \varnothing$,且 Ψ 中每一个函数依赖都是正则的;算法第(3)步执行完毕后,Ψ 中所有函数依赖的左部都没有多余属性;算法第(4)步删除了所有的多余函数依赖;根据正则化规则,算法第(1)步是将 Φ 等价变换为 Ψ;算法第(2)、(3)、(4)步也都是对 Ψ 的等价变换;因此算法结束后,$\Psi \Leftrightarrow \Phi$。所以,算法结束后 Ψ 是一个极小函数依赖集。■

这里必须特别强调算法第(2)步的作用。第(2)步对于算法的正确性不是必需的,但它可能显著影响算法的效率。一般说来,判定 Ψ 中一个函数依赖的左部是否有多余属性要比判定该函数依赖是否多余更复杂一些。因此,通过第(2)步先将原有的一部分或全部多余函数依赖删除,就避免了对本来就多余的函数依赖判定其左部是否有多余属性的过程,从而大大减少计算工作量乃至降低复杂性。由于第(2)步对于算法的正确性不是必需的,因此在第(2)步也可以只将容易看到的多余函数依赖删除,其余的多余函数依赖留待第(4)步删除。

还应当注意,算法第(1)步执行完毕后,Ψ 中的所有函数依赖都是正则的和右单的。另外,算法第(2)、(3)步对 Ψ 中函数依赖的处理顺序不同,则算法结束后得到的极小函数依赖集 Ψ 也可能不同。也就是说,一个函数依赖集 Φ 的极小函数依赖集可能不是唯一的。

为了简化极小函数依赖集的计算,我们需要一些准则来判定哪些函数依赖是多余的以及一个函数依赖左部的哪些属性是多余的。但是,建立这样一个完备的准则是极其困难或者不可能的事情。不过,有一个显而易见的准则可以用来判定某些函数依赖不是多余的。这就是下面的定理 4.23。

定理 4.23　设 Φ 是关系模式 $R(U)$ 的一个右单的正则函数依赖集。如果 Φ 中有一个函数依赖 $X \rightarrow A$ 的右部 A 不等于 Φ 中其他任何函数依赖的右部,则这个函数依赖 $X \rightarrow A$ 在 Φ 中不是多余的。

证明: 根据假设 Φ 中的每一个函数依赖都是正则的。记 $\Phi' = \Phi - \{X \rightarrow A\}$,则由于 Φ' 中所有函数依赖的右部都不含有属性 A,因此不可能有 $\Phi' \Rightarrow (X \rightarrow A)$,从而也不可能有 $\Phi' \Rightarrow \Phi$。所以函数依赖 $X \rightarrow A$ 在 Φ 中不是多余的。■

例 4.14 关系模式 $R(A,B,C,D,E,F)$ 有正则函数依赖集：
$$\Phi = \{AB \rightarrow C, ACD \rightarrow B, C \rightarrow A, CF \rightarrow BD\}$$
求 Φ 的一个极小函数依赖集 Ψ。

解：显然 Φ 是正则函数依赖集。运用定理 4.22 的算法计算如下：

(1) 运用分解规则和正则化规则初始化 Ψ，得到
$$\Psi = \{AB \rightarrow C, ACD \rightarrow B, C \rightarrow A, CF \rightarrow B, CF \rightarrow D\}$$

(2) 逐步删除 Ψ 中原有的多余函数依赖。根据定理 4.23，函数依赖 $AB\rightarrow C$、$C\rightarrow A$、$CF\rightarrow D$ 都不是多余的。

因 $C\rightarrow A$，由左增广规则有 $CF\rightarrow A$，与 $CF\rightarrow D$ 合并得到 $CF\rightarrow AD$。再由右增广规则有 $CF\rightarrow ACD$。又由于 $ACD\rightarrow B$，因此 $CF\rightarrow B$。可见 $CF\rightarrow B$ 是多余的。将 $CF\rightarrow B$ 删除后得到 $\Psi=\{AB\rightarrow C, ACD\rightarrow B, C\rightarrow A, CF\rightarrow D\}$。根据定理 4.23，$\Psi$ 中的所有函数依赖都不是多余的。

(3) 消除 Ψ 中函数依赖左部的多余属性。先考虑左部属性最多的函数依赖 $ACD\rightarrow B$。由于 $C\rightarrow A$，根据增广规则得到 $CD\rightarrow ACD$。再由 $ACD\rightarrow B$ 得到 $CD\rightarrow B$。因此，在函数依赖 $ACD\rightarrow B$ 中，A 是多余属性。从 $ACD\rightarrow B$ 的左部删除 A 后，得到
$$\Psi = \{AB \rightarrow C, CD \rightarrow B, C \rightarrow A, CF \rightarrow D\}$$
经验证 Ψ 中所有函数依赖的左部都没有多余属性。

(4) 逐步删除 Ψ 中最后的多余函数依赖。经验证 Ψ 中没有多余的函数依赖。

最后，得到 Φ 的一个极小函数依赖集
$$\Psi = \{AB \rightarrow C, CD \rightarrow B, C \rightarrow A, CF \rightarrow D\}$$

例 4.15 关系模式 $R(A,B,C,D,E,F)$ 有正则函数依赖集：
$$\Phi = \{AB \rightarrow C, ACD \rightarrow B, BC \rightarrow D, BE \rightarrow C, C \rightarrow A, CE \rightarrow AF, CF \rightarrow BD, D \rightarrow EF\}$$
求 Φ 的一个极小函数依赖集 Ψ。

解法一：运用定理 4.22 的算法计算如下：

(1) 运用分解规则和正则化规则初始化 Ψ，得到
$$\Psi = \{AB \rightarrow C, ACD \rightarrow B, BC \rightarrow D, BE \rightarrow C, C \rightarrow A,$$
$$CE \rightarrow A, CE \rightarrow F, CF \rightarrow B, CF \rightarrow D, D \rightarrow E, D \rightarrow F\}$$

(2) 逐步删除 Ψ 中原有的多余函数依赖。

首先考虑函数依赖 $ACD\rightarrow B$。由于 $D\rightarrow F$ 且 $CF\rightarrow B$，由增广律和传递律得到 $CD\rightarrow B$，再由左增广规则有 $ACD\rightarrow B$。所以 $ACD\rightarrow B$ 是多余的。将 $ACD\rightarrow B$ 删除后得到
$$\Psi = \{AB \rightarrow C, BC \rightarrow D, BE \rightarrow C, C \rightarrow A,$$
$$CE \rightarrow A, CE \rightarrow F, CF \rightarrow B, CF \rightarrow D, D \rightarrow E, D \rightarrow F\}$$

由于 $C\rightarrow A$，由左增广规则有 $CE\rightarrow A$，所以 $CE\rightarrow A$ 是多余的。将 $CE\rightarrow A$ 删除后得到
$$\Psi = \{AB \rightarrow C, BC \rightarrow D, BE \rightarrow C, C \rightarrow A,$$
$$CE \rightarrow F, CF \rightarrow B, CF \rightarrow D, D \rightarrow E, D \rightarrow F\}$$

由于 $CF\rightarrow B, BC\rightarrow D$，由右增广规则和传递律得到 $CF\rightarrow D$。所以 $CF\rightarrow D$ 是多余的。将 $CF\rightarrow D$ 删除后得到
$$\Psi = \{AB \rightarrow C, BC \rightarrow D, BE \rightarrow C, C \rightarrow A, CE \rightarrow F, CF \rightarrow B, D \rightarrow E, D \rightarrow F\}$$

现在，Φ 中共有 8 个函数依赖，其中有 4 个函数依赖的右部分别是 A、B、D、E，而其余 4

个函数依赖的右部分别是 C 和 F。因此根据定理 4.23,右部分别是 A、B、D、E 的 4 个函数依赖都不是多余的。经验证,其余的 4 个函数依赖也不是多余的。所以,Φ 中原有的多余函数依赖已被全部删除。

(3) 消除 Ψ 中函数依赖左部的多余属性。经验证,Ψ 中所有函数依赖的左部均无多余属性。

(4) 逐步删除 Ψ 中最后的多余函数依赖。因第(2)步已经删除所有的多余函数依赖,第(3)步未对 Ψ 做任何改变,因此 Ψ 中没有多余的函数依赖。

最后,得到 Φ 的一个极小函数依赖集

$$\Psi = \{AB \to C, BC \to D, BE \to C, C \to A, CE \to F, CF \to B, D \to E, D \to F\}$$

解法二:运用定理 4.22 的算法计算如下:

(1) 运用分解规则和止则化规则初始化 Ψ:

$$\Psi = \{AB \to C, ACD \to B, BC \to D, BE \to C, C \to A,$$
$$CE \to A, CE \to F, CF \to B, CF \to D, D \to E, D \to F\}$$

结果同解法一。

(2) 逐步删除 Ψ 中原有的多余函数依赖。

由于 $C \to A$,由左增广规则有 $CE \to A$,所以 $CE \to A$ 是多余的。将 $CE \to A$ 删除后得到

$$\Psi = \{AB \to C, ACD \to B, BC \to D, BE \to C, C \to A,$$
$$CE \to F, CF \to B, CF \to D, D \to E, D \to F\}$$

由于 $C \to A$,由左增广规则有 $CF \to A$。又因 $CF \to D$,故 $CF \to AD$。又由右增广规则有 $CF \to ACD$。注意到 $ACD \to B$,得到 $CF \to B$。所以 $CF \to B$ 是多余的。将 $CF \to B$ 删除后得到

$$\Psi = \{AB \to C, ACD \to B, BC \to D, BE \to C, C \to A,$$
$$CE \to F, CF \to D, D \to E, D \to F\}$$

现在,Φ 中共有 9 个函数依赖,其中有 3 个函数依赖的右部分别是 A、B、E,而其余 6 个函数依赖的右部分别是 C、D 和 F。因此根据定理 4.23,右部分别是 A、B、E 的 3 个函数依赖不是多余的。经验证,其余的 6 个函数依赖也不是多余的。所以,Φ 中原有的多余函数依赖已被全部删除。

(3) 消除 Ψ 中函数依赖左部的多余属性。先考虑左部属性最多的函数依赖 $ACD \to B$。由于 $C \to A$,根据增广规则得到 $CD \to ACD$。再由 $ACD \to B$ 得到 $CD \to B$。因此,在函数依赖 $ACD \to B$ 中,A 是多余属性。从 $ACD \to B$ 的左部删除 A 后,得到

$$\Psi = \{AB \to C, CD \to B, BC \to D, BE \to C, C \to A,$$
$$CE \to F, CF \to D, D \to E, D \to F\}$$

经验证 Ψ 中所有函数依赖的左部都没有多余属性。

(4) 逐步删除 Ψ 中最后的多余函数依赖。经验证 Ψ 中没有多余的函数依赖。

最后,得到 Φ 的一个极小函数依赖集

$$\Psi = \{AB \to C, CD \to B, BC \to D, BE \to C, C \to A,$$
$$CE \to F, CF \to D, D \to E, D \to F\}$$

这个例子说明一个函数依赖集的极小函数依赖集一般不是唯一的。

4.2 多值依赖

4.2.1 多值依赖的定义与基本性质

定义 4.19 给定关系模式 $R(U)$，X、Y 是 U 的非空子集，$Z=U-X-Y$。如果在 $R(U)$ 的任意一个关系实例 R 中，只要存在元组 $s,t \in R$ 使 $s[X]=t[X]$，也就一定存在元组 $u \in R$，使得 $u[X]=s[X]=t[X]$，$u[Y]=s[Y]$，并且当 $Z \neq \varnothing$ 时 $u[Z]=t[Z]$，则称 X 多值决定 Y，或称 Y 多值依赖于 X，记作 $X \rightarrow\rightarrow Y$。这时，也称 $X \rightarrow\rightarrow Y$ 是关系模式 $R(U)$ 的一个多值依赖(MultiValued Dependency，MVD)。若 $X \rightarrow\rightarrow Y$，而 $Y \subseteq X$ 或 $X \cup Y = U$，则称此多值依赖为平凡的，否则称此多值依赖为非平凡的。若 $X \rightarrow\rightarrow Y$，而 $X \cap Y = \varnothing$，则称此多值依赖为正则的。

多值依赖也是关系模式内部固有的一类数据完整性约束，是由关系模式属性集的语义完全决定的。

像平凡函数依赖一样，平凡多值依赖也是永远存在的，是不可能完全消除的，除非将关系模式分解为单属性的关系模式集合。

将多值依赖定义中的 s 和 t 交换就可以知道，当 $s[X]=t[X]$ 时，一定也存在元组 $v \in R$ 使得 $v[X]=s[X]=t[X]$，$v[Y]=t[Y]$，并且当 $Z \neq \varnothing$ 时 $v[Z]=s[Z]$。因此得到下面的定理 4.24。

定理 4.24 给定关系模式 $R(U)$，X、Y 是 U 的非空子集，$X \cup Y \neq U$。若 $X \rightarrow\rightarrow Y$，则 $X \rightarrow\rightarrow U-X-Y$。

定理 4.24 所描述的多值依赖推理规则称为多值依赖的补余律或补规则。

例 4.16 以 cNo 表示课号，tNo 表示教师号，bNo 表示教科书号。假设每个教师可讲授多门课程，每门课程也可由多个教师任教；每一门课程规定使用一套图书，担任一门课程的教师必须使用该课程规定的那一套图书的所有图书；不同的课程也可能使用同一套图书，比如大专班的高等数学和本科班的高等数学是不同的课程，但可以使用同一套图书。则关系模式 CTB(cNo,tNo,bNo) 有多值依赖 cNo$\rightarrow\rightarrow$tNo 和 cNo$\rightarrow\rightarrow$bNo。图 4.2 是该关系模式的一个关系实例。

cNo	tNo	bNo
1	1	1
1	1	2
1	1	3
1	1	4
1	2	1
1	2	2
1	2	3
1	2	4
2	3	5
2	3	6
2	4	5
2	4	6

图 4.2 多值依赖的实例

定理 4.25 给定关系模式 $R(U)$，X、Y 是 U 的非空子集。若 $X \rightarrow Y$，则 $X \rightarrow\rightarrow Y$。换句话说，关系模式的每一个函数依赖同时也是多值依赖。

证明：记 $Z=U-X-Y$。对于 $R(U)$ 的任意一个关系实例 R，如果存在元组 $s,t \in R$ 使 $s[X]=t[X]$，则由 $X \rightarrow Y$ 知 $s[Y]=t[Y]$。显然 $u=t$ 满足 $u[X]=s[X]=t[X]$，$u[Y]=s[Y]$，$u[Z]=t[Z]$(若 $Z \neq \varnothing$)。所以 $X \rightarrow\rightarrow Y$。∎

定理 4.25 所描述的多值依赖推理规则称为多值依赖的替代公理或复制规则。由于函数依赖具有自反律，因此多值依赖也具有自反律，即若 $Y \subseteq X$，则 $X \rightarrow\rightarrow Y$。

由替代公理可知,若 $X \rightarrow Y$,且 $Y \not\subseteq X$,$X \cup Y \neq U$,则 $X \rightarrow Y$ 是非平凡多值依赖。

推论 4.2 关系模式 $R(U)$ 的左部不是超键码的所有正则函数依赖同时也是此关系模式的非平凡多值依赖。

定理 4.26 给定关系模式 $R(U)$,X、Y 是 U 的非空子集。若 $X \rightarrow\rightarrow Y$,且 $V \subseteq W \subseteq U$,则 $W \cup X \rightarrow\rightarrow V \cup Y$。

证明: 设 $Z = U - X - Y$。由于 $U = X \cup (Y - X) \cup Z$,因此

$$W = (W \cap X) \cup (W \cap (Y - X)) \cup (W \cap Z)$$

又设 $X' = W \cup X$,$Y' = V \cup Y$,则 $Z' = U - (X' \cup Y') = Z - W$。对于关系模式 $R(U)$ 的任意一个关系实例 R,和任意的元组 $s, t \in R$,若 $s[X'] = t[X']$,则 $s[W] = t[W]$,$s[X] = t[X]$。由于 $X \rightarrow\rightarrow Y$,根据 MVD 的定义,存在 $u \in R$,满足 $u[X] = s[X] = t[X]$,$u[Y] = s[Y]$,$u[Z] = t[Z]$。显然 $u[Z'] = t[Z']$。由 W 的分解式可以看出 $u[W] = s[W]$,从而 $u[X'] = s[X'] = t[X']$,$u[Y'] = s[Y']$。所以 $W \cup X \rightarrow\rightarrow V \cup Y$。 ■

定理 4.26 所描述的多值依赖推理规则称为多值依赖的增广律。

定理 4.27 给定关系模式 $R(U)$,X、Y、Z 是 U 的任意非空子集,$Z \not\subseteq Y$。若 $X \rightarrow\rightarrow Y$,且 $Y \rightarrow\rightarrow Z$,则 $X \rightarrow\rightarrow Z - Y$。

证明: 记 $Y' = Z - Y$,$Z' = U - X - Y'$,则要证明的是 $X \rightarrow\rightarrow Y'$。

记 $V = U - X - Y$,$W = U - Y - Z$。对于关系模式 $R(U)$ 的任意一个关系实例 R 和任意的 $s, t \in R$,若 $s[X] = t[X]$,则由 $X \rightarrow\rightarrow Y$ 可知,存在 $r \in R$,满足 $r[X] = s[X] = t[X]$,$r[Y] = t[Y]$,$r[V] = s[V]$(若 $V \neq \varnothing$)。又由 $Y \rightarrow\rightarrow Z$ 可知,存在 $u \in R$,满足 $u[Y] = r[Y] = t[Y]$,$u[Z] = r[Z]$,$u[W] = t[W]$(若 $W \neq \varnothing$)。

现在证明 $u[X] = s[X] = t[X]$,$u[Y'] = s[Y']$,$u[Z'] = t[Z']$,从而 $X \rightarrow\rightarrow Y'$ 成立。

由于 $U = Y \cup Z \cup W$,显然有 $X = (X \cap Y) \cup (X \cap Z) \cup (X \cap W)$。由 $s[X] = t[X]$ 和 $u[Y] = t[Y]$ 知 $u[X \cap Y] = t[X \cap Y] = s[X \cap Y]$;由 $r[X] = s[X] = t[X]$ 和 $u[Z] = r[Z]$ 知 $u[X \cap Z] = r[X \cap Z] = s[X \cap Z] = t[X \cap Z]$;由 $s[X] = t[X]$ 和 $u[W] = t[W]$ 知 $u[X \cap W] = t[X \cap W] = s[X \cap W]$。所以 $u[X] = s[X] = t[X]$。

由于 $U = X \cup Y \cup V$,$Y \cap Y' = \varnothing$,且 $Y' \subseteq Z$,因此

$$Y' = Y' \cap (X \cup V) \subseteq Z \cap (X \cup V) = (Z \cap X) \cup (Z \cap V)$$

由 $u[X] = s[X]$ 得 $u[Z \cap X] = s[Z \cap X]$;由 $u[Z] = r[Z]$ 和 $r[V] = s[V]$ 得 $u[Z \cap V] = r[Z \cap V] = s[Z \cap V]$。从而 $u[Y'] = s[Y']$。

由 $U = Y \cup Z \cup W$ 有 $U - Z = (Y - Z) \cup (W - Z)$。再由 $Z' \cap Y' = \varnothing$ 得到

$$Z' \subseteq U - Y' = (U - Z) \cup Y = (Y - Z) \cup (W - Z) \cup Y \subseteq W \cup Y$$

而 $u[W] = t[W]$,$u[Y] = t[Y]$,所以 $u[Z'] = t[Z']$。 ■

定理 4.27 所描述的多值依赖推理规则称为多值依赖的传递律。

定理 4.28 给定关系模式 $R(U)$,X、Y、Z、W 是 U 的任意非空子集,$Z \subseteq Y$,$W \cap Y = \varnothing$。若 $X \rightarrow\rightarrow Y$,且 $W \rightarrow Z$,则 $X \rightarrow Z$。

证明: 记 $V = U - X - Y$,则 $X - Y$、Y、V 互不相交,且 $U = (X - Y) \cup Y \cup V$。由于 $W \cap Y = \varnothing$,显然有 $W \subseteq (X - Y) \cup V \subseteq X \cup V$。

对于关系模式 $R(U)$ 的任意一个关系实例 R 和任意的 $s, t \in R$,如果 $s[X] = t[X]$,则由

$X{\rightarrow\!\!\!\rightarrow}Y$ 的定义,存在 $u\in R$,满足 $u[X]=s[X]=t[X]$,$u[Y]=s[Y]$,$u[V]=t[V]$(若 $V\neq\varnothing$)。于是有 $u[X\cup V]=t[X\cup V]$,从而 $u[W]=t[W]$。但由于 $W{\rightarrow}Z$,所以有 $u[Z]=t[Z]$。而 $Z\subseteq Y$,$u[Y]=s[Y]$,所以 $s[Z]=u[Z]=t[Z]$。这就证明了 $X{\rightarrow}Z$。 ■

定理 4.28 所描述的多值依赖推理规则称为多值依赖的聚集公理或接合规则。

定理 4.29 设 $Y\nsubseteq X$。$X{\rightarrow\!\!\!\rightarrow}Y$ 的充分必要条件是 $X{\rightarrow\!\!\!\rightarrow}Y-X$。因此,每一个非平凡多值依赖等价于一个正则多值依赖。

证明:设 $V=U-X-Y$,$W=U-X-(Y-X)$,则 $V=(U-X)\cap(U-Y)$,$W=V$。并设 R 是 $R(U)$ 的任意一个关系实例,$s,t\in R$,且 $s[X]=t[X]$。

必要性:设 $X{\rightarrow\!\!\!\rightarrow}Y$,来证明 $X{\rightarrow\!\!\!\rightarrow}Y-X$。由 $X{\rightarrow\!\!\!\rightarrow}Y$ 知,存在 $u\in R$,满足 $u[X]=s[X]=t[X]$,$u[Y]=s[Y]$,$u[V]=t[V]$(若 $V\neq\varnothing$)。显然 $u[Y-X]=s[Y-X]$,$u[W]=t[W]$。所以 $X{\rightarrow\!\!\!\rightarrow}Y-X$。

充分性:设 $X{\rightarrow\!\!\!\rightarrow}Y-X$,来证明 $X{\rightarrow\!\!\!\rightarrow}Y$。由 $X{\rightarrow\!\!\!\rightarrow}Y-X$ 知,存在 $u\in R$,满足 $u[X]=s[X]=t[X]$,$u[Y-X]=s[Y-X]$,$u[W]=t[W]$(若 $W\neq\varnothing$)。因 $Y=(Y-X)\cup(X\cap Y)$,故 $u[Y]=s[Y]$,$u[V]=t[V]$。所以 $X{\rightarrow\!\!\!\rightarrow}Y$。 ■

我们把定理 4.29 所描述的多值依赖推理规则称为多值依赖的正则化规则。

4.2.2　多值依赖推理规则

设 $R(U)$ 是一个关系模式,X、Y、Z 都是 U 的非空子集。下面给出多值依赖的各种公理和推理规则。

1. 函数依赖公理

(1) 自反律:若 $\varnothing\subset Y\subseteq X\subseteq U$,则 $X{\rightarrow}Y$。

(2) 增广律:若 $X{\rightarrow}Y$,且 $V\subseteq W\subseteq U$,则 $W\cup X{\rightarrow}V\cup Y$。

(3) 传递律:若 $X{\rightarrow}Y$,且 $Y{\rightarrow}Z$,则 $X{\rightarrow}Z$。

函数依赖的其他推理规则可以由这三条规则推导出,因此这里不再列出。

2. 多值依赖的专有公理

(1) 增广律:若 $X{\rightarrow\!\!\!\rightarrow}Y$,且 $V\subseteq W\subseteq U$,则 $W\cup X{\rightarrow\!\!\!\rightarrow}V\cup Y$。

(2) 传递律:设 $Z\nsubseteq Y$。若 $X{\rightarrow\!\!\!\rightarrow}Y$,且 $Y{\rightarrow\!\!\!\rightarrow}Z$,则 $X{\rightarrow\!\!\!\rightarrow}Z-Y$。

(3) 补余律:设 $X\cup Y\neq U$。若 $X{\rightarrow\!\!\!\rightarrow}Y$,则 $X{\rightarrow\!\!\!\rightarrow}U-X-Y$。

3. 函数依赖与多值依赖的混合公理

(1) 替代公理(复制规则):若 $X{\rightarrow}Y$,则 $X{\rightarrow\!\!\!\rightarrow}Y$。

(2) 聚集公理(接合规则):若 $X{\rightarrow\!\!\!\rightarrow}Y$,$W{\rightarrow}Z$,且 $Z\subseteq Y\subseteq U$,$W\cap Y=\varnothing$,则 $X{\rightarrow}Z$。

4. 多值依赖的其他推理规则

(1) 正则化规则:设 $Y\nsubseteq X$,$X{\rightarrow\!\!\!\rightarrow}Y$ 的充分必要条件是 $X{\rightarrow\!\!\!\rightarrow}Y-X$。

(2) 多值依赖合并规则:若 $X{\rightarrow\!\!\!\rightarrow}Y$,$X{\rightarrow\!\!\!\rightarrow}Z$,则 $X{\rightarrow\!\!\!\rightarrow}Y\cup Z$。

证明:设 $V=U-X-Y$,$W=U-X-Z$,$Q=U-X-(Y\cup Z)$,则 $V=(U-X)\cap(U-$

$Y),W=(U-X)\bigcap(U-Z),Q=V\bigcap W$。对于 $R(U)$ 的任意一个关系实例 R 和任意的 $s,t\in R$,若 $s[X]=t[X]$,则由 $X\rightarrow\rightarrow Y$ 的定义,存在 $u\in R$ 使得 $u[X]=s[X]=t[X]$,$u[Y]=s[Y]$,$u[V]=t[V]$。因 $s[X]=u[X]$,由 $X\rightarrow\rightarrow Z$ 的定义,存在 $v\in R$,使得 $v[X]=u[X]=s[X]$,$v[Z]=s[Z]$,$v[W]=u[W]$。可见 $v[Q]=u[Q]=t[Q]$。由于 $U=X\bigcup Z\bigcup W$,因此 $Y=(X\bigcap Y)\bigcup(Z\bigcap Y)\bigcup(W\bigcap Y)$。而 $v[X\bigcap Y]=s[X\bigcap Y]$,$v[Y\bigcap Z]=s[Y\bigcap Z]$,$v[W\bigcap Y]=u[W\bigcap Y]=s[W\bigcap Y]$,所以 $v[Y]=s[Y]$。这样一来,就有 $v[Y\bigcup Z]=s[Y\bigcup Z]$。总之,$v$ 满足 $v[X]=s[X]=t[X]$,$v[Y\bigcup Z]=s[Y\bigcup Z]$,$v[Q]=t[Q]$。这就证明了 $X\rightarrow\rightarrow Y\bigcup Z$。 ■

(3) 多值依赖分解规则:设 $X\rightarrow\rightarrow Y$,$X\rightarrow\rightarrow Z$。若 $Y\bigcap Z\neq\varnothing$,则 $X\rightarrow\rightarrow Y\bigcap Z$;若 $Y\nsubseteq Z$,则 $X\rightarrow\rightarrow Y-Z$;若 $Z\nsubseteq Y$,则 $X\rightarrow\rightarrow Z-Y$。

证明:设 $V=U-X-Y$,$W=U-X-Z$。则 $V=(U-X)\bigcap(U-Y)$;$W=(U-X)\bigcap(U-Z)$。对于 $R(U)$ 的任意一个关系实例 R 和任意的 $s,t\in R$,若 $s[X]=t[X]$,则由 $X\rightarrow\rightarrow Y$ 的定义,存在 $u\in R$ 使得 $u[X]=s[X]=t[X]$,$u[Y]=s[Y]$,$u[V]=t[V]$。

设 $Y\bigcap Z\neq\varnothing$,先来证明 $X\rightarrow\rightarrow Y\bigcap Z$。因 $u[X]=t[X]$,由 $X\rightarrow\rightarrow Z$ 的定义,存在 $v\in R$ 使得 $v[X]=u[X]=t[X]$,$v[Z]=u[Z]$,$v[W]=t[W]$。由 $u[Y]=s[Y]$ 显然有 $v[Y\bigcap Z]=u[Y\bigcap Z]=s[Y\bigcap Z]$。令 $Q=U-X-(Y\bigcap Z)$,则容易证明 $Q=V\bigcup W$。由于 $U=X\bigcup Z\bigcup W$,因此 $Q=(Q\bigcap X)\bigcup(Q\bigcap Z)\bigcup(Q\bigcap W)=(Q\bigcap X)\bigcup(V\bigcap Z)\bigcup W$。而 $v[Q\bigcap X]=t[Q\bigcap X]$,$v[V\bigcap Z]=u[V\bigcap Z]=t[V\bigcap Z]$,$v[W]=t[W]$,所以 $v[Q]=t[Q]$。总之,v 满足 $v[X]=s[X]=t[X]$,$v[Y\bigcap Z]=s[Y\bigcap Z]$,$v[Q]=t[Q]$。这就证明了 $X\rightarrow\rightarrow Y\bigcap Z$。

设 $Y\nsubseteq Z$,再来证明 $X\rightarrow\rightarrow Y-Z$。令 $P=U-X-(Y-Z)$,则容易证明 $P=V\bigcup((U-X)\bigcap Z)$。若 $Y\bigcap Z=\varnothing$,则 $Y-Z=Y$,$X\rightarrow\rightarrow Y-Z$ 已经成立。设 $Y\bigcap Z\neq\varnothing$。由于 $X\rightarrow\rightarrow Z$,且 $u[X]=t[X]$,因此存在 $w\in R$,使 $w[X]=u[X]=t[X]$,$w[Z]=t[Z]$,$w[W]=u[W]$。由 $U=X\bigcup Z\bigcup W$ 有 $V=(V\bigcap X)\bigcup(V\bigcap Z)\bigcup(V\bigcap W)$,而 $w[V\bigcap X]=t[V\bigcap X]$,$w[V\bigcap Z]=t[V\bigcap Z]$,$w[V\bigcap W]=u[V\bigcap W]=t[V\bigcap W]$,因此 $w[V]=t[V]$。又由 $w[(U-X)\bigcap Z]=t[(U-X)\bigcap Z]$ 得到 $w[P]=t[P]$。再由 $U=X\bigcup Z\bigcup W$ 有 $Y-Z=((Y-Z)\bigcap X)\bigcup((Y-Z)\bigcap W)$;由 $(Y-Z)\bigcap X\subseteq X$ 和 $Y-Z\subseteq Y$ 有 $w[(Y-Z)\bigcap X]=u[(Y-Z)\bigcap X]=s[(Y-Z)\bigcap X]$;由 $(Y-Z)\bigcap W\subseteq Y\bigcap W$ 有 $w[(Y-Z)\bigcap W]=u[(Y-Z)\bigcap W]=s[(Y-Z)\bigcap W]$;因此 $w[Y-Z]=s[Y-Z]$。总之,w 满足 $w[X]=s[X]=t[X]$,$w[Y-Z]=s[Y-Z]$,$w[P]=t[P]$。这就证明了 $X\rightarrow\rightarrow Y-Z$。

交换 Y、Z 便知,若 $Z\nsubseteq Y$,则 $X\rightarrow\rightarrow Z-Y$。 ■

(4) 多值依赖伪传递规则:若 $X\rightarrow\rightarrow Y$,$W\bigcup Y\rightarrow\rightarrow Z$,且 $Z\nsubseteq W\bigcup Y$,则 $W\bigcup X\rightarrow\rightarrow Z-(W\bigcup Y)$。

证明:因 $X\rightarrow\rightarrow Y$,由多值依赖的增广律得 $W\bigcup X\rightarrow\rightarrow W\bigcup Y$。又因 $W\bigcup Y\rightarrow\rightarrow Z$,由多值依赖的传递律得 $W\bigcup X\rightarrow\rightarrow Z-(W\bigcup Y)$。 ■

(5) 多值依赖混合伪传递规则:若 $X\rightarrow\rightarrow Y$,$X\bigcup Y\rightarrow\rightarrow Z$,且 $Z\nsubseteq Y$,则 $X\rightarrow\rightarrow Z-Y$。

证明:设 $V=U-X-Y$,$W=U-(X\bigcup Y)-Z$,$Q=U-X-(Z-Y)$,则 $V=(U-X)\bigcap(U-Y)$,$W=V\bigcap(U-Z)$,$Q=((U-X)\bigcap(U-Z))\bigcup((U-X)\bigcap Y)$。对于 $R(U)$ 的任意一个关系实例 R 和任意的 $s,t\in R$,若 $s[X]=t[X]$,则由 $X\rightarrow\rightarrow Y$ 的定义,存在 $u\in R$ 使得 $u[X]=s[X]=t[X]$,$u[Y]=t[Y]$,$u[V]=s[V]$。由于 $u[X\bigcup Y]=t[X\bigcup Y]$,由 $X\bigcup Y\rightarrow\rightarrow Z$ 的定义,存在 $v\in R$ 使得 $v[X\bigcup Y]=u[X\bigcup Y]=t[X\bigcup Y]$,$v[Z]=u[Z]$,$v[W]=t[W]$。显

然，$v[X]=s[X]$，$v[Y]=t[Y]$。由于 $U=X\cup Y\cup V$，因此 $Z-Y=(X\cap(Z-Y))\cup(V\cap(Z-Y))$。由 $Z-Y\subseteq Z$ 和 $u[X]=s[X]$ 得到 $v[X\cap(Z-Y)]=u[X\cap(Z-Y)]=s[X\cap(Z-Y)]$；由 $Z-Y\subseteq Z$ 和 $u[V]=s[V]$ 得到 $v[V\cap(Z-Y)]=u[V\cap(Z-Y)]=s[V\cap(Z-Y)]$，所以 $v[Z-Y]=s[Z-Y]$。由于 $Q\cap X=\varnothing$，$U=X\cup Y\cup Z\cup W$，所以

$$Q=(Q\cap Y)\cup(Q\cap Z)\cup(Q\cap W)=(Q\cap Y)\cup((U-X)\cap Y\cap Z)\cup(Q\cap W)$$

再由 $v[Y]=t[Y]$ 和 $v[W]=t[W]$ 得到 $v[Q]=t[Q]$。总之，v 满足 $v[X]=s[X]$，$v[Q]=t[Q]$，$v[Z-Y]=s[Z-Y]$。所以 $X\rightarrow\rightarrow Z-Y$。 ■

设 Φ 是关系模式 $R(U)$ 的一个基本函数依赖集，Ψ 是 $R(U)$ 的一个非平凡多值依赖集。如果 Ψ 中的所有多值依赖都不是函数依赖，并且 $R(U)$ 的每一个非平凡多值依赖都可以从 Φ 和 Ψ 出发，运用多值依赖推理规则推导出，则称 Ψ 是 $R(U)$ 的一个基于 Φ 的基本多值依赖集。

4.2.3　多值依赖与函数依赖的主要区别和共同点

定义 4.20　设 $R(U)$ 是一个关系模式，V 是 U 的一个非空子集，称关系模式 $R'(V)$ 为关系模式 $R(U)$ 的一个**子关系模式**。

定义 4.21　设关系模式 $R'(U')$ 是关系模式 $R(U)$ 的一个子关系模式，X、Y 是 U' 的非空子集。如果子关系模式 $R'(U')$ 的一个多值依赖 $X\rightarrow\rightarrow Y$ 不是关系模式 $R(U)$ 的多值依赖，则称 $X\rightarrow\rightarrow Y$ 为子关系模式 $R'(U')$ 到关系模式 $R(U)$ 的嵌入多值依赖（Embedded MVD）。

多值依赖与函数依赖的主要区别有两点：

（1）函数依赖是相等产生依赖，而多值依赖是元组产生依赖。函数依赖规定某些元组不能出现在关系实例中，因而称为相等产生依赖；多值依赖要求某种形式的元组必须同时在关系实例中，因而称为元组产生依赖。

（2）函数依赖的有效性一般与关系模式属性集的范围无关，而多值依赖的有效性则与关系模式属性集的范围有关。关系模式 $R(U)$ 的属性子集 Y 对属性子集 X 是否有函数依赖关系仅取决于 X 和 Y 这两组属性；而 Y 是否多值依赖于 X 则取决于 X、Y 和 $Z=U-X-Y$ 三个属性子集，即取决于整个属性集合 U。这主要表现在：

① 若函数依赖 $X\rightarrow Y$ 在属性子集 $U'(X\cup Y\subseteq U'\subseteq U)$ 上成立，则在属性集 U 上也成立；而多值依赖 $X\rightarrow\rightarrow Y$ 在属性子集 U' 上成立不能保证在属性集 U 上也成立。

② 若 $X\rightarrow Y$，则对任一 $Z\subseteq Y$ 有 $X\rightarrow Z$；而若 $X\rightarrow\rightarrow Y$，则不能断言对任一 $Z\subseteq Y$ 有 $X\rightarrow\rightarrow Z$。

多值依赖与函数依赖的第一个共同点是它们有相同的自反律、增广律、合并规则和正则化规则，第二个共同点由下面的定理 4.30 说明。

定理 4.30　设关系模式 $R'(U')$ 是关系模式 $R(U)$ 的一个子关系模式，X、Y 是 U' 的非空子集。如果子关系模式 $R'(U')$ 的每一个关系实例都是关系模式 $R(U)$ 的某一关系实例在 U' 上的投影，并且关系模式 $R(U)$ 有多值依赖 $X\rightarrow\rightarrow Y$（函数依赖 $X\rightarrow Y$），则子关系模式 $R'(U')$ 也有多值依赖 $X\rightarrow\rightarrow Y$（函数依赖 $X\rightarrow Y$）。

证明：结论对于函数依赖显然是成立的，现证明多值依赖的情形。设 $V=U-X-Y$，$V'=U'-X-Y$，则 $V=(U-X)\cap(U-Y)$，$V'=(U'-X)\cap(U'-Y)$。对于 $R'(U')$ 的任意

一个关系实例 R'，由定理条件知存在 $R(U)$ 的一个关系实例 R，使 $R' = \Pi_{U'}(R)$。若 $s', t' \in R'$ 满足 $s'[X] = t'[X]$，则存在 $s, t \in R$ 满足 $s[X] = t[X]$，且 $s[U'] = s', t[U'] = t'$。由于关系模式 $R(U)$ 有多值依赖 $X \twoheadrightarrow Y$，因此存在 $u \in R$，满足 $u[X] = s[X] = t[X], u[Y] = s[Y]$，$u[V] = t[V]$。显然 $V' \subseteq V$，因此 $u[V'] = t[V']$。命 $u' = u[U']$，则 $u' \in R'$，且由 $U' = X \cup Y \cup V'$ 可知 $u'[X] = s'[X] = t'[X], u'[Y] = s'[Y], u'[V'] = t'[V']$。所以子关系模式 $R'(U')$ 有多值依赖 $X \twoheadrightarrow Y$。 ■

4.3　关系模式的规范化

4.3.1　数据冗余和操作异常

一个关系数据库的优劣取决于构成关系数据库模型的关系模式的数量、各关系模式的内部结构和关系模式之间的相互联系。关系模式的内部结构决定了关系模式内部的数据依赖，不良的数据依赖可能导致数据冗余和操作异常。常见的操作异常有插入异常、删除异常和更新异常。

准确地说，所谓插入异常、删除异常和更新异常是指对关系模式的某些关系实例的合理的插入、删除或更新操作会破坏原关系模式的数据完整性约束，从而使操作后的结果关系不再成为原关系模式关系实例的现象。

这里所说的"合理"是三言两语很难说清楚的概念。因此，对各种操作异常给出容易理解的定义是必要的。下面对数据冗余和各种操作异常分别给出一个虽然不准确但可以帮助读者进行案例分析的描述性定义。

数据冗余——是指相同信息的数据在同一关系实例的多个元组中重复出现的现象。

插入异常——是指在只知道一个元组部分属性的值而不知道其他属性值的情况下为满足数据完整性约束要求而无法向关系实例中插入（添加）该元组的现象。

删除异常——是指在须要将关系实例中一个元组的某些属性值删除（变为空值）时为满足数据完整性约束要求而不得不删除整个元组从而丢失其他属性值的现象。

更新异常——是指修改了关系实例中一个元组的某些属性值时另外一些元组的相同属性值不能同时得到修改的现象。

更新可以看成是删除和插入的组合操作，因而更新异常实际上是插入异常和删除异常的间接表现。

例 4.17　假设在院校中，学生的学号和课程的课号都是无重复的，且每个系只有一个系主任，则在图 4.3 的关系实例所示的描述学生信息、系别信息和选课信息的关系模式

$$SDC(sNo, sName, dName, dChief, cNo, cName, scGrade)$$

中，就有基本函数依赖集

$$\Phi = \{sNo \rightarrow \{sName, dName\}, dName \rightarrow dChief,$$
$$cNo \rightarrow cName, \{sNo, cNo\} \rightarrow scGrade\}$$

显然 $\{sNo, cNo\}$ 是这个关系模式的唯一键码。从图 4.3 的关系实例可以看出，此关系模式有如上定义的数据冗余、插入异常、删除异常和更新异常。

sNo	sName	dName	dChief	cNo	cName	scGrade
1001	李学	电子工程	龚安	201	数据库原理	65
1001	李学	电子工程	龚安	101	雷达原理	94
1001	李学	电子工程	龚安	102	雷达信号处理	85
1002	吴良	电子工程	龚安	201	数据库原理	70
1002	吴良	电子工程	龚安	101	雷达原理	88
1002	吴良	电子工程	龚安	102	雷达信号处理	90
1003	张飞	计算机	洪湖	201	数据库原理	93
1003	张飞	计算机	洪湖	202	操作系统	75
1003	张飞	计算机	洪湖	203	编译原理	70
6004	邓泽	外语	安娜	601	英美概况	89
6004	邓泽	外语	安娜	608	翻译学	60

图 4.3　描述学生信息、系别信息和选课信息的关系模式

数据冗余：系名和系主任名在多个元组中重复出现。

插入异常：由于{sNo,cNo}是这个关系模式的唯一键码,此关系模式所有关系实例的每一条记录在 sNo 和 cNo 这两个属性上不能有空值,因而在该关系模式的每一个关系实例中,尚未选课的学生的姓名和尚未被学生选修的课程名都无法插入。

删除异常：如果 6004 号学生"邓泽"转学或退学,则须要删除他当前的选课信息。为此,必须删除两条记录,从而外语系主任安娜、601 号课程"英美概况"和 608 号课程"翻译学"的信息也将同时被删除。

更新异常：电子工程系学生的选课记录共有 6 条,系主任都是"龚安";如果系主任改为"史实",就要将全部 6 条记录的 dChief 属性值都修改为"史实",只要这 6 条记录中有一条记录的 dChief 属性值未得到修改,就会造成电子工程系系主任名不一致的现象。另外,如果电子工程系的 1001 号学生"李学"转学,就必须同时修改 3 条记录的 dName 和 dChief 属性值,数据修改麻烦,且容易产生数据不一致。

产生这些问题的原因正是基本函数依赖集中的不良数据依赖：非主属性 sName、dName、cName 部分函数依赖于键码{sNo,cNo},非主属性 dChief 通过 dName 传递函数依赖于键码{sNo,cNo}。

数据依赖是关系数据库模型中的关系模式通过属性值遵守一定的规则而体现出的数据间的相互联系,它是事物属性间相互联系的抽象,是数据的内在性质,是数据语义的体现。常见的数据依赖有函数依赖和多值依赖。函数依赖和多值依赖是最基本的和最核心的数据依赖。另外还有连接依赖、域依赖、键依赖等。

属于不良数据依赖的函数依赖有三类：非主属性对键码的部分函数依赖、非主属性对键码的传递函数依赖和主属性对键码的传递函数依赖。主属性对键码的非平凡(正则)部分函数依赖也是一种不良函数依赖,但这种部分函数依赖同时也构成主属性对该键码的传递函数依赖,所以一般不单独提及。

所有不是函数依赖的非平凡多值依赖都是不良数据依赖。连接依赖等其他数据依赖也是不良数据依赖。

4.3.2　消除不良数据依赖的主要途径——关系模式分解

定义 4.22　设 V 是属性集合 U 的一个非空子集。如果 Φ 是关系模式 $R(U)$ 的一个基本函数依赖集,则称 $\Phi' = \{X \rightarrow Y \mid X \rightarrow Y \in \Phi^{\oplus} \wedge X \cup Y \subseteq V\}$ 为函数依赖集 Φ 在子关系模式 $R'(V)$ 上的投影。

应当注意,定义 4.22 中的 Φ' 是子关系模式 $R'(V)$ 的所有正则函数依赖的集合。

对于关系模式 $R(U)$ 的每一个关系实例 $R, R' = \Pi_V(R) = \{s[V] \mid s \in R\}$ 一定是子关系模式 $R'(V)$ 的一个关系实例。同时对于每一个 $s \in R$,我们将把 $s[V]$ 称为 s 在 V 上的投影。反过来,子关系模式 $R'(V)$ 的关系实例不一定是关系模式 $R(U)$ 的关系实例在 V 上的投影。

定义 4.23　设 $R(U)$ 是一个关系模式,$U_k(1 \leqslant k \leqslant m)$ 是 U 的 $m \geqslant 1$ 个非空子集。如果诸 U_k 互不包含且 $U = \bigcup_{1 \leqslant k \leqslant m} U_k$,则称子关系模式集合 $\rho = \{R_k(U_k) \mid 1 \leqslant k \leqslant m\}$ 是关系模式 $R(U)$ 的一个分解。当 $R(U)$ 没有实际含义时,也可以将 ρ 简记作 $\rho = \{U_k \mid 1 \leqslant k \leqslant m\}$。若 ρ 是关系模式 $R(U)$ 的一个分解,则对于 $R(U)$ 的每一个关系实例 R,称 $R_{\rho} = \{\Pi_{U_k}(R) \mid 1 \leqslant k \leqslant m\}$ 为 R 的对应于 ρ 的关系实例分解。

注意,在 R_{ρ} 中,$\Pi_{U_k}(R)(1 \leqslant k \leqslant m)$ 是子关系模式 $R_k(U_k)$ 的一个关系实例。

定义 4.24　设 $\rho = \{R_k(U_k) \mid 1 \leqslant k \leqslant m\}$ 是关系模式 $R(U)$ 的一个分解,$R_k(1 \leqslant k \leqslant m)$ 是子关系模式 $R_k(U_k)$ 的一个关系实例,且 $s_k \in R_k$。如果对于任意的 $1 \leqslant i < j \leqslant m$,都成立 $s_i[U_i \cap U_j] = s_j[U_i \cap U_j]$,则称对应于属性集 U 的元组 s 为诸 $s_k(1 \leqslant k \leqslant m)$ 的自然连接。这里,s 的定义是 $s[U_k] = s_k[U_k], 1 \leqslant k \leqslant m$。

例 4.18　将例 4.17 的关系模式分解为如下 4 个关系模式,使得每一个子关系模式中都没有非主属性对键码的传递函数依赖(从而根据定理 4.13,也没有非主属性对键码的部分函数依赖),消除例 4.17 所述的所有不良数据依赖,从而消除以上操作异常问题:

$$\text{Students}(sNo, sName, dName)$$
$$\text{Courses}(cNo, cName)$$
$$\text{SC}(sNo, cNo, scGrade)$$
$$\text{Departments}(dName, dChief)$$

但是,我们看到学生信息关系模式 Students(sNo,sName,dName)仍然有数据冗余:对于每一关系实例来说,同系学生的记录中有同一系名,即同一系名在多个元组中重复多次。这是由正则函数依赖 sNo→dName 导致的不可能消除的数据冗余。其实,上面的关系模式分解已经大幅度减少了数据冗余:在原有关系模式中,同一个学生选修多门课时,系名和系主任名在同一个学生对应的多个元组中重复出现;但在子关系模式中,已经没有这样的数据冗余了。

注意,关系模式 Students(sNo,sName,dName)有一个外键码 dName,它是本关系模式的非主属性,但却是另一个关系模式 Departments(dName,dChief)的主键码。

由此可见,关系模式分解是消除数据冗余和操作异常的有效手段。事实上,关系模式分解是关系规范化理论中消除不良数据依赖的主要途径和手段。

关系规范化理论是判断关系模式优劣的理论标准,是关系数据库逻辑设计的理论指南,是 DBS 设计人员的有力工具,它帮助 DBS 设计人员预测关系数据库可能出现的问题,并提供将一个关系模式分解成更好的关系模式(更高级范式)的算法。

关系规范化理论的任务是研究关系数据库模型中的数据依赖及其对关系数据库性能的影响,在必要时通过关系模式分解对原来的关系数据库模型进行优化。

定理 4.31 设 Φ 是关系模式 $R(U)$ 的一个基本函数依赖集,$\varnothing \subset V \subseteq U$,$\Phi'$ 是子关系模式 $R'(V)$ 的一个基本函数依赖集。如果 Ψ 是 Φ 在子关系模式 $R'(V)$ 上的投影,则 $\Phi'^{\oplus} = \Psi$。对于任意的 $X \subseteq V$,若 $Y = (X_\Phi^+ - X) \cap V \neq \varnothing$,则 $X \to Y \in \Phi'^{\oplus}$。反之,若 $X \cup Y \subseteq V$,$X \cap Y = \varnothing$,且 $X \to Y \in \Phi'^{\oplus}$,则 $Y \subseteq (X_\Phi^+ - X) \cap V$。

证明:因为 Φ' 是子关系模式 $R'(U')$ 的一个基本函数依赖集,所以 $\Phi'^{\oplus}$ 是 $R'(V)$ 的所有正则函数依赖的集合,即 $\Phi'^{\oplus} = \Psi$。若 $X \subseteq V$,且 $Y = (X_\Phi^+ - X) \cap V \neq \varnothing$,则 $X \cap Y = \varnothing$,且 $\Phi \Rightarrow X \to Y$,因此 $X \to Y \in \Psi$,即 $X \to Y \in \Phi'^{\oplus}$。反之,设 $X \cup Y \subseteq V$,$X \cap Y = \varnothing$,且 $\Phi' \Rightarrow X \to Y$,则 $\Phi \Rightarrow X \to Y$,因此 $Y \subseteq (X_\Phi^+ - X) \cap V$。 ■

在定理 4.31 中,若 $X = V$,或 X 中只有边缘属性,则显然 $(X_\Phi^+ - X) \cap V = \varnothing$。因此在运用定理 4.31 求函数依赖集的投影时,不必考虑 $X = V$ 和 X 仅由边缘属性组成的情况。

4.3.3 对关系模式分解的要求

4.3.3.1 保持函数依赖的分解

例 4.19 去掉例 4.17 的关系模式中与课程有关的属性 cNo、cName 和 scGrade,将原关系模式简化为 SD(sNo,sName,dName,dChief),并且,为讨论方便起见,分别以 A、B、C、D 表示 sNo、sName、dName、dChief 这 4 个属性,则关系模式 $SD(A,B,C,D)$ 有基本函数依赖集 $\Phi = \{A \to BC, C \to D\}$。像例 4.17 那样将这个关系模式分解为 Student(A,B,C) 和 Department(C,D),它们分别有基本函数依赖集 $\Phi_1 = \{A \to BC\}$ 和 $\Phi_2 = \{C \to D\}$。显然 $\Phi_1 \cup \Phi_2 \Leftrightarrow \Phi$。因此,这个分解没有丢失原有的函数依赖。

例 4.20 设关系模式 $R(A,B,C,D)$ 有基本函数依赖集 $\Phi = \{A \to B, B \to C, D \to A\}$,且 $\rho = \{S(A,C), T(B,D)\}$ 是 $R(A,B,C,D)$ 的一个分解。分别求 Φ 在 $S(A,C)$ 和 $T(B,D)$ 上的投影 Φ_1 和 Φ_2。

解:对于 $U_1 = AC$ 和 $U_2 = BD$,根据定理 4.11 计算得:$A_\Phi^+ = ABC$,$C_\Phi^+ = C$;$B_\Phi^+ = BC$,$D_\Phi^+ = ABCD$。因此 $(A_\Phi^+ - A) \cap AC = C$,$(C_\Phi^+ - C) \cap AC = \varnothing$;$(B_\Phi^+ - B) \cap BD = \varnothing$,$(D_\Phi^+ - D) \cap BD = B$。所以,根据定理 4.31,$\Phi$ 在 $S(A,C)$ 上的投影为 $\Phi_1 = \{A \to C\}$,在 $T(B,D)$ 上的投影为 $\Phi_2 = \{D \to B\}$。

如果将关系模式 $S(A,C)$ 和 $T(B,D)$ 的任何一对关系实例进行自然连接,得到的将是另一个关系模式 $R'(A,B,C,D)$ 的关系实例。关系模式 $R'(A,B,C,D)$ 的基本函数依赖集为 $\Phi' = \{A \to C, D \to B\}$,丢失了原来的函数依赖 $A \to B$ 和 $B \to C$。

定理 4.32 设 Φ 是关系模式 $R(U)$ 的一个基本函数依赖集,$\rho = \{R_k(U_k) \mid 1 \leqslant k \leqslant m\}$ 是 $R(U)$ 的一个分解。对于每一个 $1 \leqslant k \leqslant m$,如果 Φ_k 是子关系模式 $R_k(U_k)$ 的一个基本函数依赖集,则 $\Phi \Rightarrow \Phi_1 \cup \Phi_2 \cup \cdots \Phi_m$。也就是说,关系模式分解不会带来新的函数依赖。

证明:任取 $1 \leqslant k \leqslant m$,由定理 4.31 知 $\Phi_k \subseteq \Phi^{\oplus}$。于是 $\Phi_1 \cup \Phi_2 \cup \cdots \cup \Phi_m \subseteq \Phi^{\oplus}$。再由定理 4.8 得到 $(\Phi_1 \cup \Phi_2 \cup \cdots \cup \Phi_m)^{\oplus} \subseteq \Phi^{\oplus}$。所以 $\Phi \Rightarrow \Phi_1 \cup \Phi_2 \cup \cdots \cup \Phi_m$。 ■

定义 4.25 设 Φ 是关系模式 $R(U)$ 的一个基本函数依赖集,$\rho = \{R_k(U_k) \mid 1 \leqslant k \leqslant m\}$ 是

$R(U)$ 的一个分解，$\Phi_k(1 \leqslant k \leqslant m)$ 是子关系模式 $R_k(U_k)$ 的一个基本函数依赖集。若 $\Phi_1 \bigcup \Phi_2 \bigcup \cdots \bigcup \Phi_m \Leftrightarrow \Phi$，则称 ρ 为关系模式 $R(U)$ 的一个保持函数依赖的分解。

4.3.3.2 无损连接分解

例 4.21 设关系模式 $R(A,B,C)$ 有基本函数依赖集 $\Phi = \{A \to B, C \to B\}$，且 $\rho = \{S(A,B), T(B,C)\}$ 是 $R(A,B,C)$ 的一个分解。并且容易看出，Φ 在 $S(A,B)$ 和 $T(B,C)$ 上的投影分别为 $\Phi_1 = \{A \to B\}$ 和 $\Phi_2 = \{C \to B\}$。因此，这个分解没有丢失原有的函数依赖，是保持函数依赖的分解。

但是对于原关系模式 $R(A,B,C)$ 的如图 4.4 所示的关系实例 R，我们看到，原关系模式分解成 $S(A,B)$ 和 $T(B,C)$ 后，关系实例 R 也相应分解成 S 和 T，但分解后的关系实例再按照公共属性 B 值相等进行自然连接，得到的是另一个关系 $R' = S \infty T$，比原来的关系实例多出了两个元组，即 $R' \neq S \infty T$。R' 可能是原关系模式 $R(A,B,C)$ 的另一关系实例或另一关系实例的一个子关系。

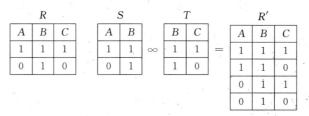

图 4.4 有损连接分解的例子

定理 4.33 设 $\rho = \{R_k(U_k) \mid 1 \leqslant k \leqslant m\}$ 是关系模式 $R(U)$ 的一个分解。对于 $R(U)$ 的任意一个关系实例 R，$R_\rho = \{\Pi_{U_k}(R) \mid 1 \leqslant k \leqslant m\}$ 满足 $R \subseteq R_1 \infty R_2 \infty \cdots \infty R_m$，$R_k = \Pi_{U_k}(R)$。即关系模式分解不会丢失原关系模式的关系实例的元组。

证明：任取 $s \in R$，则对于每一个 $1 \leqslant k \leqslant m$，$s_k = s[U_k] \in R_k$。显然，$s$ 是诸 s_k 的自然连接。因而 $s \in R' = R_1 \infty R_2 \infty \cdots \infty R_m$，即 $R \subseteq R'$。 ■

应当注意，对应于关系模式分解，单个元组在子关系模式上的投影按公共属性自然连接后得到的就是原来的元组。但是，上面的例 4.21 说明：一个关系实例 R 的两个以上元组在子关系模式上的投影按公共属性自然连接后得到的可能是 R 中原来没有的元组。这种元组称为**寄生元组**。寄生元组构成的集合是 $R' - R$，其中 $R' = R_1 \infty R_2 \infty \cdots \infty R_m$。当 $R' \neq R$ 时，R' 可能是原来关系模式的另一个关系实例，也可能根本不是原来关系模式的关系实例。

定义 4.26 设 $\rho = \{R_k(U_k) \mid 1 \leqslant k \leqslant m\}$ 是关系模式 $R(U)$ 的一个分解。对于 $R(U)$ 的任意一个关系实例 R，称 U 上的关系 $m_\rho(R) = R_1 \infty R_2 \infty \cdots \infty R_m$ 为关系实例 R 对关系模式分解 ρ 的投影连接，其中 $R_k = \Pi_{U_k}(R)$。如果 $R(U)$ 的任意一个关系实例 R 都满足 $m_\rho(R) = R$，则称 ρ 为关系模式 $R(U)$ 的一个无损连接分解，或称 ρ 是具有无损连接性的分解。否则，称 ρ 为关系模式 $R(U)$ 的一个有损（连接）分解。

无损连接分解这个概念是 A. V. Aho 等人在 1979 年提出的。讨论关系模式分解的无损连接性的先决条件是：对被分解的关系模式的每一个关系实例在各个子关系模式上的投影（它们是子关系模式的关系实例）进行自然连接，看连接的结果是否等于被分解关系模式原来的关系实例。这一条件就是著名的"**泛关系假设**"。从理论上讲,子关系模式可能有些关系实例不是被分解关系模式的关系实例在子关系模式上的投影,在讨论无损连接分解时,不能用有这些关系实例参与的自然连接与被分解关系模式的关系实例比较,否则就会出错。**如果没有泛关系假设,关于无损连接分解的很多结论是不能成立的。**

简单地说,无损连接分解是不产生寄生元组的分解。

设 $\rho=\{R_k(U_k)\,|\,1\leqslant k\leqslant m\}$ 是关系模式 $R(U)$ 的一个分解。根据定理 4.33,ρ 是无损连接分解的充分必要条件是:对于 $R(U)$ 的任意一个关系实例 R,都成立 $m_\rho(R)\subseteq R$。在一般情况下,$m_\rho(R)$ 不满足这一条件,甚至连 $R(U)$ 的关系实例都可能不是。

应当注意,在关系模式 $R(U)$ 的一个分解 $\rho=\{R_k(U_k)\,|\,1\leqslant k\leqslant m\}$ 中,可能有某个 U_k 是 $R(U)$ 的一个超键码或键码,但这并不能保证 ρ 成为无损连接分解。例如,假设属性 A、B、C、D 的值域分别为 $\{a_1,a_2\}$、$\{b_1,b_2\}$、$\{c_1,c_2\}$、$\{d_1,d_2\}$,并且属性集 $U=\{A,B,C,D\}$ 除正则函数依赖 $AB\to CD$ 外,没有其他本质上不同的数据依赖。这 4 个属性的不同值可组成 $2^4=16$ 个不同元组。在这 16 个不同元组构成的所有 $2^{16}=65\ 536$ 个关系中,有很多不满足函数依赖 $AB\to CD$ 的要求,因而不是关系模式 $R(U)$ 的关系实例。比如关系 $R'=\{a_1b_1c_1d_1,a_1b_1c_2d_2,a_2b_2c_1d_1,a_2b_2c_2d_2\}$ 就不是关系模式 $R(U)$ 的关系实例,而关系 $R=\{a_1b_1c_1d_1,a_2b_2c_2d_2\}$ 是关系模式 $R(U)$ 的关系实例。显然 AB 是关系模式 $R(U)$ 的唯一键码,且 $\rho=\{AB,CD\}$ 是关系模式 $R(U)$ 的一个分解。这个分解不是无损连接分解。因为 $R(U)$ 的关系实例 R 在属性集合 AB 和 CD 上的投影分别为 $R_{AB}=\{a_1b_1,a_2b_2\}$ 和 $R_{CD}=\{c_1d_1,c_2d_2\}$,而 $m_\rho(R)=R_{AB}\infty R_{CD}=R_{AB}\times R_{CD}\nsubseteq R$。

定理 4.34 设 $\rho=\{R_k(U_k)\,|\,1\leqslant k\leqslant m\}$ 是关系模式 $R(U)$ 的一个分解。如果 $K=\bigcap\limits_{1\leqslant k\leqslant m}U_k$ 是关系模式 $R(U)$ 的一个超键码,则 ρ 是无损连接分解。

证明:当 $m=1$ 时结论是显然的。设 $m\geqslant2$。对于 $R(U)$ 的任意一个关系实例 R,设 $R_i=\Pi_{U_i}(R)$,且 $R'=m_\rho(R)$。

设 $s\in R'$,则对于每一个 $1\leqslant i\leqslant m$,$s[U_i]\in R_i$。设 $s[U_i]$ 是 $s_i\in R$ 在 U_i 上的投影,即 $s_i[U_i]=s[U_i]$,则 $s_i[K]=s[K]$。由于 K 是 $R(U)$ 的超键码,而对于所有的 $1\leqslant i<j\leqslant m$,有 $s_i[K]=s_j[K]$,所以 $s_i[U]=s_j[U]$,即 $s_i=s_j$。这说明对于每一个 $1\leqslant i\leqslant m$,都有 $s_i=s$,从而 $s=s_1\in R$,即 $R'\subseteq R$。所以 ρ 是无损连接分解。■

应当注意,在定理 4.34 的证明过程中,未证明 $s\in R$ 之前,确切地说,在未证明 s 是关系模式 $R(U)$ 的某个关系实例的元组之前,是不能由 $s_i[K]=s[K]$ 和 $K\to U_j$ 得到 $s_i[U_j]=s[U_j]$ 的。在后面各定理的证明中也要注意类似问题。

定理 4.35 设 $\rho_0=\{R_i(U_i)\,|\,1\leqslant i\leqslant m\}$ 是关系模式 $R(U)$ 的一个无损连接分解,并且对于每一个 $1\leqslant i\leqslant m$,子关系模式 $R_i(U_i)$ 有无损连接分解 $\rho_i=\{R_{ij}(U_{ij})\,|\,1\leqslant j\leqslant n_i\}$,则将子关系模式集合 $\rho=\{R_{ij}(U_{ij})\,|\,1\leqslant i\leqslant m,1\leqslant j\leqslant n_i\}$ 中互相包含的属性集合之较小者所对应的子关系模式删除后所得的子关系模式集合 ρ' 是 $R(U)$ 的一个无损连接分解。

证明:注意若 $i\neq i'$,$1\leqslant j\leqslant n_i$,$1\leqslant j'\leqslant n_{i'}$,则有可能出现 $U_{i'j'}\subseteq U_{ij}$ 的情况。这时候,可以将子关系模式 $R_{i'j'}(U_{i'j'})$ 从 ρ 中删除,而保留 $R_{ij}(U_{ij})$。这样得到的子关系模式集合 ρ' 就是关系模式 $R(U)$ 的一个分解。不过根据自然连接的交换律、结合律和定理 3.11,在证明中计算自然连接时,可以包含被删除的子关系模式的关系实例,即可以将子关系模式集合 ρ 看

成关系模式 $R(U)$ 的一个分解去验证无损连接性。

对于关系模式 $R(U)$ 的任意一个关系实例 R，设 $R_i = \Pi_{U_i}(R)$，$R_{ij} = \Pi_{U_{ij}}(R)$，$\overline{R}_{ij} = \Pi_{U_{ij}}(R_i)$。

首先，对于任意的 $1 \leqslant i \leqslant m$ 和任意的 $1 \leqslant j \leqslant n_i$，由于 $U_{ij} \subseteq U_i$，由定理 3.3 知 $\overline{R}_{ij} = \Pi_{U_{ij}}(\Pi_{U_i}(R)) = \Pi_{U_{ij}}(R) = R_{ij}$。

其次，对于每一个 $1 \leqslant i \leqslant m$，由于 ρ_i 是子关系模式 $R_i(U_i)$ 的无损连接分解，因此 $R_i = \overline{R}_{i1} \infty \overline{R}_{i2} \infty \cdots \infty \overline{R}_{in_i} = R_{i1} \infty R_{i2} \infty \cdots \infty R_{in_i}$。又由于 ρ_0 是关系模式 $R(U)$ 的一个无损连接分解，因此 $R = R_1 \infty R_2 \infty \cdots \infty R_m = (R_{11} \infty R_{12} \infty \cdots \infty R_{1n_1}) \infty \cdots \infty (R_{m1} \infty R_{m2} \infty \cdots \infty R_{mn_m})$。所以 ρ 是关系模式 $R(U)$ 的一个无损连接分解。   ■

定理 4.36　设 $\rho = \{R_i(U_i) \mid 1 \leqslant i \leqslant m\}$ 是关系模式 $R(U)$ 的一个无损连接分解，U_0 是 U 的一个非全子集。如果对于每一个 $1 \leqslant i \leqslant m$，$U_0$ 与 U_i 都互不包含，则 $\rho_0 = \rho \cup \{R_0(U_0)\}$ 也是关系模式 $R(U)$ 的一个无损连接分解。

证明：显然 $\rho_0 = \{R_i(U_i) \mid 0 \leqslant i \leqslant m\}$ 是关系模式 $R(U)$ 的一个分解。对于 $R(U)$ 的每一个关系实例 R，设 $R_i = \Pi_{U_i}(R)$（$0 \leqslant i \leqslant m$），且 $R' = m_{\rho_0}(R)$。由于 $\rho = \{R_i(U_i) \mid 1 \leqslant i \leqslant m\}$ 是 $R(U)$ 的一个无损连接分解，因此 $R = m_\rho(R)$，从而由定理 3.10、定理 3.11 知 $R' = R_0 \infty m_\rho(R) = R_0 \infty R = R$。所以 ρ_0 是 $R(U)$ 的一个无损连接分解。   ■

定理 4.37　设 $\rho = \{R_1(U_1), R_2(U_2)\}$ 是关系模式 $R(U)$ 的一个分解，$K = U_1 \cap U_2$。若 $K \neq \varnothing$，并且 $K \rightarrow U_1 - K$ 和 $K \rightarrow U_2 - K$ 至少有一个成立，则 ρ 是无损连接分解。

证明：为行文方便起见，记 $V = U_1 - K$，$W = U_2 - K$，则由于 U_1 和 U_2 互不包含，显然 K、V、W 均非空、互不相交，且 $U_1 = K \cup V$，$U_2 = K \cup W$。由 $U_1 \cup U_2 = U$ 有 $U = K \cup V \cup W$。

设 $K \neq \varnothing$，并且（不失一般性）设 $K \rightarrow V$，来证明 ρ 是无损连接分解。对于 $R(U)$ 的任意一个关系实例 R，设 $R_i = \Pi_{U_i}(R)$，$i = 1, 2$。任取 $s \in R_1 \infty R_2$，则 $s[K \cup V] \in R_1$，$s[K \cup W] \in R_2$。如果 $s[K \cup V]$ 是 $u \in R$ 在 U_1 上的投影，$s[K \cup W]$ 是 $v \in R$ 在 U_2 上的投影，则 $u[K] = s[K] = v[K]$，$u[V] = s[V]$，$v[W] = s[W]$。由于 $K \rightarrow V$，而 $v[K] = u[K]$，因此 $v[V] = u[V] = s[V]$。由此可见 $s = v \in R$。所以 $R_1 \infty R_2 \subseteq R$，由定理 4.33 知 ρ 是无损连接分解。   ■

在定理 4.37 中，令 $X = U_1 \cap U_2$，$Y = U_1 - U_2$，$Z = U_2 - U_1$，则可将定理 4.37 叙述为如下的形式：

定理 4.37′　给定关系模式 $R(U)$ 和 U 的三个非空真子集 X、Y、Z。如果 X、Y、Z 互不相交，$X \cup Y \cup Z = U$，且 $X \rightarrow Y$ 或 $X \rightarrow Z$，则 $\rho = \{R_1(X \cup Y), R_2(X \cup Z)\}$ 是此关系模式的一个无损连接分解。

定理 4.38　给定关系模式 $R(U)$，X、Y 是 U 的非空真子集，$X \cap Y = \varnothing$，$X \cup Y \neq U$，且 $Z = U - X - Y$。$\rho = \{R_1(X \cup Y), R_2(X \cup Z)\}$ 为 $R(U)$ 的一个无损连接分解的充分必要条件是 $X \rightarrow\rightarrow Y$。

证明：显然 $Z \neq \varnothing$，且 $\rho = \{R_1(X \cup Y), R_2(X \cup Z)\}$ 是 $R(U)$ 的一个分解。对于 $R(U)$ 的任意一个关系实例 R，设 $R_1 = \Pi_{X \cup Y}(R)$，$R_2 = \Pi_{X \cup Z}(R)$，并且 $R' = R_1 \infty R_2$。

充分性：设 $X \rightarrow\rightarrow Y$，来证明 ρ 是 $R(U)$ 的一个无损连接分解。根据定理 4.33，只须证明 $R' \subseteq R$。任取 $s \in R'$，必有 $s[X \cup Y] \in R_1$，$s[X \cup Z] \in R_2$。设 $s[X \cup Y]$ 是 $u \in R$ 在 $X \cup Y$ 上的投影，$s[X \cup Z]$ 是 $v \in R$ 在 $X \cup Z$ 上的投影，则 $u[X] = v[X] = s[X]$，$u[Y] = s[Y]$，$v[Z] = s[Z]$。由 $X \rightarrow\rightarrow Y$ 的定义，存在 $r \in R$ 满足 $r[X] = u[X] = v[X]$，$r[Y] = u[Y]$，$r[Z] = v[Z]$，

可见 $s=r\in R$。所以 $R'\subseteq R$。

必要性：设 ρ 是 $R(U)$ 的一个无损连接分解，来证明 $X\rightarrow\rightarrow Y$。设 $s,t\in R,s[X]=t[X]$。由于 $s[X\cup Y]\in R_1,s[X\cup Z]\in R_2,t[X\cup Y]\in R_1,t[X\cup Z]\in R_2$，而 ρ 是无损连接分解，故 $u,v\in R_1\infty R_2=R'=R$，其中 $u[X]=v[X]=s[X]=t[X],u[Y]=s[Y],u[Z]=t[Z],v[Y]=t[Y],v[Z]=s[Z]$。所以 $X\rightarrow\rightarrow Y$。 ■

定理 4.38 说明：定理 4.37 或定理 4.37′ 所给条件不是无损连接的必要条件。

例 4.22 已知关系模式 $R(A,B,C,D)$ 有基本函数依赖集：

$$\Phi=\{A\rightarrow B,B\rightarrow C,B\rightarrow D,C\rightarrow A\}$$

将该关系模式分解为 $\rho=\{AB,ACD\}$，试证明 ρ 是无损连接分解。

解：由于 $(AB)\cap(ACD)=A$，且 $A\rightarrow B=(AB)-(ACD)$，因此由定理 4.37 可知 ρ 是无损连接分解。

一个关系模式分解为三个以上子关系模式时无损连接性的判定问题比较复杂。下面将定理 4.37 推广到三个以上子关系模式的情形。

定理 4.39 设 $\rho=\{R_i(U_i)\,|\,0\leqslant i\leqslant m\}(m\geqslant 1)$ 是关系模式 $R(U)$ 的一个分解。如果对于任意的 $1\leqslant j\leqslant m$，都有 $K_j=X_j\cap U_j\neq\varnothing$，且 $K_j\rightarrow U_j$，则 ρ 是无损连接分解。这里 $X_j=\bigcup_{0\leqslant k\leqslant j-1}U_k$。

证明：$m=1$ 的情形就是定理 4.37。以下设 $m\geqslant 2$。

对于 $R(U)$ 的任意一个关系实例 R，设 $R_i=\Pi_{U_i}(R)(0\leqslant i\leqslant m)$，并记 $R'=m_\rho(R)$。根据定理 4.33，只须证明 $R'\subseteq R$。任取 $s\in R'$，则 $s[U_i]\in R_i$，设 $s[U_i]$ 是 $s_i\in R$ 在 $U_i(0\leqslant i\leqslant m)$ 上的投影，则 $s_i[U_i]=s[U_i]$。以下用数学归纳法证明 $s=s_0\in R$，从而 $R'\subseteq R$。

由于 $s_0[U_0]=s[U_0],s_1[U_1]=s[U_1],K_1=U_0\cap U_1\neq\varnothing$，因此 $s_1[K_1]=s_0[K_1]$。所以由 $K_1\rightarrow U_1$ 可知 $s_0[U_1]=s_1[U_1]$，即 $s_0[U_1]=s[U_1]$。设 $1\leqslant j<m$，且对于所有的 $0\leqslant k\leqslant j$，都有 $s_0[U_k]=s[U_k]$，来证明 $s_0[U_{j+1}]=s[U_{j+1}]$。由假设有 $s_0[X_{j+1}]=s[X_{j+1}],s_{j+1}[U_{j+1}]=s[U_{j+1}],K_{j+1}=X_{j+1}\cap U_{j+1}\neq\varnothing$，因此 $s_0[K_{j+1}]=s_{j+1}[K_{j+1}]$。所以由 $K_{j+1}\rightarrow U_{j+1}$ 可知 $s_0[U_{j+1}]=s_{j+1}[U_{j+1}]$，即 $s_0[U_{j+1}]=s[U_{j+1}]$。所以 $s=s_0$。 ■

在这个定理的条件中，$K_j\rightarrow U_j$ 说明 X_j 包含子关系模式 $R_j(U_j)$ 的一个超键码。

推论 4.3 设 $\rho=\{R_i(U_i)\,|\,0\leqslant i\leqslant m\}(m\geqslant 1)$ 是关系模式 $R(U)$ 的一个分解。如果对于任意的 $1\leqslant j\leqslant m,K_j=U_{j-1}\cap U_j\neq\varnothing$，且 $K_j\rightarrow U_j-K_j$，则 ρ 是无损连接分解。

证明：对于任意的 $1\leqslant j\leqslant m$，记 $X_j=\bigcup_{0\leqslant k\leqslant j-1}U_k$，由于 $K_j=U_{j-1}\cap U_j\subseteq X_j\cap U_j$，而 $K_j\rightarrow U_j$，所以 $X_j\cap U_j\rightarrow U_j$。由定理 4.39 知 ρ 是无损连接分解。 ■

在推论 4.3 的条件中，子关系模式 U_0 和诸 $U_j(1\leqslant j\leqslant m)$ 之间的相互关系如图 4.5 所示。图中，箭头表示函数依赖关系，箭头的始端表示函数依赖的左部，位于两个子关系模式属性集合的交，末端指向函数依赖的右部；大圆表示 U_0，小圆表示诸 $U_j(1\leqslant j\leqslant m)$。这是一个由函数依赖构成的链。

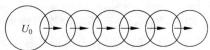

图 4.5 推论 4.3 的图示

定理 4.40 设 $\rho=\{R_0(U_0)\}\bigcup\{R_{ij}(U_{ij})\mid 1\leqslant i\leqslant m,1\leqslant j\leqslant n_i\}$ 是关系模式 $R(U)$ 的一个分解。记 $X_{ij}=\bigcup\limits_{0\leqslant k\leqslant j-1}U_{ik}$，$K_{ij}=X_{ij}\bigcap U_{ij}$，$1\leqslant i\leqslant m,1\leqslant j\leqslant n_i$。如果对于任意的 $1\leqslant i\leqslant m$ 和任意的 $1\leqslant j\leqslant n_i$，都有 $K_{ij}\neq\varnothing$，且 $K_{ij}\to U_{ij}$，则 ρ 是无损连接分解。这里 $U_{i0}=U_0$，$1\leqslant i\leqslant m$。

证明：首先，对于每一个 $1\leqslant i\leqslant m$，注意到 $U_{i0}=U_0$，$K_{ij}=X_{ij}\bigcap U_{ij}$，$X_{ij}=\bigcup\limits_{0\leqslant k\leqslant j-1}U_{ik}$。对 $1\leqslant j\leqslant n_i$ 施行数学归纳法，来证明 $U_0\to U_{ij}$，从而 U_0 是 $R(U)$ 的一个超键码。由于 $K_{i1}=U_0\bigcap U_{i1}\to U_{i1}$，而 $U_0\to K_{i1}$ 是平凡函数依赖，所以 $U_0\to U_{i1}$。设 $1\leqslant j<n_i$，并且对于所有的 $1\leqslant k\leqslant j$，都有 $U_0\to U_{ik}$，来证明 $U_0\to U_{i,j+1}$。由于 $X_{i,j+1}=\bigcup\limits_{0\leqslant k\leqslant j}U_{ik}$，所以由假设有 $U_0\to X_{i,j+1}$。由于 $K_{i,j+1}=X_{i,j+1}\bigcap U_{i,j+1}$，而 $X_{i,j+1}\to K_{i,j+1}$ 是平凡函数依赖，所以 $U_0\to K_{i,j+1}$。又由 $K_{i,j+1}\to U_{i,j+1}$ 得到 $U_0\to U_{i,j+1}$。所以 U_0 是 $R(U)$ 的一个超键码。

对于每一个 $1\leqslant i\leqslant m$，命 $U_i=\bigcup\limits_{0\leqslant j\leqslant n_i}U_{ij}$，则 $\bigcup\limits_{1\leqslant i\leqslant m}U_i=U$。记 $\rho_0=\{R_i(U_i)\mid 1\leqslant i\leqslant m\}$。如果诸 $U_i(1\leqslant i\leqslant m)$ 中有互相包含者，则从 ρ_0 中删除对应于较小 U_i 的子关系模式 $R_i(U_i)$。由于 $U_0\subseteq U_i(1\leqslant i\leqslant m)$，因此由推论 4.3 知 ρ_0 是关系模式 $R(U)$ 的一个无损连接分解。又由定理 4.39 可知 $\rho_i=\{R_{ij}(U_{ij})\mid 0\leqslant j\leqslant n_i\}$ 是子关系模式 $R_i(U_i)$ 的一个无损连接分解。最后，由定理 4.35 可知 ρ 是关系模式 $R(U)$ 的一个无损连接分解。 ■

推论 4.4 设 $\rho=\{R_0(U_0)\}\bigcup\{R_{ij}(U_{ij})\mid 1\leqslant i\leqslant m,1\leqslant j\leqslant n_i\}$ 是关系模式 $R(U)$ 的一个分解。如果对于任意的 $1\leqslant i\leqslant m$ 和任意的 $1\leqslant j\leqslant n_i$，都有 $K_{ij}=U_{i,j-1}\bigcap U_{ij}\neq\varnothing$，且 $K_{ij}\to U_{ij}-K_{ij}$，则 ρ 是无损连接分解。这里 $U_{i0}=U_0$，$1\leqslant i\leqslant m,1\leqslant j\leqslant n_i$。

证明：对于任意的 $1\leqslant i\leqslant m$，和任意的 $1\leqslant j\leqslant n_i$，记 $X_{ij}=\bigcup\limits_{0\leqslant k\leqslant j-1}U_{ik}$，由于 $K_{ij}=U_{i,j-1}\bigcap U_{ij}\subseteq X_{i,j}\bigcap U_{ij}$，而 $K_{ij}\to U_{ij}$，所以 $X_{i,j}\bigcap U_{ij}\to U_{ij}$。由定理 4.40 知 ρ 是无损连接分解。 ■

定理 4.39 和定理 4.40 其实是等价的，即它们互为充分必要条件，但定理 4.40 用起来更方便一些。

在推论 4.4 的条件中，子关系模式 U_0 和诸 $U_{ij}(1\leqslant i\leqslant m,1\leqslant j\leqslant n_i)$ 之间的相互关系如图 4.6 所示。

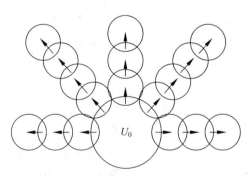

图 4.6 推论 4.4 的图示

例 4.23 已知关系模式 $R(A,B,C,D)$ 有基本函数依赖集 $\Phi=\{A\to B,C\to D\}$。如果将该关系模式分解为 $\rho=\{AB,AC,CD\}$，试证明 ρ 是无损连接分解。

解：由于 $(AB)\bigcap(AC)=A\to B$，且 $(AC)\bigcap(CD)=C\to D$。因此由推论 4.4 知 ρ 是无损连接分解。

定理 4.41　设 Φ 是关系模式 $R(U)$ 的一个基本函数依赖集，Φ^- 是 Φ 的一个极小函数依赖集，$\Phi_C=\{V_i\to W_i\,|\,1\leqslant i\leqslant m\}$ 是 Φ 的与 Φ^- 对应的正则覆盖。命 $U_i=V_i\bigcup W_i$，删除互相包含的 U_i 中所有较小者后得到的结果仍然记作 U_i，$1\leqslant i\leqslant m$。如果存在 $1\leqslant i_0\leqslant m$，使 $U_{i_0}\to U$，则 $\rho=\{R_i(U_i)\,|\,1\leqslant i\leqslant m\}$ 是 $R(U)$ 的一个无损连接分解；否则对于 $R(U)$ 的任意一个键码 U_0，$\rho=\{R_i(U_i)\,|\,0\leqslant i\leqslant m\}$ 是 $R(U)$ 的一个无损连接分解。

证明：首先设诸 $U_i\,(1\leqslant i\leqslant m)$ 互不包含。

（1）如果存在 $1\leqslant i_0\leqslant m$ 使 $U_{i_0}\to U$，则由定理 4.21，V_{i_0} 就是 $R(U)$ 的一个键码，即 $\Phi_C\Rightarrow V_{i_0}\to U$。显然 $\bigcup\limits_{1\leqslant i\leqslant m}U_i=U$，且 $\rho=\{R_i(U_i)\,|\,1\leqslant i\leqslant m\}$ 是 $R(U)$ 的一个分解。这时，若 $U_{i_0}=U$，则 $i_0=m=1$，$\rho=\{R_1(U_1)\}=\{R(U)\}$ 显然是 $R(U)$ 的一个无损连接分解；若 $U_{i_0}\neq U$，则由于 V_{i_0} 是键码，必然存在所有 $1\leqslant i\leqslant m$ 的一个排列 $i_0,i_1,i_2,\cdots,i_{m-1}$，满足 $V_{i_k}\subseteq U_{i_0}\bigcup U_{i_1}\bigcup\cdots\bigcup U_{i_{k-1}}$，$1\leqslant k\leqslant m$。根据定理 4.39，$\rho=\{R_i(U_i)\,|\,1\leqslant i\leqslant m\}$ 是 $R(U)$ 的一个无损连接分解。

（2）如果每一个 $V_i\,(1\leqslant i\leqslant m)$ 都不是 $R(U)$ 的键码，则由于 $U-\bigcup\limits_{1\leqslant i\leqslant m}U_i$ 中的属性都是 $R(U)$ 的核心属性，根据定理 4.16，$R(U)$ 的任意一个键码 U_0 都包含 $U-\bigcup\limits_{1\leqslant i\leqslant m}U_i$；并且对于每一个 $1\leqslant i\leqslant m$，显然 U_i 与 U_0 互不包含，因此 $\rho=\{R_i(U_i)\,|\,1\leqslant i\leqslant m\}$ 是 $R(U)$ 的一个分解。类似于上面的证明过程，必然存在所有 $1\leqslant i\leqslant m$ 的一个排列 $i_1,i_2,\cdots,i_m$，满足 $V_{i_k}\subseteq U_0\bigcup U_{i_1}\bigcup\cdots\bigcup U_{i_{k-1}}$，$1\leqslant k\leqslant m$。根据定理 4.39，$\rho=\{R_i(U_i)\,|\,0\leqslant i\leqslant m\}$ 是 $R(U)$ 的一个无损连接分解。

如果诸 $U_i\,(1\leqslant i\leqslant m)$ 中有互相包含者，则根据自然连接的交换律、结合律和定理 3.11，在计算自然连接时，可以包含被删除的子关系模式对应的关系实例，因此无损连接性的结论仍然成立。∎

定理 4.42　设 $U=\{A_j\,|\,1\leqslant j\leqslant n\}\,(n\geqslant 2)$ 是一个属性集合，$\rho=\{R_i(U_i)\,|\,1\leqslant i\leqslant m\}$ 是关系模式 $R(U)$ 的一个分解，Φ 是 $R(U)$ 的一个基本函数依赖集。构造一个符号矩阵（二维符号表）$M(\rho)=(\delta_{ij})_{m\times n}$ 为：各行依次对应属性子集 $U_1,U_2,\cdots,U_m$，各列依次对应单个属性 $A_1,A_2,\cdots,A_n$；若 $A_j\in U_i$，则 $\delta_{ij}=a_j$，否则 $\delta_{ij}=b_{ij}$。把 $M(\rho)$ 看成 $R(U)$ 的某个关系实例的子关系，按下面的 Chase 算法进行修改。如果算法结束后，矩阵 $M(\rho)$ 中有一行是 $a_1,a_2,\cdots,a_n$，则 ρ 是无损连接分解。

Chase 算法：

（1）令 flag :=1。

（2）若矩阵 $M(\rho)$ 中有一行是 $a_1,a_2,\cdots,a_n$ 或 flag :=0，则算法结束；否则，令 flag :=0。

（3）对于 Φ 中的每一个函数依赖 $X\to Y$，若 $M(\rho)$ 中有两行 s 和 t 满足 $s[X]=t[X]$，而 $s[Y]\neq t[Y]$，则对每一个 $A_j\in Y$，当 $s[A_j]\neq t[A_j]$ 时修改 $s[A_j]$ 或 $t[A_j]$ 使 $s[A_j]=t[A_j]$，并令 flag :=1。修改的方法为：若 $s[A_j]$ 和 $t[A_j]$ 有一个是 a_j，则将另一个的值修改为 a_j；否则，令 $t[A_j]:=s[A_j]$。

（4）转向（2）。

证明：对于关系模式 $R(U)$ 的任意一个关系实例 R，设 $R_i=\Pi_{U_i}(R)$，且 $R'=m_\rho(R)$。任取 $s\in R'$，设 $a_j=s[A_j]$，$1\leqslant j\leqslant n$。对于每一个 $1\leqslant i\leqslant m$，由于 $s[U_i]\in R_i$，因此存在 $s_i\in R$，使 $s_i[U_i]=s[U_i]$。对于每一个 $1\leqslant i\leqslant m$ 和每一个 $1\leqslant j\leqslant n$，设 $b_{ij}=s_i[A_j]$，则当 $A_j\in U_i$ 时，

$b_{ij} = a_j$。

Chase 算法的实质是根据所给的基本函数依赖集 Φ 来推断诸 $s_i(1 \leqslant i \leqslant m)$ 的哪些分量是相等的。算法第(3)步对矩阵 $\boldsymbol{M}(\rho)$ 的每一次修改都保证修改后 $\boldsymbol{M}(\rho)$ 的各行是 R 的元组。如果算法结束后,矩阵 $\boldsymbol{M}(\rho)$ 中有一行是 $a_1,a_2,\cdots,a_n$,就说明诸 s_i 中有一个等于 s,也就是说,$s \in R$,因而 $R' \subseteq R$,即 ρ 是无损连接分解。 ■

Chase 算法是 A. V. Aho 等人在 1979 年给出的,这里对其做了改造。Chase 算法中,flag 是一个标志变量,如果算法第(3)步对矩阵 $\boldsymbol{M}(\rho)$ 有修改,就将 flag 的值修改为 1。

例 4.24　设关系模式 $R(A,B,C,D,E)$ 有基本函数依赖集:
$$\Phi = \{A \to D, C \to D, D \to E, BE \to D, BD \to C\}$$
试判定分解 $\rho = \{AB, AC, BC, BDE, CE\}$ 的无损连接性。

解:构造矩阵

$$\boldsymbol{M}(\rho) = \begin{pmatrix} a_1 & a_2 & b_{13} & b_{14} & b_{15} \\ a_1 & b_{22} & a_3 & b_{24} & b_{25} \\ b_{31} & a_2 & a_3 & b_{34} & b_{35} \\ b_{41} & a_2 & b_{43} & a_4 & a_5 \\ b_{51} & b_{52} & a_3 & b_{54} & a_5 \end{pmatrix}$$

运用 $A \to D$,得到

$$\boldsymbol{M}(\rho) = \begin{pmatrix} a_1 & a_2 & b_{13} & b_{14} & b_{15} \\ a_1 & b_{22} & a_3 & b_{14} & b_{25} \\ b_{31} & a_2 & a_3 & b_{34} & b_{35} \\ b_{41} & a_2 & b_{43} & a_4 & a_5 \\ b_{51} & b_{52} & a_3 & b_{54} & a_5 \end{pmatrix}$$

运用 $C \to D$,得到

$$\boldsymbol{M}(\rho) = \begin{pmatrix} a_1 & a_2 & b_{13} & b_{14} & b_{15} \\ a_1 & b_{22} & a_3 & b_{14} & b_{25} \\ b_{31} & a_2 & a_3 & b_{14} & b_{35} \\ b_{41} & a_2 & b_{43} & a_4 & a_5 \\ b_{51} & b_{52} & a_3 & b_{14} & a_5 \end{pmatrix}$$

运用 $D \to E$,得到

$$\boldsymbol{M}(\rho) = \begin{pmatrix} a_1 & a_2 & b_{13} & b_{14} & a_5 \\ a_1 & b_{22} & a_3 & b_{14} & a_5 \\ b_{31} & a_2 & a_3 & b_{14} & a_5 \\ b_{41} & a_2 & b_{43} & a_4 & a_5 \\ b_{51} & b_{52} & a_3 & b_{14} & a_5 \end{pmatrix}$$

运用 $BE \to D$,得到

$$
\boldsymbol{M}(\rho)=\begin{bmatrix}
a_1 & a_2 & b_{13} & a_4 & a_5\\
a_1 & b_{22} & a_3 & b_{14} & a_5\\
b_{31} & a_2 & a_3 & a_4 & a_5\\
b_{41} & a_2 & b_{43} & a_4 & a_5\\
b_{51} & b_{52} & a_3 & b_{14} & a_5
\end{bmatrix}
$$

运用 $BD\to C$,得到

$$
\boldsymbol{M}(\rho)=\begin{bmatrix}
a_1 & a_2 & a_3 & a_4 & a_5\\
a_1 & b_{22} & a_3 & a_4 & a_5\\
b_{31} & a_2 & a_3 & a_4 & a_5\\
b_{41} & a_2 & a_3 & a_4 & a_5\\
b_{51} & b_{52} & a_3 & b_{14} & a_5
\end{bmatrix}
$$

第一行为 a_1,a_2,a_3,a_4,a_5,算法结束。所以 ρ 是无损连接分解。

这个例子也可以用定理 4.39 或定理 4.40 直接证明。

定理 4.43　设 $U=\{A_j\,|\,1\leqslant j\leqslant n\}(n\geqslant2)$ 是一个属性集合, $\rho=\{R_i(U_i)\,|\,1\leqslant i\leqslant m\}$ 是关系模式 $R(U)$ 的一个分解, Φ 是 $R(U)$ 的一个基本函数依赖集, Ψ 是 $R(U)$ 的一个基于 Φ 的基本多值依赖集。构造一个符号矩阵(二维符号表) $\boldsymbol{M}(\rho)=(\delta_{ij})_{m\times n}$ 为:各行依次对应属性子集 $U_1,U_2,\cdots,U_m$,各列依次对应单个属性 $A_1,A_2,\cdots,A_n$;若 $A_j\in U_i$,则 $\delta_{ij}=a_j$,否则 $\delta_{ij}=b_{ij}$。把 $\boldsymbol{M}(\rho)$ 看成 $R(U)$ 的一个关系实例的子关系,按下面推广的 Chase 算法进行修改。如果算法结束后,矩阵 $\boldsymbol{M}(\rho)$ 中有一行是 $a_1,a_2,\cdots,a_n$,则 ρ 是无损连接分解。

推广的 Chase 算法:

(1) 令 flag:=1。

(2) 若矩阵 $\boldsymbol{M}(\rho)$ 中有一行是 $a_1,a_2,\cdots,a_n$ 或 flag:=0,则算法结束;否则,令 flag:=0。

(3) 对于 Φ 中的每一个函数依赖 $X\to Y$,若 $\boldsymbol{M}(\rho)$ 中有两行 s 和 t 满足 $s[X]=t[X]$,而 $s[Y]\neq t[Y]$,则对每一个 $A_j\in Y$,当 $s[A_j]\neq t[A_j]$ 时修改 $s[A_j]$ 或 $t[A_j]$ 使 $s[A_j]=t[A_j]$,并令 flag:=1。修改的方法为:若 $s[A_j]$ 和 $t[A_j]$ 有一个是 a_j,则将另一个的值修改为 a_j;否则,令 $t[A_j]=s[A_j]$。

(4) 对于 Ψ 中的每一个非平凡多值依赖 $X\twoheadrightarrow Y$(注意 $\Phi\not\Rightarrow X\to Y$),若 $\boldsymbol{M}(\rho)$ 中有两行 s 和 t 满足 $s[X]=t[X]$,而 $s[Y]\neq t[Y]$,则构造两个新元组 u 和 v 为: $u[X]=v[X]=s[X]=t[X]$, $u[Y]=s[Y]$, $v[Y]=t[Y]$, $u[Z]=t[Z]$, $v[Z]=s[Z]$。这里 $Z=U-X-Y$。若 u 不是 $\boldsymbol{M}(\rho)$ 的一行,则在 $\boldsymbol{M}(\rho)$ 的各行之后添加一个新行 u,并令 flag:=1;若 v 不是 $\boldsymbol{M}(\rho)$ 的一行,则在 $\boldsymbol{M}(\rho)$ 的各行之后添加一个新行 v,并令 flag:=1。

(5) 转向(2)。

证明:对于关系模式 $R(U)$ 的任意一个关系实例 R,设 $R_i=\Pi_{U_i}(R)$,且 $R'=m_\rho(R)$。任取 $s\in R'$,设 $a_j=s[A_j]$, $1\leqslant j\leqslant n$。对于每一个 $1\leqslant i\leqslant m$,由于 $s[U_i]\in R_i$,因此存在 $s_i\in R$,使 $s_i[U_i]=s[U_i]$。对于每一个 $1\leqslant i\leqslant m$ 和每一个 $1\leqslant j\leqslant n$,设 $b_{ij}=s_i[A_j]$,则当 $A_j\in U_i$ 时, $b_{ij}=a_j$。

推广的 Chase 算法的实质是根据所给的基本函数依赖集 Φ 和基于 Φ 的基本多值依赖集 Ψ 来推断 $\boldsymbol{M}(\rho)$ 中各行的哪些分量是相等的。算法第(3~4)步对矩阵 $\boldsymbol{M}(\rho)$ 的每一次修改都保证修改后 $\boldsymbol{M}(\rho)$ 的各行是 R 的元组。如果算法结束后,矩阵 $\boldsymbol{M}(\rho)$ 中有一行是 $a_1,a_2,\cdots$,

a_n，就说明诸 s_i 中有一个等于 s，也就是说，$s \in R$，因而 $R' \subseteq R$，即 ρ 是无损连接分解。　■

定理 4.34～定理 4.37 和定理 4.39～定理 4.43 给出了一个关系模式分解是无损连接分解的充分条件，但都不是必要条件。当这些定理所给的条件满足时，一定得到无损连接分解，但是当这些定理所给的条件不满足时，不能肯定所给的分解不是无损连接分解。后面的例 4.39 将说明，一个没有非平凡函数依赖的关系模式也可能有无损连接分解。因此基于函数依赖的无损连接分解判定条件都只是充分条件，一般不是必要条件。如果关系模式 $R(U)$ 的所有数据依赖都是被函数依赖逻辑蕴涵的，也就是从函数依赖可以推导出来的，则定理 4.37 给出的条件同时也是必要条件。但是迄今为止，人们已经发现的数据依赖除了函数依赖外，还有多值依赖、连接依赖、域依赖、键依赖等，并且不能排除存在其他类型数据依赖的可能。所以，一般来说，从函数依赖推导出一个关系模式 $R(U)$ 的所有数据依赖是不可能的。也就是说，给出一个判定无损连接分解的充分必要条件是非常困难的。

4.3.3.3　对关系模式分解的要求

关系模式分解实际上是将一个关系数据库模型在一定程度上等价变换为另一个关系数据库模型。关系数据库模型等价的程度有语义等价和数据等价两个标准。语义等价标准是指关系模式分解是否保持函数依赖，它反映关系模式在分解前后是否有相同的函数依赖；数据等价标准是指关系模式分解是否具有无损连接性，它反映关系模式的所有关系实例在分解前后是否表示同样的信息。

分解具有无损连接性和分解保持函数依赖是两个互相独立的标准。具有无损连接性的分解不一定保持函数依赖，保持函数依赖的分解不一定具有无损连接性。一个关系模式的分解可能有三种情况：(1)分解保持函数依赖；(2)分解具有无损连接性；(3)分解既保持函数依赖又具有无损连接性。

4.3.4　关系模式的范式

评价一个关系模式优劣的主要标准是看它属于哪一种范式(Normal Form，NF)。各种不同的范式都是以关系模式所排除的不良数据依赖来定义的。

定义 4.27　在一定程度上消除了某种不良数据依赖的一类关系模式的集合称为一种范式。若关系模式 $R(U)$ 符合第 x 范式的要求，则称 $R(U)$ 为第 x 范式，或者说 $R(U)$ 属于第 x 范式，或者说 $R(U)$ 达到了第 x 范式，记作 $R(U) \in x\mathrm{NF}$。通过关系模式分解将一个较低级范式转换为两个以上较高级范式构成的集合的过程称为关系模式规范化。

人们现在已经提出的范式由低到高有第一范式、基于消除不良函数依赖的范式、基于消除不良多值依赖的范式、基于消除不良连接依赖的范式和域-键范式(域-码范式)。基于消除不良函数依赖的范式有第二范式(2NF)、第三范式(3NF)和 BC 范式(BCNF)。基于消除不良多值依赖的范式是第四范式(4NF)。基于消除不良连接依赖的范式又称为投影-连接范式或第五范式(5NF)。域-键范式可以称为第六范式(6NF)。

1970 年，Codd 引入了函数依赖的概念，并定义了第一范式、第二范式和第三范式，从而创立了关系数据库理论。1972 年，他又引入了 BC 范式。

1977 年，Berri 给出了一组多值依赖公理，并证明了这些公理的有效性和完备性。

第四范式、投影-连接范式和域-键范式是 Fagin 先后于 1977、1979 和 1981 年提出的。

按照一定标准进行关系模式分解使关系数据库模型的每一个关系模式都达到某一范式的做法可以大幅度减少关系数据库的操作异常和数据冗余。但关系模式的增多意味着关系数据库中基本表的增多，而基本表太多会影响关系数据库运行的时空效率。有时为了提高数据库运行的时空效率而使用较低的范式，但这样做的代价是增加数据库应用程序保持冗余数据一致性的开销。

4.4　第一范式

4.4.1　第一范式的定义

定义 4.28　如果关系模式 $R(U)$ 的所有属性都是原子属性，则称 $R(U)$ 属于第一范式，记作 $R(U) \in 1NF$。

关系模式的属性不可再分解是指属性的取值不能是集合。取值是集合的属性会导致数据冗余，从而造成不一致性。

一个属性是否能够再分解，与具体的信息需求和处理需求有关，不能从数学上进行证明。如果在 DBS 中要处理属性值的一部分，则该属性不是原子的，还需要进一步将其分解为更简单的属性集合。

例如，我国公民身份证号的编码是一个 18 位的十进制整数，这 18 位的前 3 位是省（直辖市）编码，接着是 3 位县（市）编码、4 位出生年份、4 位出生月日、2 位编号、1 位性别码、1 位校验码。如果须要分别检索或处理这些信息（比如比较两个人出生日期是否相同），就要将身份证号进行细分。如果只须将身份证号作为一个数据处理，就认为这一属性是不可分解的原子值。

又如，我国计算机等级考试的准考证号也是一个整数，其中含有考试类别、考试批次、考点号、考场号、报名号等编码。在设计数据库逻辑结构时也要根据需要决定是否将其视为不可分解的原子值。

当然，如果将身份证号、准考证号这样的属性一概视为不可分解的原子值，那么当需要这些属性值中的部分数据的时候，通过解析相应的身份证号、准考证号也可以达到目的。因为身份证号、准考证号的位数是固定不变的，身份证号、准考证号所承载的各种信息的位数也是固定不变的，因而从身份证号、准考证号中提取它们所承载的各种信息并不是太难。不过，设计专门的程序来提取身份证号、准考证号中所承载的各种信息会在一定程度上增加数据库应用程序的复杂性。

但是，对于姓名这类属性的存储和处理，由于姓名的长短不固定，所承载的姓氏和名字信息的长短也不固定，在 DBS 设计中额外编写实现解析功能的程序并不容易，甚至不可能；即便可能，也很容易导致数据库的修改异常。比如，中国的姓氏中有"欧"姓、"阳"姓和"欧阳"姓，如果碰到"欧阳光"这样的姓名，就无法判断这个人是姓"欧阳"、名"光"呢还是姓"欧"、名"阳光"。因此如果要获取和处理姓名中所承载的姓氏和名字信息，最好将姓名分解为姓和名这两个更简单的属性。

关系模式属于第一范式是关系数据库的最低要求。具有集合值的属性不适合关系数据库，但却是客观存在。如果要存储和处理的属性值本身是很复杂的集合值，硬要将它分解为原子值,则必须编程实现原子值与集合值之间的转换,导致 DBS 运行时的额外开销。

今后,如无特别声明,则提到的关系模式均应被认为是第一范式。

4.4.2 第一范式的缺点

例 4.25 将学生的住址 sAddr 视为不可分解的原子值,并设每一个系的学生住址相同,则关系模式 SDC(sNo,sDept,sAddr,cNo,cCredit)是第一范式,其中 cNo 表示课号,cCredit 表示标准学分。它有基本函数依赖集 $\Phi=\{$sNo→sDept,sDept→sAddr,cNo→cCredit$\}$,唯一键码为$\{$sNo,cNo$\}$。但它有如下不良特性:

(1) 数据冗余。如果一个学生选修了多门课,则他的系名和住址在关系实例中多次重复出现。

(2) 插入异常。由于$\{$sNo,cNo$\}$是这个关系模式的主键码,此关系模式所有关系实例的每一条记录在"sNo"和"cNo"这两个属性上不能有空值,因而在该关系模式的每一个关系实例中,若学生没有选课,则学生所在系名和住址的信息就无法插入。

(3) 删除异常。若在一个关系实例中删除一个学生的所有选课信息,则必须删除有关该学生的所有记录,他所在系名和住址的信息也随之被删除了。

(4) 更新异常。如果一个学生选修了多门课,那么当他转系或他的住址发生变化时,需要修改关系实例中多条记录的 sDept 属性值和 sAddr 属性值。

产生这些数据冗余和异常的主要原因之一是非主属性 sDept、sAddr 和 cCredit 对键码$\{$sNo,cNo$\}$的部分函数依赖:sNo→$\{$sDept,sAddr$\}$,cNo→cCredit。如果将该关系模式分解为如下两个关系模式就可以大幅度消除上述非主属性对键码的部分函数依赖带来的数据冗余和操作异常:

$$SD(sNo,sDept,sAddr)$$
$$SC(sNo,cNo,cCredit)$$

在第一范式的基础上,消除了非主属性对键码的部分函数依赖的范式就是第二范式;消除了非主属性对键码的传递函数依赖的范式就是第三范式;消除了所有属性对键码的传递函数依赖的范式就是 BC 范式;消除了不是函数依赖的非平凡多值依赖的范式就是第四范式;另外还有投影-连接范式和域-键范式。

4.5 基于消除不良函数依赖的范式

4.5.1 第二范式

1. 第二范式的定义

定义 4.29 若关系模式 $R(U)\in$1NF 没有非主属性对任何键码的部分函数依赖,则称 $R(U)$ 属于第二范式,记作 $R(U)\in$2NF。称非主属性对键码的部分函数依赖为 2NF 违例。

例 4.26 已知关系模式 $R(A,B,C,D)$ 有基本函数依赖集:

$$\Phi=\{AB\rightarrow C,BC\rightarrow A,B\rightarrow D\}$$

判别该关系模式是否属于 2NF。

解:显然,B 是核心属性,D 是边缘属性。经验证,B 不是键码,AB、BC 都是键码。$B\rightarrow$

D 为 2NF 违例,因此 $R(A,B,C,D) \notin 2NF$。

练习:设 $U = ABCD$。给出一个基本函数依赖集 Φ,使得关系模式 $R(U)$ 有唯一键码 AB,且 $R(U) \notin 2NF$。

2. 第二范式的函数依赖特性

定理 4.44 一个第一范式属于第二范式当且仅当它没有非平凡函数依赖或每一个右单的非平凡函数依赖满足下列条件之一:

(1) 右部是主属性。

(2) 右部是非主属性,但左部是超键码。

(3) 右部是非主属性,左部不是超键码,但左部含有非主属性。

(4) 右部是非主属性,左部不是超键码,但左部都是主属性,且左部的主属性不是来自同一键码。

证明:必要性:用反证法,如果 $R(U) \in 2NF$,但它至少有一个右单的非平凡函数依赖 $X \to A$ 不满足定理所述 4 个条件中的任何一个,则 A 是非主属性,X 不是超键码但 X 中都是主属性,且 X 中的所有属性来自同一个键码。因此 X 是某个键码 K 的真子集。所以 A 部分函数依赖于键码 K,$R(U) \notin 2NF$。这是矛盾的。

充分性:用反证法。若 $R(U) \notin 2NF$,则存在某个非主属性 A 对某个键码 K 的部分函数依赖 $X \to A$。由于 $X \subset K$,因此 X 不是超键码但 X 中都是主属性,且 X 中的所有属性来自同一个键码 K。这与定理所述的所有 4 个条件矛盾。 ■

推论 所有键码都是单个属性的第一范式必然是 2NF。

3. 第二范式的缺点

例 4.27 在前面的例 4.25 中,将关系模式 SDC(sNo,sDept,sAddr,cNo,cCredit) 分解后的关系模式 SD(sNo,sDept,sAddr) 属于第二范式,但它仍然有如下不良特性:

(1) 数据冗余。例 4.25 的关系模式分解消除了同一个学生因选修多门课而带来的系名和住址的重复这样的数据冗余。但在分解后的关系模式 SD(sNo,sDept,sAddr) 的关系实例中,存在同系学生的住址仍然重复多次出现的数据冗余。

(2) 插入异常。例 4.25 的关系模式分解消除了因有些学生暂未选课而导致的对系名和住址的插入异常。但由于 sNo 是分解后的关系模式 SD(sNo,sDept,sAddr) 的唯一键码,此关系模式所有关系实例的每一条记录在"sNo"这个属性上不能有空值,因而在该关系模式的每一个关系实例中,因新成立暂未招生而无学生的系的系名和住址信息无法插入。可见分解后的关系模式仍然存在对系名和住址的插入异常。

(3) 删除异常。例 4.25 的关系模式分解消除了因删除学生选课信息所导致的对系名和住址的删除异常。但在分解后的关系模式 SD(sNo,sDept,sAddr) 的关系实例中,假如一个系的学生全部毕业离开,则删除学生信息时,系名和住址信息也随之被删除了。可见分解后的关系模式仍然存在对系名和住址的删除异常。

(4) 更新异常。例 4.25 的关系模式分解消除了由于学生选修多门课而带来的对系名和住址的更新异常。但在分解后的关系模式 SD(sNo,sDept,sAddr) 的关系实例中,假如某系调整学生住址,则不得不修改关系实例中多条记录的 sAddr 属性值,因而仍然存在对住址的更新异常。

产生这些数据冗余和操作异常的主要原因是非主属性 sAddr 对键码 sNo 的传递函数依赖 sNo→sDept→sAddr。将该关系模式 SD(sNo,sDept,sAddr)分解为如下两个子关系模式就可以消除上述传递函数依赖带来的数据冗余和操作异常：

$$S(sNo,sDept)$$
$$D(sDept,sAddr)$$

可以看出，这次分解后的关系模式 S(sNo,sDept)仍然有同系学生的系名多次重复的数据冗余，这是由正则函数依赖 sNo→sDept 引起的数据冗余。一般来说，这种数据冗余已经再无法消除了，除非我们将这个关系模式分解成两个单属性关系模式。但这种分解会丢失原有的正则函数依赖 sNo→sDept，使分解后的两个单属性关系模式之间失去数据联系，因而这种分解是不可取的。

消除了非主属性对键码的传递函数依赖的范式就是第三范式。

4.5.2　第三范式

4.5.2.1　第三范式的定义和性质

定义 4.30　若关系模式 $R(U) \in 1NF$ 没有非主属性对任何键码的传递函数依赖，则称 $R(U)$属于第三范式，记作 $R(U) \in 3NF$。

定理 4.45　属于第三范式的任何一个关系模式必然也属于第二范式。

证明：用反证法。如果 $R(U) \notin 2NF$，则存在一个非主属性 A 对某个键码 K 的部分函数依赖 $K' \to A, A \notin K$，其中 $K' \subset K$。于是就有非主属性 A 对键码 K 的传递函数依赖 $K \to K' \to A$。从而 $R(U) \notin 3NF$。这是矛盾的。　■

例 4.28　定理 4.45 的逆命题不成立，也就是说 2NF 不一定是 3NF。描述学生信息的关系模式 Students(sNo,sName,sBirthDate,sAge)有基本函数依赖集：

$$\Phi = \{sNo \to \{sName,sBirthDate\}, sBirthDate \to sAge\}$$

显然 sNo 是唯一键码，所以这个关系模式属于 2NF。但由于存在非主属性 sAge 对键码 sNo 的传递函数依赖 sNo→sBirthDate→sAge，所以这个关系模式不属于 3NF。

定理 4.46　没有非主属性的第一范式必然是第三范式。

证明：一个关系模式没有非主属性，也就没有非主属性对任何键码的传递函数依赖，因而属于第三范式。　■

4.5.2.2　第三范式的函数依赖特性

第三范式的判定定理：设 $R(U) \in 1NF$。$R(U) \in 3NF$ 的充要条件是 $R(U)$ 要么没有正则函数依赖，要么每一个正则（或非平凡）函数依赖的左部都是超键码或右部全是主属性。

证明：必要性：设 $R(U) \in 3NF$，并设 K 是 $R(U)$ 的一个键码。如果 $R(U)$ 有正则函数依赖 $X \to A$，其中 X 不是超键码，而 A 是一个非主属性，则 $X \to K$，且 $A \notin X$，因此 $K \to X \to A$ 是一个传递函数依赖，从而 $R(U) \notin 3NF$。这是矛盾的。

充分性：设 $R(U)$ 的每一个正则函数依赖的左部是超键码或右部全是主属性。如果 $R(U) \notin 3NF$，则存在某个非主属性 A 对某个键码 K 的传递函数依赖 $K \to X \to A$。于是 $X \to K$，且 $A \notin X$，因此 $R(U)$ 有正则函数依赖 $X \to A$，X 不是超键码而 A 是非主属性。这是矛盾的。

练习：已知关系模式 $R(A,B,C,D,E)$ 有基本函数依赖集：
$$\Phi = \{AB \rightarrow CDE, BC \rightarrow ADE, AC \rightarrow D, BD \rightarrow E, E \rightarrow D\}$$
试判别此关系模式是否属于 3NF。

在国内外一些教科书中，用 3NF 判定定理所给的条件作为第三范式的定义。

定义 4.31 设 $X \rightarrow A$ 是关系模式 $R(U) \in 1NF$ 的一个正则函数依赖。如果 X 不是超键码，而 A 是非主属性，则称 $X \rightarrow A$ 是关系模式 $R(U)$ 的一个 3NF 违例。

这样一来，3NF 的判定定理就可以叙述为：$R(U) \in 3NF$ 的充要条件是 $R(U)$ 没有 3NF 违例。

定理 4.47 3NF 消除了非主属性对任何属性集合的传递函数依赖。

证明：用反证法。设 $R(U) \in 1NF$ 有传递函数依赖 $X \rightarrow Y \rightarrow A$，其中 A 是非主属性。由传递函数依赖的定义知 $A \notin Y$，且 $Y \nrightarrow X$。显然 Y 不是超键码，$Y \rightarrow A$ 是一个 3NF 违例，从而 $R(U) \notin 3NF$。

定理 4.48 设 Φ 是关系模式 $R(U) \in 1NF$ 的一个基本函数依赖集，Φ^- 是 Φ 的一个极小函数依赖集，Φ_C 是 Φ 的与 Φ^- 对应的正则覆盖，则

(1) 对于每一个 $V \rightarrow A \in \Phi^-$，记 $U' = V \cup \{A\}$，则 $R'(U') \in 3NF$。

(2) 对于每一个 $V \rightarrow W \in \Phi_C$，记 $U' = V \cup W$，则 $R'(U') \in 3NF$。

证明：(1) 对于每一个 $V \rightarrow A \in \Phi^-$，令 $U' = V \cup \{A\}$，则显然 V 是 $R'(U')$ 的超键码。由于 $V \rightarrow A$ 的左部没有多余属性，所以 V 是 $R'(U')$ 的键码。如果 $R(U)$ 还有右单的正则函数依赖 $X \rightarrow B$ 满足 $X \cup \{B\} \subseteq V \cup \{A\}$，则由定理 4.21 知：要么 $B \in V$，即 B 是 $R'(U')$ 的主属性；要么 $X = V$ 且 $B = A$，这时 X 是 $R'(U')$ 的超键码。由 3NF 的判定定理知 $R'(U') \in 3NF$。

(2) 对于每一个 $V \rightarrow W \in \Phi_C$，令 $U' = V \cup W$，则显然 V 是 $R'(U')$ 的超键码。由于 $V \rightarrow W$ 的左部没有多余属性，所以 V 是 $R'(U')$ 的键码。如果 $R(U)$ 还有右单的正则函数依赖 $X \rightarrow A$ 满足 $X \cup \{A\} \subseteq V \cup W$，则由定理 4.21 知：要么 $A \in V$，这时 A 是 $R'(U')$ 的主属性；要么 $X \rightarrow V$，即 X 是 $R'(U')$ 的超键码。由 3NF 的判定定理知 $R'(U') \in 3NF$。

4.5.2.3 第三范式的缺点

例 4.29 若规定每个教师只开一门课程，而每门课程可以由多个教师任教，并且当一门课程有两个以上教师时，每个教师独立承担一个教学班，则关系模式 STC(sNo, tNo, cNo) 有基本函数依赖集 $\Phi = \{\{sNo, cNo\} \rightarrow tNo, tNo \rightarrow cNo\}$。显然这个关系模式有两个键码：{sNo, tNo} 和 {sNo, cNo}。由于没有非主属性，所以这个关系模式属于 3NF，但它仍然有如下不良特性：

(1) 数据冗余。在该关系模式的关系实例中，假如多个学生选修了同一教师所教的课程，则课程号重复出现多次。

(2) 插入异常。若以 {sNo, tNo} 为主键，则在该关系模式的关系实例中，暂无学生选修的或暂未安排教师的课程号不能正常插入；若以 {sNo, cNo} 为主键，则在该关系模式的关系实例中，所开课程暂无学生选修的教师号不能正常插入。

(3) 删除异常。若以 {sNo, cNo} 为主键，则在该关系模式的关系实例中，当某一课程停开时，不得不删除有关该课程的所有记录，教授该课程的所有教师号也随之被删除；若以

{sNo,tNo}为主键,则在该关系模式的关系实例中,假如教授同一课程的教师全部调离,则删除这些教师信息时,不得不删除他们的所有记录,所教课程信息也随之被删除了。

(4) 更新异常。在该关系模式的关系实例中,当一个教师改教其他课程时,不得不修改涉及该教师的多条记录。

产生这些数据冗余和操作异常的主要原因是主属性 cNo 对键码{sNo,tNo}的部分函数依赖 tNo→cNo 和对键码{sNo,cNo}的传递函数依赖{sNo,cNo}→tNo→cNo。将该关系模式分解为如下两个子关系模式就可以消除这些数据冗余和操作异常:

$$SC(sNo,cNo),TC(tNo,cNo)$$

在第三范式的基础上消除了主属性对键码的传递函数依赖的范式就是 BC 范式。

4.5.3 BC 范式

4.5.3.1 BC 范式的定义

定义 4.32 如果关系模式 $R(U) \in 1NF$ 没有任何属性对任何键码的传递函数依赖,则称 $R(U)$ 属于 BC 范式,记作 $R(U) \in BCNF$。

定理 4.49 BC 范式必然是第三范式。没有非平凡函数依赖的第一范式必然是 BC 范式。

证明:第一个结论是显然的。在传递函数依赖 $X \rightarrow Y \rightarrow Z$ 中,$Y \rightarrow Z$ 是非平凡函数依赖。一个关系模式没有非平凡函数依赖,也就没有任何属性对任何键码的传递函数依赖,因而是 BC 范式。 ■

4.5.3.2 BC 范式的函数依赖特性

BC 范式的判定定理:设 $R(U) \in 1NF$。$R(U) \in BCNF$ 的充要条件是 $R(U)$ 或者没有正则函数依赖,或者每一个正则(或非平凡)函数依赖的左部都是超键码。

证明:必要性:设 $R(U) \in BCNF$,并设 K 是 $R(U)$ 的一个键码。如果 $R(U)$ 有正则函数依赖 $X \rightarrow A$,其左部 X 不是超键码,则 $X \not\rightarrow K, A \notin X$。于是 $K \rightarrow X \rightarrow A$ 是一个传递函数依赖,从而 $R(U) \notin BCNF$。这是矛盾的。

充分性:如果 $R(U) \notin BCNF$,则存在某个属性 A 对某个键码 K 的传递函数依赖 $K \rightarrow X \rightarrow A$。由传递函数依赖的定义可知 $X \rightarrow A$ 是正则函数依赖,且 $X \not\rightarrow K$,因此 X 不是超键码。于是 $R(U)$ 有正则函数依赖 $X \rightarrow A$,其左部 X 不是超键码。 ■

推论 4.5 只有一个或两个属性的第一范式必然属于 BCNF。

证明:只有一个属性的第一范式显然属于 BCNF。设 $R(A,B) \in 1NF$。如果此关系模式没有正则函数依赖,则由 BC 范式的判定定理知 $R(A,B) \in BCNF$。如果 $A \rightarrow B$,或 $B \rightarrow A$,或 $A \leftrightarrow B$,则每一个正则函数依赖的左部都是超键码,由 BC 范式的判定定理知 $R(A,B) \in BCNF$。 ■

在国内外一些教科书中,用 BC 范式判定定理所给的条件作为 BC 范式的定义。

例 4.30 设 $U=ABCDE$,关系模式 $R(U)$ 有基本传递函数依赖集:

$$\Phi = \{ABC \rightarrow DE, ABD \rightarrow CE, DE \rightarrow C\}$$

则 ABC 和 ABD 都是此关系模式的键码,每一个正则函数依赖的左部是超键码或右部全是主属性。因此,$R(U) \in 3NF$。但是,此关系模式有主属性 C 对键码 ABC 的传递函数依赖

$ABC{\rightarrow}DE{\rightarrow}C$,因此 $R(U)\notin$BCNF。

定义 4.33 如果关系模式 $R(U)\in$1NF 有一个正则函数依赖 $X{\rightarrow}Y$ 的左部不是超键码,则称此函数依赖是此关系模式的一个 BCNF 违例。

这样一来,BCNF 的判定定理就可以叙述为:$R(U)\in$BCNF 的充要条件是 $R(U)$ 没有 BCNF 违例。

定理 4.50 BCNF 没有任何传递函数依赖。

证明:用反证法。如果 $R(U)\in$1NF 有传递函数依赖 $X{\rightarrow}Y{\rightarrow}Z$,则由传递函数依赖的定义知 $Y{\rightarrow}Z$ 是非平凡函数依赖,且 $Y\nrightarrow X$,因此 Y 不是超键码。于是 $R(U)$ 有正则函数依赖 $Y{\rightarrow}Z-Y$,其左部 Y 不是超键码。由 BC 范式的判定定理可知 $R(U)\notin$BCNF。 ■

当然,BCNF 也消除了对键码的所有正则的部分函数依赖。因此,BCNF 消除了所有的不良函数依赖。由此可见,在函数依赖的范围内,BCNF 达到了关系模式规范化的最高程度。

例 4.31 图书信息关系模式 Book(bNo,bName,bPage,bType,bPrice,bPress,aNo)的唯一键码是{bNo,aNo},其中 aNo 表示第一作者编号。该关系模式有函数依赖:
$$bNo{\rightarrow}\{bName,bPage,bType,bPrice,bPress\}$$
所以此关系模式不属于 BCNF。如下分解后的关系模式都是 BCNF:
$$BP(bNo,bName,bPage,bType,bPrice,bPress)$$
$$BA(bNo,aNo)$$

4.5.3.3 BC 范式的缺点

例 4.32 例 4.16 的关系模式 CTB(cNo,tNo,bNo)没有非平凡函数依赖,因而属于 BCNF。但该例中的关系实例说明此关系模式仍然有突出的数据冗余问题,出现这些数据冗余问题的主要原因是非平凡多值依赖 $cNo{\rightarrow}{\rightarrow}tNo$。

由 2NF、3NF 和 BCNF 的定义和 3NF、BCNF 的判定定理可知,求出一个关系模式的所有键码和所有非主属性是一个至关重要的问题。而这个问题往往又是很困难的,因此也就成为学习关系模式规范化理论的瓶颈问题之一。

4.5.4 关于传递函数依赖定义的讨论

这一小节专门讨论一下传递函数依赖的概念。在传递函数依赖 $X{\rightarrow}Y{\rightarrow}Z$ 的定义中,为什么要在规定 $X{\rightarrow}Y$ 和 $Y{\rightarrow}Z$ 的同时又规定 $Y\nrightarrow X$ 和 $Z\nsubseteq Y$?能不能修改这个定义?我们分 5 个问题来讨论。

1. 能否允许 $Z\subseteq Y$

例 4.33 如果在传递函数依赖定义中允许 $Z\subseteq Y$,那么任何一个非平凡函数依赖 $X{\rightarrow}Y$ 都将导致传递函数依赖 $X{\rightarrow}Y{\rightarrow}Y$。这是无法消除的。

结论:在传递函数依赖定义中必须规定 $Z\nsubseteq Y$。

2. 能否允许 $Y{\rightarrow}X$

例 4.34 在传递函数依赖定义中,如果允许 $Y{\rightarrow}X$,则任何非平凡函数依赖 $X{\rightarrow}Y$ 都将

导致传递函数依赖 $X \rightarrow X \rightarrow Y$。这是无法消除的。另外如果 K' 和 K 都是超键码，$Z \subseteq K$，则 $K' \rightarrow K \rightarrow Z$ 总成立。这也是无法消除的。

结论：在传递函数依赖定义中必须规定 $Y \nrightarrow X$。

3. 能否规定 $Y \subseteq X$

例 4.35　在传递函数依赖定义中，如果规定 $Y \subseteq X$，则由关系模式 $R(A,B,C,D)$ 的基本函数依赖集 $\Phi = \{AB \rightarrow C, B \rightarrow D\}$ 可知，$AB \rightarrow B$ 与 $B \rightarrow D$ 不构成传递函数依赖，从而此关系模式属于 3NF。但是此关系模式有非主属性 D 对键码 AB 的部分函数依赖 $B \rightarrow D$，因而不属于 2NF。一个关系模式属于 3NF 而不属于 2NF，这不合理。

结论：为了使第三范式消除非主属性对键码的部分函数依赖，在传递函数依赖定义中不能规定 $X \rightarrow Y$ 为非平凡函数依赖。

4. 能否要求 $Z \subseteq X$

在传递函数依赖定义中，是否要求 $Z \subseteq X$ 对第三范式没有影响，因为第三范式消除的是非主属性对键码的传递函数依赖和部分函数依赖。同样，如果一个关系模式 $R(U)$ 有一个键码 K 和 $A \in K$，并且有非平凡函数依赖 $X \rightarrow A$ 使 $X \nrightarrow K$，则 X 不是超键码，而 $X \cup (K - \{A\})$ 是超键码。因此 $R(U)$ 有一个不含有 A 的键码 K'，满足 $K' \subseteq X \cup (K - \{A\})$，$K' \cap X \neq \varnothing$。于是有传递函数依赖 $K' \rightarrow X \rightarrow A$，$A \notin K'$。由此可见，是否要求 $Z \subseteq X$ 对 BC 范式也没有影响。这说明条件 $Z \subseteq X$ 对于传递函数依赖定义是多余的。

结论：在传递函数依赖定义中不必规定 $X \rightarrow Z$ 为非平凡函数依赖。

5. 能否要求 $Z \nrightarrow Y$

例 4.36　在传递函数依赖定义中，如果规定 $Z \nrightarrow Y$，则由关系模式 $R(A,B,C)$ 的基本函数依赖集 $\Phi = \{A \rightarrow B, B \leftrightarrow C\}$ 可知，$A \rightarrow B$ 与 $B \rightarrow C$ 不构成传递函数依赖，因而此关系模式就成为 3NF。但 $B \rightarrow C$ 的左部 B 不是超键码，右部 C 又是非主属性。这导致 3NF 的判定定理失效。同样，规定 $Z \nrightarrow Y$ 也会导致 BCNF 的判定定理失效。也就是导致 3NF 和 BCNF 的两种定义不等价。

结论：在传递函数依赖定义中不能规定 $Z \nrightarrow Y$。

最后应当说明的是，在传递函数依赖定义中规定 $Y \rightarrow Z$ 为正则函数依赖是可以的，因为每一个正则函数依赖都是非平凡的，而每一个非平凡函数依赖都可以用它所蕴涵的一个正则函数依赖替代。在实际问题中用到的也都是正则函数依赖。

4.6　第三范式和 BC 范式的有关算法

4.6.1　第三范式的有关算法

4.6.1.1　3NF 的判定算法

定理 4.51　设 Φ 是关系模式 $R(U)$ 的一个右单的基本函数依赖集，Δ 和 Π 分别是

$R(U)$ 的所有键码的集合和所有非主属性的集合。下面的算法结束时,可以确定 $R(U)$ 是否属于第三范式:

(1) 令 $\Omega := \Pi$;

(2) 判断。若 $\Omega = \varnothing$,则 $R(U) \in 3\text{NF}$,算法结束;

(3) 任取 $A \in \Omega$,令 $\Gamma := \Phi$;

(4) 判断。若 $\Gamma = \varnothing$,则转向(2);

(5) 考察 A 是否出现在 Γ 中某个函数依赖 $X \to A$ 的右部。若不是,则命 $\Omega := \Omega - \{A\}$,转向(2);

(6) 考察 $X \to A$ 的左部 X 是否包含 Δ 中的某个键码。若不是,则 $R(U) \notin 3\text{NF}$,算法结束;

(7) 令 $\Gamma := \Gamma - \{X \to A\}$,转向(4)。

证明:算法第(4)步到第(6)步判断当前的非主属性 A 是否出现在了 Γ 中某个函数依赖 $X \to A$ 的右部。若不是,则抛弃 A,考虑另一个非主属性。若是,则对右部为 A 的每一个函数依赖 $X \to A$,考察其左部 X 是否超键码,若不是则找到了一个 3NF 违例,算法从第(6)步结束,根据第三范式的判定定理,$R(U) \notin 3\text{NF}$。

当算法从第(4)步转向第(2)步时,右部为 A 的每一个函数依赖的左部均是超键码。

当算法从第(2)步结束时,或者 $R(U)$ 本来就没有非主属性,根据定理 4.46,$R(U) \in 3\text{NF}$;或者右部为非主属性的每一个函数依赖的左部都是超键码,根据第三范式的判定定理,$R(U) \in 3\text{NF}$。

所以,该算法是正确的。

4.6.1.2 关系模式分解成 3NF 的算法

定理 4.52 设 Φ 是关系模式 $R(U)$ 的一个基本函数依赖集,Φ^- 是 Φ 的一个极小函数依赖集,Φ_C 是 Φ 的与 Φ^- 对应的正则覆盖,在 Φ_C 的函数依赖中出现过的所有属性的集合为 U_Φ。下面的算法将关系模式 $R(U)$ 保持函数依赖地分解为 3NF 子关系模式的集合 ρ:

(1) 若 $U_0 = U - U_\Phi \neq \varnothing$,则令 $\rho = \{U_0\}$;否则令 $\rho := \varnothing$。

(2) 对于每一个函数依赖 $V \to W \in \Phi_C$,若 $V \cup W \notin \rho$,则命 $\rho := \rho \cup \{V \cup W\}$。

(3) 化简 ρ。如果 ρ 中有互相包含的属性子集,则从 ρ 中删除较小者,保留较大者。

(4) 输出分解结果 ρ,算法结束。

证明:算法第(2)步结束后,若有 $U \in \rho$,则由定理 4.48 可知 $R(U) \in 3\text{NF}$,这时算法结束后的输出结果是 $\rho = \{R(U)\}$,即 $R(U)$ 无须分解,算法正确。设 $U \notin \rho$,算法结束后,ρ 中的属性子集互不包含,且 $\bigcup_{X \in \rho} X = U$,因此 ρ 是关系模式 $R(U)$ 的一个分解。若 $U_0 \neq \varnothing$,则 U_0 中的属性没有出现在 $R(U)$ 的任何一个正则函数依赖的左部或右部,因而子关系模式 $R_0(U_0)$ 没有非平凡函数依赖,由第三范式的判定定理可知 $R_0(U_0) \in 3\text{NF}$。对于每一个 $X \in \rho$,若 $X \neq U_0$,则由定理 4.48 可知子关系模式 $R'(X) \in 3\text{NF}$。对于 Φ_C 中任意两个不同的函数依赖 $X \to Y$ 和 $V \to W$,若 $X \cup Y \subseteq V \cup W$,则从 ρ 中删除 $X \cup Y$ 后,$X \to Y$ 仍然是子关系模式 $R'(V \cup W)$ 的函数依赖。这说明 Φ_C 中每一个函数依赖都是某个子关系模式的函数依赖,因此 ρ 是保持函数依赖的分解。所以此算法是正确的。

例 4.37 已知关系模式 $R(A, B, C, D, E, F)$ 的一个基本函数依赖集:

$$\Phi = \{AE \to F, A \to B, BC \to D, CD \to A, CE \to D\}$$

试将此关系模式保持函数依赖地分解为 3NF 子关系模式集。

解：记 $U=ABCDEF$。所有 6 个正则函数依赖的右部都不含属性 C 和 E，并且经计算求得 $(CE)_{\Phi}^{+}=U$，所以由定理 4.16 可知 CE 是此关系模式的唯一键码。显然 $A \to B$ 是一个 3NF 违例，所以 $R(U) \notin 3NF$。

经验证 Φ 是自己的一个正则覆盖，$U_{\Phi}=U$，$U_0 = U - U_{\Phi} = \varnothing$。令 $U_1=AEF$，$U_2=AB$，$U_3=BCD$，$U_4=ACD$，$U_5=CDE$，得到 $R(U)$ 的一个 3NF 分解为：

$$\rho = \{R_1(U_1), R_2(U_2), R_3(U_3), R_4(U_4), R_5(U_5)\}$$

定理 4.53　设 Φ 是关系模式 $R(U)$ 的一个基本函数依赖集，K 是 $R(U)$ 的一个键码，Φ^- 是 Φ 的一个极小函数依赖集，Φ_C 是 Φ 的与 Φ^- 对应的正则覆盖。下面的 3NF 综合算法将关系模式 $R(U)$ 分解为 3NF 了关系模式的集合 ρ，且这个分解是保持函数依赖的无损连接分解：

（1）如果 Φ_C 中每一个函数依赖的左部都不是 $R(U)$ 的键码，则令 $\rho := \{K\}$；否则令 $\rho := \varnothing$。

（2）对于每一个函数依赖 $V \to W \in \Phi_C$，若 $V \cup W \notin \rho$，则命 $\rho := \rho \cup \{V \cup W\}$。

（3）化简 ρ。如果 ρ 中有互相包含的属性子集，则从 ρ 中删除较小者，保留较大者。

（4）输出分解结果 ρ 并停止。

证明：以键码 K 为属性集的子关系模式一定属于 3NF。在定理 4.52 中，若 $U_0=\varnothing$，则本定理的输出结果与定理 4.52 的输出结果相同；若 $U_0 \neq \varnothing$，则将定理 4.52 中的 U_0 换成 K（注意 U_0 由一些核心属性构成，因而 $U_0 \subseteq K$），就是本定理的输出结果。因此本定理的算法结束后，ρ 是保持函数依赖的 3NF 分解。又根据定理 4.41，ρ 还是一个无损连接分解。所以此算法是正确的。∎

定理 4.52 和定理 4.53 的算法中要求 Φ 的一个正则覆盖 Φ_C，是为了分解后的子关系模式尽可能少一些，从而得到的数据库模型性能更好一些。采用极小函数依赖集也可以得到保持函数依赖的 3NF 分解和保持函数依赖的 3NF 无损连接分解，但分解后的子关系模式可能多一些，因而得到的数据库逻辑模型性能也较差。

4.6.2　关系模式分解成 BCNF 的算法

定理 4.54　设关系模式 $R(V)$ 有正则基本函数依赖集 Ψ。以下算法把 $R(V)$ 分解成一组 BCNF 子关系模式的集合 ρ，且这个分解是无损连接分解（设算法开始时，ρ 的初值为 $\varnothing$，U 的初值为 V，Φ 的初值为 Ψ。）：

（1）若 $R(U) \in BCNF$，则算法结束。

（2）求 Φ 的一个极小函数依赖集 Φ^- 和相应的正则覆盖 Φ_C，并令 $\rho := \rho \cup \{R(U)\}$。

（3）在 Φ_C 中找一个 BCNF 违例 $X \to Y$。

（4）将 $R(U)$ 分解为子关系模式 $R_1(U_1)$ 和 $R_2(U_2)$，并以 $R_1(U_1)$ 和 $R_2(U_2)$ 两个子关系模式代替 ρ 中的被分解关系模式 $R(U)$。这里 $U_1 = X \cup Y$，$U_2 = U - Y$。

（5）根据 Φ_C 求出 $R_2(U_2)$ 的基本函数依赖集，并用本算法分解 $R_2(U_2)$。

证明：由于 $X \to Y$ 是 BCNF 违例，因此 $X \cup Y \neq U$，且 $X \cap Y = \varnothing$。显然 $R_1(U_1) \in BCNF$。易见 U_1 与 U_2 互不包含，且 $U_1 \cup U_2 = U$，$U_1 \cap U_2 = X \to Y$，所以由定理 4.37 可知 $\{R_1(U_1), R_2(U_2)\}$ 是 $R(U)$ 的一个无损连接分解。另外，此算法是一个递归算法，每一次分

解都是根据定理 4.37 得到的无损连接分解。当 ρ 中所有的子关系模式都属于 BCNF 时,算法结束。由定理 4.35 知,算法结束后,ρ 是 $R(U)$ 的一个无损连接分解。　■

应当注意的是,此算法不是保持函数依赖的分解算法。另外,算法中采用极小函数依赖集也可以得到一个无损连接分解,但得到的数据库逻辑模型性能较差一些。

例 4.38　已知图书信息关系模式:

$$Book(bNo,bName,bPrice,pName,pDirector,dAddr)$$

有如下的基本函数依赖集,bNo 是唯一的键码:

$$\varPhi=\{bNo\rightarrow\{bName,bPrice,pName\},pName\rightarrow pDirector,pDirector\rightarrow dAddr\}$$

其中 pName 是出版社名,pDirector 是出版社社长,dAddr 是社长的通信地址。显然 pName→pDirector 和 pDirector→dAddr 都是 BCNF 违例。现从 pDirector→dAddr 入手进行分解。应用分解算法一次得:

$$Book_1(pDirector,dAddr)$$
$$Book_2(bNo,bName,bPrice,pName,pDirector)$$

第二个关系模式有 BCNF 违例 pName→pDirector。再对第二个关系模式应用分解算法一次,最后得到原来关系模式的一个 BCNF 分解:

$$Book_1(pDirector,dAddr)$$
$$Book_{21}(pName,pDirector)$$
$$Book_{22}(bNo,bName,bPrice,pName)$$

4.7　基于消除不良多值依赖的范式——第四范式(4NF)

4.7.1　第四范式的概念

定义 4.34　设 $R(U)\in 1NF$。若 $R(U)$ 的每一个非平凡多值依赖的左部都是超键码,则称 $R(U)$ 属于第四范式,记作 $R(U)\in 4NF$。

定理 4.55　若 $R(U)\in 4NF$,则 $R(U)\in BCNF$。即第四范式必然也是 BC 范式。

证明：设 $R(U)\in 4NF$,且 $R(U)$ 有正则函数依赖 $X\rightarrow Y$,则 $X\cap Y=\varnothing$。若 $X\cup Y=U$,则 X 是超键码。若 $X\cup Y\neq U$,则由多值依赖的替代公理可知 $X\rightarrow\rightarrow Y$ 是非平凡多值依赖,因而由定理的假设知道 X 是超键码。所以 $R(U)$ 的每一个正则函数依赖的左部都是超键码,由 BC 范式的判定定理可知 $R(U)$ 是 BC 范式。　■

在多值依赖的范围内,4NF 达到了关系模式规范化的最高程度。

4.7.2　关系模式分解成 4NF 的算法

定义 4.35　如果关系模式 $R(U)\in 1NF$ 有一个非平凡正则多值依赖 $X\rightarrow\rightarrow Y$ 的左部不是超键码,则称此多值依赖是此关系模式的一个 4NF 违例。

定理 4.56　设 $R(V)\in 1NF$。以下算法把 $R(V)$ 分解成一组 4NF 子关系模式的集合 ρ,且这个分解是无损连接分解(设算法开始时,ρ 的初值为 $\{R(V)\}$,U 的初值为 V。):

(1) 若 $R(U)\in 4NF$,则算法结束。

（2）找出被分解关系模式 $R(U)$ 的一个 4NF 违例 $X \rightarrow\rightarrow Y$。

（3）将 $R(U)$ 分解为子关系模式 $R_1(U_1)$ 和 $R_2(U_2)$，并以 $R_1(U_1)$ 和 $R_2(U_2)$ 两个子关系模式代替 ρ 中的被分解关系模式 $R(U)$。这里 $U_1 = X \cup Y$，$U_2 = U - Y$。

（4）用本算法分解 $R_1(U_1)$ 和 $R_2(U_2)$。

证明： 由于 $X \rightarrow\rightarrow Y$ 是一个 4NF 违例，因此 $X \cap Y = \varnothing$，$X \cup Y \neq U$。显然 $U_2 = (U - U_1) \cup X$，可见 U_1 与 U_2 互不包含，且 $U_1 \cup U_2 = U$，$U_1 \cap U_2 = X \rightarrow\rightarrow Y$。所以由定理 4.38 可知 $\{R_1(U_1), R_2(U_2)\}$ 是 $R(U)$ 的一个无损连接分解。另外，此算法是一个递归算法，每一次分解都是根据定理 4.38 得到的无损连接分解。当 ρ 中所有的子关系模式都属于 4NF 时，算法结束。因此由定理 4.35 知，算法结束后，ρ 是 $R(U)$ 的一个无损连接分解。 ■

例 4.39 例 4.16 的关系模式 CTB(cNo,tNo,bNo) 没有非平凡函数依赖，但有 4NF 违例 cNo→→tNo 和 cNo→→bNo。选取一个 4NF 违例 cNo→→tNo，用定理 4.56 的算法得到此关系模式的一个无损连接分解 $\rho = \{CT(cNo,tNo), CB(cNo,bNo)\}$。

4.8 基于消除不良连接依赖的范式——第五范式（5NF）

本节简要介绍比第四范式更高的范式——投影-连接范式，又称为第五范式。

定义 4.36 如果关系模式 $R(U) \in 1NF$ 有一个无损连接分解 $\rho = \{R_i(U_i) \mid 1 \leqslant i \leqslant m\}$，则称关系模式 $R(U)$ 对子关系模式集 $\rho = \{R_i(U_i) \mid 1 \leqslant i \leqslant m\}$ 有连接依赖，记作 $U = *(U_1, U_2, \cdots, U_m)$。当 $m = 1$ 时，称此连接依赖为平凡连接依赖，否则称为非平凡连接依赖。

连接依赖也是由属性集 U 的语义决定的，它是事物的属性值之间的一种依赖关系的抽象。

定义 4.37 如果关系模式 $R(U) \in 1NF$ 的所有非平凡连接依赖均可由 $R(U)$ 的键码推导出，则称 $R(U)$ 属于投影-连接范式或第五范式，记作 $R(U) \in 5NF$，或 $R(U) \in PJNF$。

可以证明：属于第五范式的关系模式一定也属于第四范式。

由于连接依赖目前还不像函数依赖和多值依赖那样具有完备、有效的公理体系和推理规则集合，连接依赖的语义也不像函数依赖和多值依赖那么直观易懂，因此要判定一个关系模式是否属于第五范式也很困难，5NF 的应用也受到很大限制。

还有一类比第五范式更高的范式，称为域-键范式，或称 6NF，本书不做介绍。

4.9 各范式间的关系

到这一节为止，关系模式规范化理论的研究和学习可以告一段落了。前面各节研究和介绍的范式由低到高的关系为 1NF⊃2NF⊃3NF⊃BCNF⊃4NF⊃5NF⊃6NF，如图 4.7 所示。

图 4.7 各范式之间的关系

4.10 数据库的逻辑结构设计

数据库概念结构设计的结果是与具体的 DBMS 无关的概念模型,通常情况下是 E-R 模型,即 E-R 图。而数据库的逻辑结构设计是根据概念结构设计的结果建立数据库的逻辑结构,即数据库模型。

4.10.1 逻辑结构设计中的数据描述

以关系数据模型为例,数据库逻辑结构设计中的数据描述方法如下:将实体集和联系集用关系模式(抽象的二维表)来描述;将实体集和联系集在某一时刻的状态用关系模式的关系实例来描述;将具体的实体和具体的联系用二维表中的记录(表中的一行)即元组来描述;将实体集和联系集的属性作为对应关系模式的属性,将具体实体和具体联系的具体属性用二维表的字段(列)值来描述;将实体集和联系集的主键码、键码、超键码、外键码分别作为对应关系模式的主键码、键码、超键码、外键码。

4.10.2 逻辑结构设计的任务

逻辑结构设计的任务是将业已设计好的概念模型(通常是 E-R 图)转化成与具体的DBMS 所支持的逻辑数据模型相应的数据模型和外模型,对得到的逻辑数据模型进行必要的优化,并设计出全部子模式(外模式)。逻辑结构设计的主要结果是数据库逻辑模型,即数据库模型。

逻辑数据模型通常采用关系模型,相应的数据库模型为关系数据库模型。关系数据库模型中的主要数据依赖可以从需求分析阶段得到的数据字典中得到。

外模式是面向最终用户的局部逻辑结构,它体现了最终用户对数据库的不同理解,也有一定程度的安全控制作用。

4.10.3 E-R 图向关系数据库模型的转换

如果概念模型采用 E-R 图,逻辑模型采用关系模型,则在逻辑结构设计中,须要将 E-R图转换为关系数据库模型,这种转换遵循一定的规则。

规则一:每一个(强)实体集必须转换为一个关系模式,实体集的全部属性就是该关系模式的全部属性,实体集的主键码、键码、超键码、外键码就是该关系模式的主键码、键码、超键码、外键码,实体集各属性之间的约束就转化为该关系模式的数据依赖。转换后的关系模式名一般采用它所对应的实体集名。

规则二:对于两个以上(强)实体集之间的联系集,如果它所联系的所有实体集之中至少有两个实体集之间是多对多联系,则该联系集必须单独转换为一个关系模式。转换方法是:将该联系集的所有描述属性和参与该联系集的所有实体集的主键码之并作为属性集构成一个关系模式;该关系模式的主键码就是参与该联系的所有"多"方实体集的主键码之并;参与该联系集的所有实体集的主键码成为该关系模式的外键码;而参与该联系集的各实体集之间的每一个多对一联系转化为该关系模式的一个函数依赖,函数依赖的左部和右部分别为多对一联系的"多"方主键码和"一"方主键码；参与该联系集的各实体集之间的每一个一对一联系转化为该关系模式的一个双向函数依赖，函数依赖的左部和右部为一对一联系的两个实体集的主键码。转换后的关系模式名一般采用它所对应的联系集名。

规则三：对于两个以上(强)实体集之间的联系集，如果它所联系的所有实体集之中只有一个实体集和其他实体集之间是多对一联系，而其他所有实体集之间都是一对一联系，则该联系集一般不单独转换为关系模式，而是将该联系集与那一个实体集一起转换为一个关系模式。转换方法是：将该联系集的所有描述属性以及它所联系的其他所有实体集的主键码全部添加到那一个实体集所转化的关系模式中，按照属性含义合理排列，形成一个新关系模式；原来那一个实体集的主键码、键码就是新关系模式的主键码、键码，而其他实体集的主键码都转化为新关系模式的外键码；将原来那一个实体集和其他实体集之间的多对一联系转化为一个函数依赖，函数依赖的左部为那一个实体集的主键码，右部为其他实体集的主键码之并；参与该联系集的各实体集之间的每一个一对一联系转化为新关系模式外键码之间的一个双向函数依赖，函数依赖的左部和右部为一对一联系的两个实体集的主键码。一般可采用那一个实体集的名称作为转换后的新关系模式名。

规则四：对于两个以上(强)实体集之间的联系集，如果它所联系的任何两个实体集之间都只有一对一联系，则该联系集一般不单独转换为关系模式，而是将该联系集与它所联系的任一实体集一起转换为一个关系模式。转换的方法是：首先选定它所联系的任意一个实体集，然后将该联系集的所有描述属性和它所联系的其他所有实体集的主键码添加到选定的那一个实体集所转化的关系模式中，按照属性含义合理排列，形成一个新关系模式。选定的那一个实体集的主键码就是新关系模式的主键码；而其他实体集的主键码都转化为新关系模式的外键码，同时又是键码。一般可采用选定的那一个实体集的名称作为转换后的新关系模式名。

规则五：弱实体集可以直接转换为关系模式，转换后的关系模式应该拥有该弱实体集的所有特有属性和所有父实体集的主键码，并将这些父实体集的主键码作为弱实体集转换后的关系模式的外键码。但是弱实体集参与的弱联系集不能转换为关系模式。

规则六：在使用了特化技术的 E-R 图中，三角形不能转化成关系模式。

规则七：如果一个实体集是特化而来的，而它的父实体集不是特化来的，则该实体集转化成关系模式后，只拥有该实体集的所有特有属性和父实体集的主键码。

规则八：如果一个实体集是特化而来的，且它的父实体集也是特化而来的，则该实体集转化成关系模式后，不仅拥有该实体集的所有特有属性，而且拥有父实体集的所有属性。

4.10.4 关系数据库模型的优化

从 E-R 图转换得到初始关系数据库模型后，还要对该模型进行适当的修改、调整，使其既满足信息处理的性能要求(实现数据库应用系统功能)，又尽可能简单(关系模式尽可能少)、高效(处理速度尽可能快)，这就是关系数据库模型的优化。关系数据库模型的优化可分为以下几个步骤。

(1) 根据数据字典确定关系数据库模型中关系模式内部和各关系模式之间的数据依赖，如函数依赖、多值依赖、外键码、键码等，并对这些数据依赖进行极小化处理，消除冗余的数据联系。

（2）确定是否删除某些多余的关系模式。在从 E-R 图转换来的关系模型中，可能出现一个关系模式的所有属性完全被另外一个关系模式拥有的情况，前者为父类关系模式，后者为子类关系模式。如果父类的每一个体均在至少一个子类中，则一般说来，父类关系模式就是多余的，应当将其从关系数据库模型中删除。如果须要保留父类关系模式，则父类关系模式的主键码应当作为子类关系模式的外键码并成为其主键码的一部分，同时子类关系模式还应当有比父类关系模式更多的用以确定子类中对象的其他数据完整性约束条件。

（3）确定关系数据库模型中各关系模式应当达到的范式级别。

（4）确定是否将某些关系模式合并为一个新的关系模式。如果关系数据库模型中某些关系模式之间有一定的数据联系，将它们合并成一个关系模式后能够达到规定的范式，并且合并后不破坏原有的数据完整性约束，则应当将它们合并，以提高数据库运行效率。

（5）规范化处理。如果关系数据库模型中某些关系模式没有达到规定的范式，则应当运用关系模式规范化理论将其分解成属于规定范式的两个以上子关系模式，以消除不良数据依赖，避免数据异常。

4.10.5　关系数据库模型的外模式设计

外模式是 DBS 中用户与数据库的接口，是用户需要的那一部分数据的逻辑描述，是逻辑模式的逻辑子集，它由若干个外部记录类型组成。外模式是数据库用户能够看见和使用的局部数据的逻辑结构和特征的描述，是数据库用户的数据视图，是与某一应用有关的数据的逻辑表示。

外模式是维护数据库安全性的一个有力措施，同时还方便了用户和程序员的工作。有了外模式后，用户和程序员不必关心逻辑模式，而只须按照外模式的结构去存储和操纵数据。

关系数据库模型的每一个关系模式在 DBS 实现阶段将被定义为关系数据库中的基本表。这些关系模式及其属性一般采用英文单词或汉语拼音来命名，以便在检索数据和设计数据库应用程序时作为变量名使用，并反映其数据来源。而外模式在 DBS 逻辑设计阶段表现为附属于关系数据库模型的一组关系模式，它们本身不是关系数据库模型中的关系模式。这些附属关系模式所含有的属性根据具体用户的需要可能属于关系数据库模型中的一个或两个以上关系模式，无须进行关系模式规范化处理，而且这些附属关系模式在 DBS 实现阶段一般将被定义为数据库用户的数据视图，视图中的数据是具体用户须要看到的那一部分数据，它们全部来自基本表。因此设计关系数据库模型的外模式时应当注意以下几点。

（1）外模式中的属性名应当用自然语言表示，作为关系数据库模型中有关关系模式的相应属性的别名或某一表达式的别名。例如，在关系数据库模型中用 sNo 和 sName 表示学号和学生姓名，它们的前缀 s 表示它们是学生信息关系模式 Students（sNo，sName，sSex，sAddr，sTel）的属性，前缀以外的部分表示属性的含义；而在外模式中应当直接用"学号"和"姓名"。外模式名也应当使用自然语言表示。

（2）针对不同的用户定义不同的外模式，使用户在实现后的 DBS 中只能看到他应该看到的那一部分数据，以满足 DBS 对安全性的相应要求。

（3）简化用户对系统的使用。如果某些局部应用中经常要使用某些很复杂的查询，为了方便用户，可以将这些复杂查询定义为视图，使用户在须要检索数据时直接查询相应的视图。

4.11　小结

1. 1NF 是关系数据库的最低要求。不满足 1NF 的要求，就不是关系数据库。一个属性是否是原子的，要根据属性的含义和具体应用的要求来确定，一般不能从数学上进行证明。

2. 超键码、键码、主属性、非主属性、部分函数依赖、传递函数依赖和各个范式的定义是关系模式规范化理论的核心概念。

3. 求关系模式的所有键码和极小函数依赖集（正则覆盖）是学习关系模式规范化理论的两大瓶颈，要熟练掌握与它们有关的理论和算法。

4. 数据冗余、插入异常、删除异常、更新异常是数据异常的主要特征。2NF 仅仅消除了非主属性对键码的部分函数依赖所带来的数据异常。3NF 在 2NF 的基础上进一步消除了非主属性对键码的传递函数依赖所带来的数据异常。BCNF 则消除了所有的传递函数依赖和所有属性对键码的非平凡部分函数依赖，因而消除了所有的不良函数依赖。

5. 3NF 和 BCNF 的判定定理和分解算法是关系模式规范化的得力助手。$R(U) \in 1NF$ 属于 3NF 的充要条件是，$R(U)$ 的每一个正则函数依赖的左部都是超键码或右部全是主属性。$R(U) \in 1NF$ 属于 BCNF 的充要条件是 $R(U)$ 的每一个正则函数依赖的左部都是超键码。

6. 分解具有无损连接性和分解保持函数依赖是两个互相独立的标准。具有无损连接性的分解不一定保持函数依赖，保持函数依赖的分解不一定具有无损连接性。一个关系模式的分解可能有三种情况。若要求分解具有无损连接性，那么分解后的模式最高能达到 4NF。若要求分解保持函数依赖，则无论是否要求具有无损连接性，分解后的模式都可以达到 3NF，但不一定能达到 BCNF。

7. 关系模式的规范化程度越高，它所产生的不良数据依赖就越少，数据异常也就越少。但数据库模型中的关系模式越多，数据检索的效率就越低。在一般的 DBS 中，关系模式规范化到 3NF 或 BCNF 就行了。少数规范化程度要求较高的 DBS，只要达到 BCNF 或 4NF 即可。对于分布式 DBS，最好能达到 4NF。

4.12　习题

1. 简述函数依赖和多值依赖的定义。
2. 简述部分函数依赖和传递函数依赖的定义。
3. 简述函数依赖集的正则闭包和属性集的闭包的定义。
4. 简述核心属性和边缘属性的定义。
5. 简述超键码、键码和外键码的定义。
6. 简述主属性和非主属性的定义。
7. 简述极小函数依赖集和正则覆盖的定义。
8. 简述关系模式分解的定义。
9. 简述保持函数依赖的关系模式分解的定义。
10. 简述具有无损连接性的关系模式分解的定义。

11. 简述 1NF、2NF、3NF、BCNF、4NF 的定义和 3NF、BCNF 的判定定理。

12. 设 $R(A,B,C,D,E)$，$\Phi=\{A{\rightarrow}BC,CD{\rightarrow}E,B{\rightarrow}D,E{\rightarrow}A\}$，求 A_Φ^+，B_Φ^+。

13. 设 $R(A,B,C,D,E,F)$，$\Phi=\{A{\rightarrow}D,AB{\rightarrow}E,BF{\rightarrow}E,CD{\rightarrow}F,E{\rightarrow}C\}$，求 $(AE)_\Phi^+$。

14. 对于下列的关系模式 $R(U)$：

(1) $R(A,B,C,D)$，$\Phi=\{A{\rightarrow}C,AD{\rightarrow}B,C{\rightarrow}D,D{\rightarrow}A\}$。

(2) $R(A,B,C,D)$，$\Phi=\{AB{\rightarrow}C,AD{\rightarrow}B,BC{\rightarrow}D,CD{\rightarrow}A\}$。

(3) $R(A,B,C,D,E)$，$\Phi=\{A{\rightarrow}B,A{\rightarrow}C,B{\rightarrow}C,AD{\rightarrow}E,AB{\rightarrow}E\}$。

(4) $R(A,B,C,D,E)$，$\Phi=\{AB{\rightarrow}CDE,BC{\rightarrow}ADE,AC{\rightarrow}D,BD{\rightarrow}E,E{\rightarrow}D\}$。

(5) $R(A,B,C,D,E)$，$\Phi=\{AC{\rightarrow}B,B{\rightarrow}D,D{\rightarrow}C,D{\rightarrow}E\}$。

(6) $R(A,B,C,D,E,F)$，$\Phi=\{A{\rightarrow}B,AE{\rightarrow}F,BC{\rightarrow}D,CD{\rightarrow}A,CE{\rightarrow}D\}$。

(7) $R(A,B,C,D,E,F)$，$\Phi=\{CE{\rightarrow}A,B{\rightarrow}AC,A{\rightarrow}EF,D{\rightarrow}CF\}$。

(8) $R(A,B,C,D,E,F)$，$\Phi=\{A{\rightarrow}B,C{\rightarrow}F,CE{\rightarrow}D,E{\rightarrow}A\}$。

(9) $R(A,B,C,D,E,F)$，$\Phi=\{AB{\rightarrow}C,BC{\rightarrow}AD,D{\rightarrow}E,CF{\rightarrow}B\}$。

(10) $R(A,B,C,D,E,F)$，$\Phi=\{A{\rightarrow}D,AB{\rightarrow}E,BF{\rightarrow}E,CD{\rightarrow}F,E{\rightarrow}C\}$。

完成以下任务：

a. 求 $R(U)$ 的所有键码。

b. 判别 $R(U)$ 最高达到了第几范式。

c. 保持函数依赖地将 $R(U)$ 分解为 3NF 集。

d. 保持无损连接地将 $R(U)$ 分解为 BCNF 集。

15. 设 $R(A,B,C,D)$，$\Phi=\{A{\rightarrow}C,B{\rightarrow}D,CD{\rightarrow}AB\}$，求 $\Phi^{\oplus}$。

16. 下列关系模式分解一定是无损连接分解吗？

(1) $R(A,B,C)$，$\Phi=\{AB{\rightarrow}C,C{\rightarrow}A\}$，$\rho=\{AC,BC\}$。

(2) $R(A,B,C,D)$，$\Phi=\{BC{\rightarrow}D,D{\rightarrow}AB\}$，$\rho=\{ABD,CD\}$。

(3) $R(A,B,C,D)$，$\Phi=\{B{\rightarrow}CD,D{\rightarrow}AB\}$，$\rho=\{BCD,AB\}$。

(4) $R(A,B,C,D)$，$\Phi=\{B{\rightarrow}C,C{\rightarrow}D,D{\rightarrow}A\}$，$\rho=\{BC,ABD\}$。

(5) $R(A,B,C,D)$，$\Phi=\{B{\rightarrow}C,C{\rightarrow}D,D{\rightarrow}A\}$，$\rho=\{AB,AD,BC\}$。

17. $R(A,B,C,D,E,F)$，$\Phi=\{AB{\rightarrow}C,B{\rightarrow}D,D{\rightarrow}EF\}$，$\rho_1=\{ABC,DEF\}$，$\rho_2=\{ABC,BD,DEF\}$。$\rho_1$ 和 ρ_2 分别是否是无损连接分解？

18. 将第 2 章习题 12 的 E-R 模型转换成关系数据库模型，然后指出每个关系模式的极小函数依赖集或正则覆盖、所有键码和外键码，并保持函数依赖地将各关系模式分解为 3NF 集。

19. 将第 2 章习题 13 的 E-R 模型转换成关系数据库模型，并指出每个关系模式的非平凡函数依赖集、主键码和外键码。

20. 将第 2 章习题 14 的 E-R 模型转换成关系数据库模型，写出每个关系模式的一个极小函数依赖集或正则覆盖，指出每个关系模式的所有键码和外键码，并保持函数依赖地将各个关系模式分解为 3NF 集。

21. 将第 2 章习题 15 的 E-R 模型转换成关系数据库模型，写出每个关系模式的一个极小函数依赖集或正则覆盖，指出每个关系模式的所有键码和外键码，并保持无损连接地将各个关系模式分解为 BCNF 集。

22. 将第 2 章习题 16 的 E-R 模型转换成关系数据库模型,并指出每个关系模式的一个极小函数依赖集或正则覆盖、主键码和外键码,并保持无损连接地将各个关系模式分解为 BCNF 集。

23. 将第 2 章习题 17 的 E-R 模型转换成关系数据库模型,写出每个关系模式的一个极小函数依赖集或正则覆盖,指出每个关系模式的所有键码和外键码,并保持函数依赖地将各个关系模式分解为 3NF 集。

第 5 章

关系数据库结构化查询语言SQL

数据库用户在使用数据库时,往往要对数据库进行查询、插入、删除、更新等操作,甚至还要修改或定义数据库模式。这就要求 DBMS 向用户提供专门的数据库访问命令或语言。SQL(结构化查询语言)是关系数据库的标准访问语言,所有的 RDBMS 都提供对 SQL 的支持。

SQL 的使用有交互方式和嵌入方式两种。按交互方式使用的 SQL 称为 Transact-SQL,即 T-SQL;按嵌入方式使用的 SQL 称为 Embedded SQL,即 ESQL;嵌入到 C 语言中的 ESQL 称为 ESQL/C。

本章主要研究和介绍基于 Microsoft SQL Server 的 T-SQL,对 ESQL 只作简要介绍。

5.1 SQL 概述

5.1.1 SQL 的产生与发展

在 IBM 研究中心的 E. F. Codd 从 1970 年开始连续发表多篇论文创立关系数据库理论后的 1974 年,Boyce 和 Chamberlin 提出了关系数据库结构化查询语言 SQL。SQL 后来在 IBM 公司于 1979 年研制成功的关系数据库管理系统 System R 中实现,从而成为奇迹。此后,各种基于 SQL 的关系数据库产品(如 Oracle、DB2、Sybase 等)和 SQL 兼容产品应运而生。

1987 年 6 月,国际标准化组织(ISO)采纳美国国家标准协会(ANSI)在 1986 年 10 月发布的 SQL 86 为国际标准。

1989 年 10 月 ANSI 推出 SQL 89。1992 年 8 月,ISO 通过了基于修改和扩充 SQL 89 的 SQL 92(即 SQL 2),实现了数据库远程访问功能。

1999 年,ISO 公布了 SQL 99(即 SQL 3),增加了对面向对象数据模型的支持。

2003 年,ISO 又推出 SQL 2003,进一步扩充了 SQL 的功能。

5.1.2 SQL 的组成和特点

1. SQL 的组成

SQL 主要由以下几部分组成。

(1) 数据定义语言(DDL)。DDL 实现关系数据库的数据定义功能。数据定义功能即基本表、视图、索引、函数和存储过程等数据库对象的创建(CREATE)、删除(DROP)和结构修改(ALTER)。

(2) 数据操纵语言(DML)。DML 实现关系数据库的数据查询和数据操纵功能。数据查询功能即数据检索和统计(SELECT);数据操纵功能即数据记录的插入(INSET)、删除(DELETE)和更新(UPDATE)。

(3) 数据控制语言(DCL)。DCL 实现关系数据库的数据控制功能。数据控制功能主要是指数据访问的权限控制功能,即授权(GRANT)和收权(REVOKE)功能。

(4) 嵌入式 SQL 使用规定。

SQL 有交互式使用和嵌入式使用两种使用方式。在高级编程语言中使用 SQL 就是 SQL 的嵌入式使用。嵌入式 SQL 使用规定就是在高级编程语言中使用 SQL 访问关系数据库的语法标准。不嵌入到高级编程语言中,而在具体的 DBMS 平台上直接使用的 SQL 就是交互式 SQL,简称 T-SQL。

2. SQL 的特点

SQL 有如下特点:

(1) 风格统一,功能强大。SQL 的 DDL、DML 和 DCL 语言风格统一,可以独立地实现关系数据库的数据定义功能、数据查询功能、数据操纵功能和数据控制功能。

(2) 高度标准化。SQL 是关系数据库的国际标准语言,容易实现不同数据库间的数据交换,可以嵌入到高级编程语言中使用,并有利于实现程序移植和数据独立性。

(3) SQL 容易理解、记忆、掌握和应用。SQL 的主要功能都是由以 CREATE、DROP、ALTER、SELECT、INSERT、UPDATE、DELETE、GRANT、REVOKE 等 9 个动词为核心的基本句型提供的,各个句型的语法结构接近英语自然语言,容易理解、记忆、掌握和应用。

(4) 高度非过程化。SQL 操纵的主要对象是基本表,显示的操纵结果是视图和导出表,但对用户来说都是二维表,用户感觉不到它们的差别。另外,用户只须知道自己要做什么,无须关心如何做。

定义 5.1　基本表是关系数据库中实际存储的表。视图是从基本表和其他视图构造的虚表,关系数据库中只存放视图的定义而不存放视图对应的数据。视图对应的数据仍然放在导出该视图的基本表中,需要时临时从这些基本表中提取数据。导出表是反映查询结果的临时表。

(5) SQL 不是独立的编程语言。SQL 只提供对数据库的操作功能,不提供屏幕控制、菜单管理、报表生成等功能。

人们在具体的 DBMS 平台上使用的 T-SQL 与 DBMS 有关,一般不是标准 T-SQL。本章以 Microsoft SQL Server 2000 为例展开讲解,读者也不必关心哪些东西属于标准 SQL,哪些不属于。

在安装 Microsoft SQL Server 的过程中,应当选择"身份验证模式"为"混合模式(Windows 身份验证和 SQL Server 身份验证)",并将 Sa 登录密码勾选为"空密码",以便在第 8 章学习 ODBC 和 ADO 等内容时做必要的练习。

在 Microsoft SQL Server 平台下,关键字大小写无区别,SQL 语句结尾一般也不需要分号等标志,只须回车换行就行了。一般在 Microsoft SQL Server 的查询分析器中执行

SQL 语句。

5.1.3　SQL 的数据类型、运算符、表达式、标识符、通配符和函数

5.1.3.1　SQL 的数据类型

SQL 提供的主要数据类型(域类型)列表如表 5.1 所示。

表 5.1　SQL 的主要数据类型

分 类	数据类型名	说　明
数值型	INT	整型,也可以写成 INTEGER,长度 4 字节
	SMALLINT	短整型,长度 2 字节
	REAL	浮点数(取决于机器精度)
	FLOAT(n)	浮点数,精度不低于 n 位
	NUMERIC(m,n)	定点数,不算负号共 m 位数字,其中 n 位小数
字符型	CHAR(n)	定长字符串,长度 n 字节
	VARCHAR(n)	变长字符串,最大长度 n 字节
货币型	MONEY	$-2^{63} \sim 2^{63}-1$,长度 8 字节
	SMALLMONEY	$-2^{31} \sim 2^{31}-1$,长度 4 字节
时间型	DATE	日期,包含年、月、日,格式:YYYY-MM-DD
	TIME	时间,包含时、分、秒,格式:HH:MM:SS
文本型	TEXT	可变长度的非 Unicode 数据,最大长度为 $2^{31}-1$ 字节
二进制	BINARY	bit 流,可用十六进制表示(前缀 0x),最大长度 8000 字节
	VARBINARY	
表	TABLE	一种特殊的数据类型,用于存储结果集以供后续处理。该数据类型主要用于临时存储一组行,这些行将作为表值函数的结果集返回

说明:

(1) NUMERIC(m,n)与 DECIMAL(m,n)等效。

(2) SQL 还有双精度型(BOUBLE PRECISION)与两种位串型(BIT(n)和 BIT VARYING(n)),由于很少使用,在上表中没有列出。

(3) SQL 允许对上面列出和提到类型的数据进行比较运算,但算术运算仅限于数值类型的数据。

(4) SQL 提供了自定义类型名的功能。其语句格式为:

CREATE DOMAIN <新定义类型名> <已知类型>;

(5) Microsoft SQL Server 还提供了 MONEY 和 SMALLMONEY 两种货币型数据类型以及 TINYINT 和 BIGINT 两种整数型数据类型。TINYINT 型的长度是 1 字节,范围是 0~255;BIGINT 型的长度是 8 字节,范围是 $-2^{63} \sim 2^{63}-1$,即

$$-9\ 223\ 372\ 036\ 854\ 775\ 808 \sim 9\ 223\ 372\ 036\ 854\ 775\ 807$$

(6) Microsoft SQL Server 没有提供 DATE 和 TIME 两种时间型数据类型,但提供了 DATETIME 和 SMALLDATETIME 数据类型,并提供了 YEAR()、MONTH()、DAY() 和 DATEPART()函数供人们使用。YEAR()、MONTH()、DAY()函数用来提取 DATETIME 和 SMALLDATETIME 类型数据中的年、月、日数据,DATEPART()函数用

来提取年、月、日、时、分、秒、季度、星期等数据。具体用法是：

```
DATEPART(date_part, dateData)
```

其中，dateData 是 DATETIME 或 SMALLDATETIME 类型的数据，date_part 指定要提取的部分，yyyy 或 yy、mm（或 m）、dd（或 d）、hh、mi（或 n）、ss（或 s）分别表示提取年、月、日、时、分、秒。

（7）SQL 的字符串常量写在一对英文单撇号内，如'Datebase'。字符串常量中本身含有的单个单撇号应当双写，即"''"在字符串常量中表示一个单撇号，如'Xi''an'。

（8）SQL 中变量的数据类型说明一般在变量的后面。

5.1.3.2 SQL 的运算符和表达式

SQL 的运算符主要有算术运算符、赋值运算符（＝）、位运算符、比较运算符、逻辑运算符、字符串串联运算符（＋）、一元运算符等七类。

算术运算符有加（＋）、减（－）、乘（＊）、除（/）、模（％）五个。模运算符"％"与 C 语言中的模运算符"％"基本相同，其功能是返回两个整数相除的余数。

位运算符有按位与（＆）、按位或（|）和按位异或（^）。

比较运算符有等于（＝）、不等于（！＝，＜＞）、大于（＞）、小于（＜）、大于等于（＞＝）、小于等于（＜＝），其运算结果为逻辑值。

逻辑运算符都是用英文单词表示的，主要有逻辑与（AND）、逻辑或（OR）、逻辑非（NOT）、存在量词运算符（EXISTS）、全称量词运算符（ALL）、属于运算符（IN）、模式匹配运算符（LIKE）、范围运算符（BETWEEN），另外还有 ANY、SOME 两个等效运算符，其运算含义与单词含义基本相同。表 5.2 是一些逻辑运算符和比较运算符组合后的含义。

表 5.2　逻辑运算符与比较运算符组合应用示例

运　算　符	含　义
EXISTS R	当且仅当 R 非空时，条件为真
s IN R	当且仅当 s 和 R 中的某一个值相等时，条件为真
s NOT IN R	当且仅当 s 和 R 中的所有值都不相等时，条件为真
s＝ALL R	当且仅当 s 和 R 中的所有值都相等时，条件为真
s＝ANY R	当且仅当 s 和 R 中的某一个值相等时，条件为真
s！＝ALL R	当且仅当 s 和 R 中的所有值都不相等时，条件为真
s！＝ANY R	当且仅当 s 和 R 中的某一个值不相等时，条件为真
s＜ALL R	当且仅当 s 比 R 中的每一个值都小时，条件为真
s＜ANY R	当且仅当 s 比 R 中的某一个值小时，条件为真
s＜＝ALL R	当且仅当 s 比 R 中的每一个值都不大时，条件为真
s＜＝ANY R	当且仅当 s 比 R 中的某一个值不大时，条件为真
s＞ALL R	当且仅当 s 比 R 中的每一个值都大时，条件为真
s＞ANY R	当且仅当 s 比 R 中的某一个值大时，条件为真
s＞＝ALL R	当且仅当 s 比 R 中的每一个值都不小时，条件为真
s＞＝ANY R	当且仅当 s 比 R 中的某一个值不小时，条件为真

字符串串联运算符"＋"的功能是进行字符串串联。其他所有的字符串操作都可以通过字符串函数进行处理。

一元运算符有正(＋)、负(–)、按位非(～)。

SQL 运算符的优先级从高到低为：

(1) 一元运算符；

(2) 算术运算符 ＊、/、%；

(3) 算术运算符＋、–和字符串串联运算符＋；

(4) 比较运算符；

(5) 位运算符；

(6) 逻辑非运算符 NOT；

(7) 逻辑与运算符 AND；

(8) 逻辑运算符 ALL、ANY、BETWEEN、IN、LIKE、OR、SOME；

(9) 赋值运算符。

对优先级相同的运算符，按它们在表达式中的位置从左到右进行求值。

SQL 还提供了关系的集合并运算符(UNION)以及内连接运算符 INNER JOIN、左外连接运算符 LEFT JOIN、右外连接运算符 RIGHT JOIN、全外连接运算符 FULL JOIN 和交叉连接运算符 CROSS JOIN 等。交叉连接运算符实现的是笛卡儿积运算。

很难给 SQL 的表达式下一个准确、完整、统一的定义。读者可以比照高级编程语言中算术表达式、比较表达式、逻辑表达式、赋值表达式等的定义来理解 SQL 的相应表达式。另外，可以比照本书第 3 章的关系数据库基本理论来理解 SQL 的关系表达式。这里给常用的 SQL 表达式下一个不太准确的递归定义，以便帮助理解。

(1) SQL 的各种常量是 SQL 的表达式。

(2) SQL 的各种变量是 SQL 的表达式。

(3) SQL 基本表的字段名和视图的列名是 SQL 的表达式。

(4) SQL 的函数是 SQL 的表达式。

(5) SQL 的 SELECT 语句是 SQL 的表达式。

(6) 由前面 5 种 SQL 表达式经过有限次正确的 SQL 运算和函数复合得到的式子是 SQL 的表达式。

含有聚集函数的表达式只能出现在 SELECT 语句的 SELECT 子句或 HAVING 子句中，不能出现在其他 SQL 语句中。

5.1.3.3　SQL 的标识符和通配符

1. SQL 的标识符

SQL 的标识符是不含空格的字符串，其首字符必须是下列几类字符：

(1) 大、小写英文字母；

(2) 下划线_、at 符号(@)、"井"字号(#)；

(3) Unicode 2.0 标准所定义的其他字符。

其后续字符必须是下列几类字符：

(1) 大、小写英文字母和数字 0～9；

(2) 下划线_、at 符号(@)、"井"字号(#)、美元符号($)；

(3) Unicode 2.0 标准所定义的其他字符。

以连续一个 at 符号"@"开始的标识符表示局部变量或参数；以连续两个 at 符号"@@"开始的标识符在有的 T-SQL 中表示函数名；以连续一个"井"字号"♯"开始的标识符表示临时表或过程；以连续两个"井"字号"♯♯"开始的标识符表示全局临时对象。为避免混淆,建议不是必须使用的时候不要使用这样的标识符。

SQL 的数据库名、基本表名、视图名、基本表中的字段名和约束名、视图的列名、索引名、变量名、函数名、存储过程名、触发器名等都应当是 SQL 的标识符。

2. SQL 的通配符

SQL 应用中常常要用 LIKE 运算符进行字符串模式匹配。模式匹配经常用到通配符。Microsoft SQL Server 提供了 4 个通配符。

(1) _通配符：下划线通配符用来匹配除下划线"_"之外的任意单个 Unicode 字符,并且可以被用作前缀或后缀。例如："LIKE '李_虎'"将匹配以汉字"李"开头、汉字"虎"结尾、中间有一个 Unicode 字符的字符串,"李老虎"、"李 L 虎"等都满足条件。在 Microsoft Access 中,这个通配符为问号(?)。

(2) ％通配符：百分号通配符用来匹配包含零个或多个 Unicode 字符的不含百分号的任意字符串。这个通配符既可以用作前缀,也可以用作后缀。在 Microsoft Access 中,这个通配符为星号(＊)。

(3) [ ]通配符：用来匹配属于指定范围内(如[c-p])或者属于方括号所指定的集合(如[efgh])中的任意单个 Unicode 字符。在 Microsoft Access 中,用来匹配属于指定范围内(如[c-p])的任意单个字符的通配符为减号(—)。

(4) [^]通配符：用来匹配不属于指定范围内(如[c-p])或者不属于方括号内指定集合(如[efgh])中的任意单个 Unicode 字符。在 Microsoft Access 中,这个通配符为感叹号(!)。

字符串常量中本身含有的不做通配符的单个下划线(_)、百分号(％)、左右方括号或(^)前应当加反斜线标记,并紧接字符串常量后标明"escape '\'",如"'DB_Design' escape '\'"表示字符串"DB_Design"。而字符串常量中本身含有的单个反斜线要双写,如"'DB\\Design' escape '\'"表示字符串"DB\Design"。

5.1.3.4　SQL 的常用函数

SQL 的函数很多,这里只简要介绍最常用的。

1. 聚集函数

SUM()——数字表达式中所有值的和。

AVG()——数字表达式中所有值的平均值。

COUNT()——返回表中无空值的总行数,重复的行重复计算。如果要消除重复,可在参数前使用 DISTINCT 关键字。

COUNT(＊)——返回表中的总行数,重复的行重复计算,含有空值的行也计算在内。

MAX()——表达式中的最高值。

MIN()——表达式中的最低值。

SUM、AVG、COUNT、MAX 和 MIN 都忽略空值,而 COUNT(＊)不忽略。对于函数

SUM、AVG 和 COUNT,可以通过在函数参数前面使用关键字 DISTINCT 来消除重复计算。

另外还有一个函数 COUNT()用来计算多维数据集中的维度数、维度或层次结构中的级别数、元组的维度数、集合中的单元数等。在计算集合中的单元数时,空单元也计算在内;要排除空单元,可在函数参数后面使用 ExcludeEmpty 标志。

2. 数学函数(见表 5.3)

表 5.3　常用数学函数

函 数 名	含　义	函 数 名	含　义	函 数 名	含　义
ABS	绝对值	FLOOR	不大于参数的最大整数	CEILING	不小于参数的最小整数
EXP	指数函数	LOG	自然对数	LOG10	常用对数
SIN	正弦函数	COS	余弦函数	TAN	正切函数
ASIN	反正弦函数	ACOS	反余弦函数	ATAN	反正切函数
DEGREES	化弧度为角度	RADIANS	化角度为弧度	COT	余切函数
RAND	随机数	ROUND	四舍五入	PI	π 的值
SIGN	符号函数	SQUARE	平方	SQRT	平方根
POWER	指定次数的乘方	ATN2	正切介于两个给定表达式之间的角的弧度值		

3. 日期和时间函数(见表 5.4)

表 5.4　常用日期、时间函数

函 数 名	含　义	函 数 名	含　义
DATEADD	指定日期加上一段时间	DATEDIFF	计算跨两个指定日期的日期和时间
YEAR	取指定日期中年份的整数	DATEPART	取指定日期中指定部分的整数
MONTH	取指定日期中月份的整数	DATENAME	取指定日期中指定部分的字符串
DAY	取指定日期中日的整数	GETDATE	取当前系统日期和时间
GETUTCDATE	取当前 UTC 时间		

4. 字符串函数

ASCII()——返回字符表达式参数最左端字符的 ASCII 代码值。

NCHAR()——按参数给定的整数代码返回 Unicode 字符。

CHAR()——将参数给定整数(0~255)按 ASCII 代码转换为字符。

SPACE()——返回参数指定长度的空格串。

CHARINDEX()——按照第 3 个参数指定的开始查找位置在第 2 个参数字符表达式中查找第一个参数字符表达式的起始位置。函数的返回值为找到的起始位置。如果没有给定第 3 个参数或者第 3 个参数为零或负数,则默认开始查找位置为 1。如果没有找到,则函数的返回值为 0。

REPLACE()——用第 3 个参数表达式替换第 1 个参数字符串表达式中出现的由第二

个参数给定的所有字符串表达式。

STR()——按照第 2 个参数指定的总长度（包括小数点、符号、数字或空格）和第 3 个参数指定的小数位数将第 1 个参数给定的数字数据转换为字符串作为函数的返回值。

LEFT()——返回第 1 个参数给定的字符串中从左边开始的由第 2 个参数指定长度的子字符串。

REPLICATE()——按照第 2 个参数指定的次数重复第 1 个参数给定的字符表达式，得到的字符串作为函数的返回值。

LEN()——返回给定字符串表达式的字符（而不是字节）个数，不包含尾随空格数。

REVERSE()——将参数字符表达式倒置后的字符串作为函数的返回值。

UNICODE()——按照 Unicode 标准的定义，返回输入表达式的第一个字符的整数值。

LOWER()——将参数字符表达式中的大写字符全部转换为小写字符后作为函数的返回值。

UPPER()——将参数字符表达式中的小写字符全部转换为大写字符后作为函数的返回值。

5. 集合运算函数

INTERSECT()——返回两个集合的交。
EXCEPT() ——返回两个集合的差。

6. 系统函数

系统函数非常多，这里只介绍其中的 5 个。
CAST()——数据类型显式转换函数。格式：CAST(<表达式> AS <数据类型>)。
DATALENGTH()——返回参数所给的任何表达式所占用的字节数。
ISDATE()——确定输入表达式是否为有效的日期类型。
ISNUMERIC()——确定输入表达式是否为一个有效的数字类型。
@@ROWCOUNT()——返回受上一语句影响的行数。

5.1.4 SQL 实现的数据完整性约束

SQL 实现的数据完整性约束有实体完整性约束、参照完整性约束、域完整性约束、唯一性约束、非空性约束和断言约束。

1. 实体完整性约束

实体完整性约束即主键码约束，可以通过在数据定义语句中使用 PRIMARY KEY 关键字来实现。

2. 参照完整性约束

参照完整性（引用完整性）约束即外键码约束，通过在数据定义语句中使用 FOREIGN KEY REFERENCES 这一串关键字来实现，FOREIGN KEY 关键字用来说明外键码，而 REFERENCES 关键字用来同时定义外键码的目标主键。

在定义参照完整性约束的同时,还可以定义级联参照完整性约束,定义的方法是在数据定义语句中使用 ON DELETE CASCADE 和 ON UPDATE CASCADE 子句。

设 T 和 T′是定义了参照完整性约束的两个基本表,表 T 的主键码是表 T′的某个外键码的目标主键。如果两个表之间没有定义 ON DELETE 级联参照完整性约束或 ON UPDATE 级联参照完整性约束,则在试图删除或更新表 T 的一条记录而该记录的主键码值被表 T′的某条记录引用时,删除或更新会失败。如果在定义参照完整性的同时也在表 T′上定义了 ON DELETE 或 ON UPDATE 级联参照完整性约束,则在试图删除或更新表 T 的一条记录而该记录的主键码值被表 T′的某条记录引用时,删除或更新会成功,并且表 T′中的相应记录也会被删除或更新。如果在定义参照完整性的同时在两个表上都定义了 ON DELETE 或 ON UPDATE 级联参照完整性约束,则在试图删除或更新表 T′的一条记录而该记录的外键码值引用了表 T 的某条记录的主键码值时,删除或更新会成功,并且表 T 中的相应记录也会被删除或更新。

3. 域完整性约束

域完整性约束主要是对某一字段的数据类型、格式和范围的约束。在许多情况下,对范围的约束通过在数据定义语句中使用 BETWEEN…AND 来实现。对范围的所有约束都可以通过在数据定义语句中使用 CHECK 子句(CHECK 约束)来实现。

CHECK 子句还可以实现域完整性约束之外的其他一些用户自定义表内约束。CHECK 子句的格式是:CHECK(<谓词>),其中的谓词即表示一个基本表中一个或两个以上字段应当满足的条件。

4. 唯一性约束

唯一性约束用来定义主键码以外的键码,其关键字为 UNIQUE,格式是 UNIQUE(<字段名表列>),字段名表列指定主键码以外的一个键码。唯一性约束与主键码约束的区别有两点:一是对一个基本表只能定义一个主键码,而可以定义多个唯一性约束;二是有唯一性约束的字段可以有空值,而主键码中的字段不允许有空值。UNIQUE 关键字和 NOT UNIQUE 关键字还可用来测试查询结果中是否不存在重复记录。

5. 非空性约束

非空性约束要求指定的字段不能有空值,用 NOT NULL 关键字来实现。

实体完整性约束、域完整性约束、唯一性约束、非空性约束、CHECK 约束都是表内约束,参照完整性约束是表间约束。

6. 断言约束

断言约束通过 CREATE ASSERTION 语句来定义。断言约束可以实现两个以上基本表之间的数据完整性约束。CREATE ASSERTION 语句的一般格式是:

```
CREATE ASSERTION CHECK(<谓词>)
```

由于断言约束的检测开销很大,因此一些 DBMS 如 Microsoft SQL Server 2000 没有提供对断言约束的支持。

5.2 SQL 的局部变量和流程控制

5.2.1 SQL 的局部变量、BEGIN…END 语句块和 PRINT 语句

SQL 用 DECLARE 语句声明局部变量,并用 SET 或 SELECT 语句为其赋值。用 DECLARE 语句声明的局部变量名必须是以 at 符号"@"开始的标识符。一个 DECLARE 语句可以声明多个局部变量,所有局部变量在声明后均被初始化为 NULL。

例 5.1 下面是声明局部变量和给局部变量赋值的例子:

```
DECLARE @var1 TINYINT, @var2 NUMERIC(3,1), @var3 NUMERIC(5,1)
SET @var1 = 255
SET @var2 = 38.3
SET @var3 = @var1 * @var2
PRINT @var3
```

执行结果为:9766.5。

这个例子中用到了 PRINT 语句。PRINT 语句的功能是将用户消息返回客户端。PRINT 语句的格式为:

```
PRINT <表达式>
```

其中,"表达式"可以是字符串常量、字符串变量、可以隐式转换为字符串的常量和变量、返回字符串值的函数。

有时要用到 SQL 的 BEGIN…END 语句块。SQL 的语句块以 BEGIN 关键字为开始标志、以 END 关键字为结束标志,BEGIN 关键字和 END 关键字之间是若干条 SQL 语句。BEGIN 和 END 的作用就像 C 语言中的一对花括号。

5.2.2 SQL 的 IF…ELSE 语句

SQL 的 IF…ELSE 语句与 C 语言的 IF…ELSE 语句结构和功能都相似。IF…ELSE 语句的基本格式为:

```
IF <布尔表达式>
 <SQL 语句或语句块>
ELSE
 <SQL 语句或语句块>
```

其中,"<布尔表达式>"中可以含有 SELECT 语句。如果"<布尔表达式>"中含有 SELECT 语句,必须用圆括号将 SELECT 语句括起来。ELSE 关键字前后的 SQL 语句或语句块中都可以含有 IF…ELSE 语句,即 IF…ELSE 语句可以嵌套使用;也都可以含有 SELECT 语句和数据定义语句。

如果在 ELSE 关键字前后的"<SQL 语句或语句块>"中都使用了 CREATE TABLE 语句或 SELECT INTO 语句,那么 CREATE TABLE 语句或 SELECT INTO 语句必须指

向相同的表名。

5.2.3　SQL 的 CASE 语句

当分支较多时,IF…ELSE 语句嵌套层数也较多。这时候,用 CASE 语句可能更为简洁。SQL 的 CASE 语句的一般格式为:

```
CASE <表达式>
    WHEN <表达式> THEN <结果表达式>
    {WHEN <表达式> THEN <结果表达式>}
    [ELSE <结果表达式>]
END
```

其执行过程为:将 CASE 关键字后的"<表达式>"依次与各个 WHEN 子句中的"<表达式>"进行比较,如果有值相等的,就将相应的 THEN 子句中的"<结果表达式>"的值作为整个 CASE 语句的值返回;否则就返回 ELSE 子句中的"<结果表达式>"的值。如果没有 ELSE 子句,就返回 NULL。

5.2.4　SQL 的 WHILE 循环语句

SQL 的 WHILE 循环语句与 C 语言的 WHILE 循环语句结构和功能都相似。WHILE 语句的基本格式为:

```
WHILE <布尔表达式> <SQL 语句或语句块>
```

其中,"<布尔表达式>"中可以含有 SELECT 语句。如果"<布尔表达式>"中含有 SELECT 语句,必须用圆括号将 SELECT 语句括起来。"<SQL 语句或语句块>"是循环体。循环体中还可以有 WHILE 循环语句,因此 SQL 的 WHILE 循环语句可以嵌套使用。和 C 语言的 WHILE 循环语句一样,SQL 的 WHILE 循环语句的循环体中可以含有 BREAK 语句和 CONTINUE 语句。BREAK 语句的功能是立即结束它所在的最内层 WHILE 循环语句;CONTINUE 语句的功能是使它所在的最内层 WHILE 循环语句立即结束当次循环(即忽略本层 WHILE 循环语句中 CONTINUE 语句后面语句的当次执行)并开始下一次循环。

例 5.2　下面是局部变量用于 WHILE 循环语句的一个例子:

```
DECLARE @var TINYINT
SET @var = 25
WHILE @var > = 1 SET @var = @var − 1
PRINT @var
```

5.2.5　SQL 的 GOTO 语句和 RETURN 语句

SQL 也可以使用 GOTO 语句来实现控制转向甚至实现循环。GOTO 语句的基本格式为:

```
GOTO <标签名>
```

其中,"<标签名>"是一个 SQL 标识符,标签的使用方法是在标签名后加一个冒号。

　　SQL 也可以使用 RETURN 语句立即无条件结束它所在的批处理、语句块、查询或存储过程,RETURN 语句之后的语句将得不到执行。RETURN 语句的基本格式为:

RETURN <整型表达式>

存储过程中的 RETURN 语句不能返回空值。如果过程试图返回空值,将生成警告信息并返回 0 值。

5.3　SQL 的数据定义——CREATE、ALTER、DROP 语句

SQL 的数据定义语句有三种,即 CREATE 语句、ALTER 语句和 DROP 语句。

5.3.1　CREATE 语句

　　CREATE 语句是一个功能非常强大的数据定义语句。用 CREATE 语句可以创建空数据库、基本表、视图、索引、函数、触发器、随机调用存储过程等。本节只介绍空数据库、基本表和索引的创建,其余的将分节专门讨论。

5.3.1.1　创建空数据库和基本表

创建空数据库的数据定义语句格式为:

CREATE DATABASE <数据库名>

使用 USE 命令将一个数据库指定为当前的工作数据库,即:

USE <数据库名>

因此 USE 命令后的 SQL 语句将针对 USE 命令指定的数据库执行。

在当前工作数据库中创建基本表的数据定义语句格式为:

CREATE TABLE <表名>(<字段表列>)

其中,"<字段表列>"是对所创建基本表各字段的说明和数据完整性约束的说明,各字段说明之间用英文逗号隔开。"<字段表列>"的一般格式非常复杂,这里只介绍常用格式。各字段说明格式为:

<字段名> <数据类型说明> <默认值说明> <本字段数据完整性约束>

其中,"<字段名>"、"<数据类型说明>"、"<默认值说明>"、"<本字段数据完整性约束>"之间要用空格隔开。"<本字段数据完整性约束>"用 5.1.4 节介绍的关键字或子句来说明。主键码和外键码的定义也可以放在所有字段说明之后,涉及两个以上属性的主键码或外键码必须放在所有字段说明之后定义。放在所有字段说明之后定义的数据完整性约束是字段表列的一部分。

　　在每一个数据完整性约束前还可加上 CONSTRAINT 关键字和约束名为该数据完整性约束命名。

　　"<默认值说明>"的关键字是 DEFAULT,一般格式是:DEFAULT <默认值>。默

认值不能用于主键属性，一般也不能用于有唯一性约束的属性子集。

有时须要定义标识列。定义标识列的关键字为 IDENTITY，格式为 IDENTITY(seed，increment)。两个参数都不指定时，默认值都为 1。标识列定义的功能是使相应的列以 seed 为基础，increment 为增量取值。由此可见，对于不是键码的字段和已定义了默认值的字段不宜再定义标识列。标识列定义通常用来设置主键码字段的自动递增（最常用的是自动编号，即 IDENTITY(1,1)），这时候标识列定义一般位于数据类型说明之后、PRIMARY KEY 关键字之前。使用了标识列的基本表在删除记录时可能出现问题，因此要慎用标识列。

如果还须要一次执行多条不同的 SQL 语句，即进行批处理。这时候可能要用到 Microsoft SQL Server 的批处理结束命令 GO。GO 是一个不需要权限的实用工具命令，而不是 SQL 语句。GO 可以由任何用户执行，但 SQL Server 实用工具永远不会向服务器发送 GO 命令。GO 命令表示上一个批处理的结束。每一条 CREATE 语句就是一个批处理的开始，因此连续一个或多个 CREATE 语句之后，如果还要执行其他的 SQL 语句，就必须使用批处理结束命令 GO，否则就意味着前面最后一个 CREATE 语句没有结束。批处理结束命令 GO 必须独占一行（可以带注释）。在批处理结束命令 GO 之后，上一个批处理中定义的所有局部变量无效。

下面举例说明用 CREATE 语句创建数据库和基本表的方法。

例 5.3 设教学管理信息数据库模型 STC 由如下的 5 个关系模式组成：

$$Students(sNo,sName,sSex,sAge,sDept)$$
$$Courses(cNo,cName,cHours,cPNo)$$
$$Teachers(tNo,tName,tSex,tAge,tDegree,tTitle)$$
$$SC(sNo,cNo,scGrade)$$
$$TC(tNo,cNo,tcAppraise)$$

其中，cHours 表示课程学时数，cPNo 表示课程的直接先修课课号（假设每一门课至多有一门先修课），scGrade 表示某学生的某门课成绩，tcAppraise 表示对某教师某门课教学效果的评价。各关系模式的主键码、外键码由属性的语义完全确定。下面的 SQL 批处理创建了空数据库 STC 和 5 个空基本表：

```
CREATE DATABASE STC
GO
USE STC
CREATE TABLE Students(sNo TINYINT PRIMARY KEY ,
                sName VARCHAR(20) NOT NULL,
                sSex CHAR(2) DEFAULT('男') CHECK(sSex in ('男', '女')),
                sAge TINYINT,
                sDept VARCHAR(20))
CREATE TABLE Courses(cNo TINYINT PRIMARY KEY,
                cName VARCHAR(20) NOT NULL,
                cHours TINYINT,
                cPNo TINYINT FOREIGN KEY REFERENCES Courses(cNo))
CREATE TABLE SC(sNo TINYINT FOREIGN KEY REFERENCES Students(sNo)
                    ON DELETE CASCADE ON UPDATE CASCADE,
            cNo TINYINT FOREIGN KEY REFERENCES Courses(cNo)
                    ON DELETE CASCADE ON UPDATE CASCADE,
```

```
                    scGrade NUMERIC(4,1) CHECK(scGrade BETWEEN 0 AND 100),
                    PRIMARY KEY(sNo, cNo))
CREATE TABLE Teachers(tNo TINYINT PRIMARY KEY,
                    tName VARCHAR(20) NOT NULL,
                    tSex CHAR(2) DEFAULT('男') CHECK(tSex in ('男', '女')),
                    tAge TINYINT,
                    tDegree CHAR(4) DEFAULT('硕士')
                                CHECK(tDegree in ('学士', '硕士', '博士')),
                    tTitle VARCHAR(6) DEFAULT('讲师')
                                CHECK(tTitle IN ('助教', '讲师', '副教授', '教授')))
CREATE TABLE TC(tNo TINYINT FOREIGN KEY REFERENCES Teachers(tNo)
                    ON DELETE CASCADE ON UPDATE CASCADE,
                cNo TINYINT FOREIGN KEY REFERENCES Courses(cNo)
                    ON DELETE CASCADE ON UPDATE CASCADE,
                tcAppraise VARCHAR(6) DEFAULT('良好')
                        CHECK(tcAppraise IN ('优秀', '良好', '合格', '不合格')),
                PRIMARY KEY(tNo, cNo))
GO
```

第一个批处理 CREATE DATABASE STC 创建了一个名为 STC 的空数据库。接下来的 USE STC 命令将刚刚创建的空数据库 STC 指定为当前的工作数据库。随后的 5 个 CREATE TABLE 语句在当前工作数据库 STC 中创建了 5 个基本表。

第一个基本表 Students 的 5 个字段,分别对应关系模式 Students(sNo,sName,sSex,sAge,sDept)的 5 个属性。sNo 字段是本表的主键码,数据类型为 TINYINT;sName 字段的数据类型为 VARCHAR,长度最大为 20 字节,有非空性约束;sSex 字段的数据类型为 CHAR,取值范围为"男"、"女"两个字符串组成的集合(域约束),默认值为字符串"男",其长度 2 字节为"男"、"女"这两个字符串的最大长度;sDept 字段的数据类型为 VARCHAR,长度最大为 20 字节。

第二个基本表 Courses 对应关系模式 Courses(cNo,cName,cHours,cPNo)。它有外键码 cPNo,其目标主键为本表的主键 cNo,因此不能再定义级联参照完整性约束。

第三个基本表对应关系模式 SC(sNo,cNo,scGrade)。构成它的主键码的两个属性 sNo 和 cNo 都是外键码,也都定义了级联参照完整性约束。scGrade 字段的数据类型为 NUMERIC(4,1),取值范围为大于等于 0、小于等于 100 的有理数,一位小数。

第四个基本表对应关系模式 Teachers(tNo,tName,tSex,tAge,tDegree,tTitle)。其中出现的约束类似于第一个基本表。

第五个基本表对应关系模式 TC(tNo,cNo,tcAppraise)。构成它的主键码的两个属性 tNo 和 cNo 都是外键码,也都定义了级联参照完整性约束。

注意第二、三、五个基本表中外键码与目标主键在数据类型上的一致性。

最后的批处理结束命令 GO 可以省略。

今后我们将主要以例 5.3 定义的数据库 STC 为示例数据库。

5.3.1.2 创建索引

对基本表创建索引往往可以加快查询速度,提高查询效率。一个基本表上可以创建一个或多个索引,从而提供多种存取路径。创建索引的数据定义语句是:

```
CREATE [UNIQUE] [CLUSTERED] INDEX <索引名> ON <基本表名> (<字段表列>)
```

其中,"<字段表列>"列出至少一个要建立索引的字段名,每个字段名还可以加上 DESC 关键字指明索引对该字段降序排列(默认值为升序)。UNIQUE 可选关键字表示创建的是唯一索引,即每一个索引值只对应基本表中唯一的数据记录;当表中该列的值有重复时,不能建立唯一索引。CLUSTERED 可选关键字表示创建的是聚簇索引,即索引的顺序与表中记录的存放顺序一致,一般对经常查询的列适用。一个基本表只能建立一个聚簇索引。聚簇索引对应列上值的更新会导致基本表中数据物理顺序的改变,代价较大,因而对于经常更新的列应当慎用聚簇索引。Microsoft SQL Server 一般会自动在每一个基本表的主键码上建立聚簇索引。

5.3.2 ALTER 语句

ALTER 语句的功能是修改数据库、基本表、视图、函数、存储过程、触发器等。视图、函数、触发器、随机调用存储过程的修改将分节专门介绍。修改数据库就是更改文件的名称和大小等,很少用到。这里专门介绍一下基本表的修改。

修改基本表就是修改基本表的字段名、表结构或删除基本表的某些数据完整性约束。

1. 在基本表中增加新字段

在基本表中增加一个新字段的数据定义语句为:

```
ALTER TABLE <基本表名> ADD <新字段名> <新字段说明和数据完整性约束>
```

例 5.4 设当前工作数据库为 STC。如果要在课程信息表 COURSES 中增加一个字段 cTest 来表示是考试课还是考查课,并且限制 cTest 取值为"考试"或"考查",则数据定义语句为:

```
ALTER TABLE Courses ADD cTest CHAR(4) CHECK(cTest IN ('考试', '考查'))
```

2. 从基本表删除已有字段

从基本表中删除一个已有字段的数据定义语句为:

```
ALTER TABLE <基本表名> DROP COLUMN <要删除的字段名>
```

当要删除的字段上有数据完整性约束时,应当先删除数据完整性约束,再删除该字段,否则删除操作会被拒绝执行。

3. 在基本表中修改已有字段

修改基本表中某个已有字段数据类型和长度的数据定义语句为:

```
ALTER TABLE <基本表名> ALTER COLUMN <要修改的字段名> <数据类型说明>
```

当要修改的字段上有数据完整性约束时,应当先删除数据完整性约束,再修改该字段,否则修改操作会被拒绝执行。

4．增加数据完整性约束

在基本表中增加一个数据完整性约束的数据定义语句为：

ALTER TABLE <基本表名> ADD CONSTRAINT <新数据完整性约束定义>

不过，如果要添加唯一性约束，则"<新数据完整性约束定义>"应写成：UNIQUE(<字段名>)。

例 5.5　设当前工作数据库为 STC。如果要对 Students 基本表的 sName 字段添加 UNIQUE 约束，则数据定义语句为：

ALTER TABLE Students ADD CONSTRAINT cnstrnt UNIQUE(sName)

5．删除数据完整性约束

从基本表中删除一个已命名的数据完整性约束的数据定义语句为：

ALTER TABLE <基本表名> DROP CONSTRAINT <数据完整性约束名>

例 5.6　设当前工作数据库为 STC。删除例 5.5 所定义的 UNIQUE 约束如下：

ALTER TABLE Students DROP CONSTRAINT cnstrnt

5.3.3　DROP 语句

DROP 语句的功能是删除数据库、基本表、视图、索引、函数、触发器、随机调用存储过程等。

若要删除数据库，必须将当前的工作数据库设为其他数据库，然后执行以下 SQL 语句：

DROP DATABASE <要删除的数据库名>

在这条语句中可以指定删除多个数据库。

删除当前工作数据库中视图的数据定义语句为：

DROP VIEW <要删除的视图名>

在这条语句中可以指定删除多个视图。

删除当前工作数据库中索引的数据定义语句为：

DROP INDEX <索引所在基本表名>.<要删除的索引名>

在这条语句中可以指定删除多个索引。

删除当前工作数据库中基本表的数据定义语句为：

DROP TABLE <要删除的基本表名>

如果要删除的基本表的主键码是另一个基本表的某个外键码的目标主键，则应当先删除该参照完整性约束或者删除该外键码所在的基本表，然后执行此删除操作。但在这条语句中只能指定删除一个基本表。

删除当前工作数据库中用户自定义函数的数据定义语句为：

DROP FUNCTION <要删除的函数名>

在这条语句中可以指定删除多个用户自定义函数。

删除当前工作数据库中用随机调用存储过程的数据定义语句为：

DROP PROCEDURE <要删除的存储过程名>

在这条语句中可以指定删除多个存储过程。

删除当前工作数据库中用户自定义触发器的数据定义语句为：

DROP TRIGGER <要删除的触发器名>

在这条语句中可以指定删除多个触发器。

5.4 SQL 的数据查询——SELECT 语句

SQL 语言中实现数据查询功能的只有一条 SELECT 语句。SELECT 语句是一条功能强大、变化多样、使用灵活的 SQL 语句。

5.4.1 SELECT 语句的一般形式和执行过程

当前工作数据库的 SELECT 语句的一般形式为：

```
SELECT[DISTINCT] <表达式列表> [INTO <新表名>]
FROM <数据来源列表>
WHERE <谓词>
GROUP BY <分组依据列表>
HAVING <组提取条件>
ORDER BY <排序依据列表>
```

执行顺序：FROM 子句、WHERE 子句、GROUP BY 子句、HAVING 子句、SELECT 子句、ORDER BY 子句。

下面对各个子句进行说明。

1. SELECT 子句

SELECT 关键字后面的"<表达式列表>"是若干个表达式，各个表达式之间用英文逗号隔开，每个表达式是一个查询（求值）项。SELECT 子句有对各查询项求值的功能。每一个查询项中可以包含对求值结果的命名，以便作为二维表的列名显示，命名方法是：

<查询项>+<空格>+AS 关键字+<空格>+<名称>

在 Microsoft SQL Server 下，中间的 AS 关键字可以省略。如果查询项本身是当前工作数据库的一个基本表的字段名或一个视图的列名，则该查询项可以不取别名，以原来的字段名或列名显示。

查询项表达式可以是 FROM 子句中出现的基本表的字段名或视图的列名，也可以是含有函数运算的复杂一些的表达式。

可选关键字 DISTINCT 的作用是消除查询结果中的重复行。

INTO ＜新表名＞可选项指定按照本 SELECT 语句的执行结果在当前工作数据库中建立一个新基本表。这里必须指出,通常所说的基本表是指关系数据库模型中各关系模式的实现,而这里根据查询结果建立的新基本表则不是。因此,建议不要轻易根据查询结果建立新基本表,必要时可将查询结果定义为视图。

如果 SELECT 语句中有 GROUP BY 子句,则 SELECT 子句中不能有在 GROUP BY 子句中未出现的列名。

如果 FROM 子句涉及当前工作数据库的至少两个基本表或视图,而 SELECT 子句中出现的列名是 FROM 子句中出现的至少两个数据来源表共有的列名,则在 SELECT 子句中必须指明该列名是哪一个数据来源表的列名,方法是:＜数据来源表名＞.＜列名＞。对其余的列名可以不这样做。

如果查询项是 FROM 子句中出现的所有数据来源表的所有列,可以将 SELECT 子句中的“＜表达式列表＞”省去,用一个星号“＊”代替。

由于 SELECT 子句的执行在 FROM、WHERE、GROUP BY、HAVING 子句的后面,因此,在 SELECT 子句中取的别名一般不能在 FROM、WHERE、GROUP BY、HAVING 子句中使用,但可以在 ORDER BY 子句中使用。

从逻辑上讲,SELECT 子句的功能相当于做关系的投影运算。

2. FROM 子句

FROM 子句用于指定本 SELECT 查询语句的数据来源。从逻辑上讲,FROM 子句的功能相当于做笛卡儿积运算。FROM 子句中的“＜数据来源列表＞”可以是当前工作数据库的若干个基本表或视图。FROM 子句必须指明当前工作数据库的至少一个基本表或视图,否则此 SELECT 语句不能有 FROM 子句、GROUP BY 子句、HAVING 子句和 ORDER BY 子句,但可以有 WHERE 子句。如果 FROM 子句恰好涉及当前工作数据库的一个基本表或一个视图,则此 SELECT 语句称为一个单表查询。如果 FROM 子句涉及当前工作数据库的至少两个(可能相同的)基本表或视图,则此 SELECT 语句称为一个多表查询或连接查询。

在连接查询的情形可以用 INNER JOIN、LEFT OUTER JOIN、RIGHT OUTER JOIN、FULL OUTER JOIN、CROSS JOIN 等连接运算符来指明是内连接、左外连接、右外连接、全外连接、交叉连接(笛卡儿积)等操作,并用 ON 关键字指明每一个连接条件。左外连接、右外连接和全外连接运算符中的 OUTER 关键字是可省的。

在 FROM 子句中可以给作为 SELECT 语句数据来源的基本表和视图取别名,并在其他子句中使用这里所取的别名。

例 5.7 下面的 6 个 SELECT 语句,不涉及任何数据库,没有 FROM、GROUP BY、HAVING、ORDER BY 等子句,只用来为局部变量赋值:

```
DECLARE @a NUMERIC(9,4), @b NUMERIC(9,4), @c NUMERIC(9,4), @n TINYINT
SET @n = 1
IF @n > 1
BEGIN
```

```
        SELECT @a = SIN(PI()/5)
        SELECT @b = COS(PI()/5)
        SELECT @c = SQRT(@a * @a + @b * @b)
        SELECT @c = @c * @c
END
ELSE IF @n > 0
BEGIN
        SELECT @n = @n - 1
        SELECT @c = RAND( ) WHERE @n = 0
END
ELSE SET @c = 0
PRINT @c
```

执行结果为一个随机小数。

这个例子中的最后一个 SELECT 语句说明：一个 SELECT 语句可以没有 FROM 子句而有 WHERE 子句。

3. WHERE 子句

WHERE 子句用于选择满足检索条件（使"＜谓词＞"为真）的行。从逻辑上讲，WHERE 子句的功能相当于做选择运算。

检索条件可以很复杂,但主要的有如下几类：

(1) 连接查询中的连接条件。

(2) 比较表达式。

(3) 由 BETWEEN…AND 确定的数据范围。

(4) 由 IN 运算符确定数据是否在某个集合中。

(5) 由 EXISTS 或 NOT EXISTS 运算符确定某个集合是否非空。

(6) 由 LIKE 运算符实现的字符串模式匹配。

(7) 用 IS NULL 或 IS NOT NULL 测试是否空值。

(8) 用逻辑运算符 AND、OR 和 NOT 构成的复合查询条件。

WHERE 子句中可以出现内连接运算符 INNER JOIN。

4. GROUP BY 子句

GROUP BY 子句通常用来指定分组依据,将 FROM 子句所产生的分组依据完全相同的记录分为一组。因此,被其他分组依据完全决定——这种决定只要求在它们所出现的基本表或视图中成立,不一定在相应的关系模式上成立,比函数决定弱——的那些分组依据（特别是被其他分组依据函数决定的那些分组依据）对分组结果没有影响,因而是多余的,除非它们出现在 SELECT 子句中。分组依据是不含聚集函数的表达式,通常用来指定作为分组依据的列。在 GROUP BY 子句中,必须使用数据来源表的列名,而不是查询结果表的列名。可以在 GROUP BY 子句中列出多个列以嵌套组,即可以通过列的任意组合来分组结果表。

如果没有 GROUP BY 子句,则认为结果表是一个大组。

5. HAVING 子句

HAVING 子句用来对 GROUP BY 子句设置分组过滤条件,使得只有完全满足该条件的分组才出现在查询结果中。WHERE 子句中的检索条件在进行分组操作之前应用；而 HAVING 子句中的检索条件在进行分组操作之后应用。HAVING 语法与 WHERE 语法类似，但 HAVING 子句可以含有聚集函数。HAVING 子句可以引用 SELECT 子句中出现的任意查询项。

在 HAVING 子句中指定的检索条件应当只是那些必须在执行分组操作之后应用的检索条件。可以在分组操作之前应用的检索条件用在 WHERE 子句中可以减少必须分组的行数，从而提高查询效率。

HAVING 子句依赖于 GROUP BY 子句，没有 GROUP BY 子句的 SELECT 语句也不能有 HAVING 子句。

6. ORDER BY 子句

ORDER BY 子句用于指定查询结果的排序依据和排序方式（升序或降序）。在每一个排序依据后面可以用 ASC 或 DESC 可选关键字指出升序或降序排列的要求，默认为升序。

最后应当指出，SELECT 语句的 SELECT、WHERE、HAVING 子句中还可以有 SELECT 语句，即 SELECT 语句可以嵌套使用。当一个基本表或视图的名称出现在两层以上嵌套的 SELECT 语句中时，用别名将它们区别开可以减少出错的机会，并使 SELECT 语句层次清楚，便于阅读和修改。

5.4.2　单表查询

定义 5.2　恰好涉及当前工作数据库的一个基本表或一个视图的 SELECT 语句称为单表查询。

以下举几种情况的例子说明单表查询的应用。这些情况在连接查询中也可能遇到。

1. SELECT 语句的常用形式和简化形式

SELECT 语句的常用形式是：

```
SELECT [DISTINCT]<表达式列表>
FROM <数据来源列表>
WHERE <谓词>
```

下面的简化形式原样显示一个基本表或视图：

```
SELECT * FROM <表名或视图名>
```

例 5.8　设当前工作数据库为 STC。查询 50 学时以上的所有课程，SELECT 语句如下：

```
SELECT cNo 课号, cName 课名
FROM Courses
WHERE cHours >= 50
```

2. 只有 SELECT 子句的单表查询

例 5.9　设当前工作数据库为 STC。下面是一个外层只有 SELECT 子句的单表嵌套

查询：

```
SELECT (SELECT AVG(scGrade) FROM SC)
```

其执行效果与单个内层 SELECT 语句的执行效果相同。

3．不含 WHERE 子句但有 GROUP BY 子句的单表查询

例 5.10　设当前工作数据库为 STC。下面是一个不含 WHERE 子句但有 GROUP BY 子句的单表查询：

```
SELECT sNo, AVG(scGrade)
FROM SC
GROUP BY sNo
HAVING AVG(scGrade)> = 75
ORDER BY AVG(scGrade) DESC
```

这个 SELECT 语句在 SC 表中查询选课记录中所选课程平均成绩不低于 75 分的那些学生的学号和平均成绩，结果按平均成绩降序排列。

4．完整的单表查询 SELECT 语句

例 5.11　设当前工作数据库为 STC。下面是一个完整的单表查询 SELECT 语句：

```
SELECT sNo 学号, sName 姓名, sSex 性别, sAge 年龄
FROM Students
WHERE sAge > 19
GROUP BY sNo, sName, sSex, sAge
HAVING sAge % 2 = 0
ORDER BY sAge DESC
```

这个 SELECT 语句的作用是将 Students 基本表中年龄大于 19 岁的学生的记录按学号、姓名、性别、年龄 4 个条件分组，然后输出年龄全是偶数的组的记录，结果按年龄降序排列。在 GROUP BY 子句的分组条件中，由于 sNo→{sName, sSex, sAge}，所以 sName、sSex 和 sAge 实际上不起作用。分组的结果是：年龄大于 19 岁的学生每个人一组。由于 SELECT 子句中有 sName、sSex 和 sAge 查询项，所以它们在 GROUP BY 子句中是不可省略的。这个 SELECT 语句等效于下面的 SELECT 语句：

```
SELECT  sNo 学号,  sName 姓名,  sSex 性别,  sAge 年龄
FROM Students
WHERE sAge > = 19 AND sAge % 2 = 0
ORDER BY sAge DESC
```

5．含有字符串匹配的单表查询

例 5.12　设当前工作数据库为 STC。下面的 SELECT 语句在 Teachers 表中查询姓名为赵钱孙的教师的信息：

```
SELECT *
FROM Teachers
```

```
WHERE tName = '赵钱孙'
```

例 5.13　设当前工作数据库为 STC。下面的 SELECT 语句在 Teachers 表中查询姓名为张×雄的教师的信息：

```
SELECT *
FROM Teachers
WHERE tName LIKE '张_雄'
```

6. 基于空值的单表查询

例 5.14　设当前工作数据库为 STC。下面的 SELECT 语句在 Teachers 表中查询没有职称(tTitle)的教师的姓名、性别、年龄和学位：

```
SELECT tName 姓名, tSex 性别, tAge 年龄, tDegree 学位
FROM Teachers
WHERE tTitle IS NULL
```

这里的 IS 关键字不能用等号代替。因为比较两个空值或将空值与任何其他数值相比均返回未知，这是因为每个空值均为未知。

5.4.3　连接查询

定义 5.3　FROM 子句涉及两个以上基本表或视图的 SELECT 语句称为多表查询或连接查询。

1. 自然连接兼投影

例 5.15　设当前工作数据库为 STC。查询至少选修两门课的每一位学生的学号、姓名、选课门数和个人平均成绩，结果按平均成绩降序排列。

```
SELECT Students.sNo 学号, sName 姓名, COUNT( * ) 选课门数, AVG(scGrade) 平均成绩
FROM Students INNER JOIN SC ON Students.sNo = SC.sNo
GROUP BY Students.sNo, sName
HAVING COUNT( * )> 1
ORDER BY 平均成绩 DESC
```

其中，INNER JOIN 是内连接运算符。HAVING 子句中的"COUNT(*)>1"用来筛选至少有两行的组。GROUP BY 子句中的 sName 对分组没有任何影响，只是 SELECT 子句的需要。这个查询不用内连接运算符实现如下：

```
SELECT Students.sNo 学号, sName 姓名, COUNT( * ) 选课门数, AVG(scGrade) 平均成绩
FROM Students, SC
WHERE Students.sNo = SC.sNo
GROUP BY Students.sNo, sName
HAVING COUNT( * )> 1
ORDER BY 平均成绩 DESC
```

这里，WHERE 子句给出的是自然连接条件。

例 5.16　设当前工作数据库为 STC。查询至少被两名学生选修的每一门课程的课号、

课名、选课人数和课程平均成绩,结果按平均成绩降序排列。

```
SELECT Courses.cNo 课号, cName 课名, COUNT( * ) 选课人数, AVG(scGrade) 平均成绩
FROM Courses INNER JOIN SC ON Courses.cNo = SC.cNo
GROUP BY Courses.cNo, cName
HAVING COUNT( * )>1
ORDER BY 平均成绩 DESC
```

这个查询不用内连接运算符实现如下:

```
SELECT Courses.cNo 课号, cName 课名, COUNT( * ) 选课人数, AVG(scGrade) 平均成绩
FROM Courses, SC
WHERE Courses.cNo = SC.cNo
GROUP BY Courses.cNo, cName
HAVING COUNT( * )>1
ORDER BY 平均成绩 DESC
```

本例与上例完全类似。

例 5.17 设当前工作数据库为 STC。查询每一学生的学号、姓名和所选课程的课号、课名和成绩,结果按课号升序、成绩降序排列。

解:学生的学号、姓名信息在 Students 表中,课名、课号信息在 Courses 表中,而选课信息在 SC 表中。因此必须连接三个基本表才能达到目的。SELECT 语句如下:

```
SELECT Students.sNo 学号, sName 姓名, Courses.cNo 课号, cName 课名, scGrade 成绩
FROM Students, SC, Courses
WHERE Students.sNo = SC.sNo AND Courses.cNo = SC.cNo
ORDER BY Courses.cNo, 成绩 DESC
```

或者用内连接运算符实现如下:

```
SELECT Students.sNo 学号, sName 姓名, Courses.cNo 课号, cName 课名, scGrade 成绩
FROM (Students INNER JOIN SC ON Students.sNo = SC.sNo)
        INNER JOIN Courses ON Courses.cNo = SC.cNo
ORDER BY Courses.cNo, 成绩 DESC
```

这里的一对括号可以省略。

2. 自然连接兼投影、选择

例 5.18 设当前工作数据库为 STC。查询"计算机"系所有选课学生各自所选课程的课号、课名以及学生的学号、姓名和所选课程的成绩,结果按课号升序、成绩降序排列。

```
SELECT Courses.cNo 课号, cName 课名, Students.sNo 学号, sName 姓名, scGrade 成绩
FROM (Students INNER JOIN SC ON Students.sNo = SC.sNo)
                INNER JOIN Courses ON Courses.cNo = SC.cNo
WHERE sDept = '计算机'
ORDER BY Courses.cNo, 成绩 DESC
```

或者不用内连接运算符实现如下:

```
SELECT Courses.cNo 课号, cName 课名, Students.sNo 学号, sName 姓名, scGrade 成绩
FROM Students, SC, Courses
```

```
WHERE Students.sNo = SC.sNo AND Courses.cNo = SC.cNo AND sDept = '计算机'
ORDER BY Courses.cNo,成绩 DESC
```

3. 内连接和外连接

例 5.19　设当前工作数据库为 STC。在 Courses 表中查询每一门课程的直接先修课的课号和课名：

```
SELECT x.cNo 课号, x.cName 课名, y.cNo 直接先修课课号, y.cName 直接先修课课名
FROM Courses x LEFT OUTER JOIN Courses y ON x.cPNo = y.cNo   AND y.cNo!= x.cNo
```

其中,OUTER 关键字可以省略。由于有些课程没有直接先修课,所以这里要用左(外)连接。如果要查询有直接先修课的每一门课程的直接先修课的课号和课名,则该语句可以将 LEFT OUTER JOIN 换成 INNER JOIN,或者采用下面与之等效的查询语句：

```
SELECT x.cNo 课号, x.cName 课名, y.cNo 直接先修课课号, y.cName 直接先修课课名
FROM Courses x, Courses y
WHERE x.cPNo = y.cNo   AND y.cNo!= x.cNo
```

这个例子同时也是自身连接的例子。从这个例子可以看出,只有当连接条件为所有公共属性值相等时,SQL 提供的外连接运算才与第 2 章定义的外连接运算等效。在一般情况下,SQL 提供的外连接运算要比第 2 章定义的外连接运算广得多。

5.4.4　联合查询——实现并运算的查询

定义 5.4　实现关系并运算的查询称为联合查询。
联合查询的语句格式为：

< SELECT 语句> UNION [ALL] < SELECT 语句>

其中,ALL 可选关键字指定不消除重复；UNION 关键字前后两个"<SELECT 语句>"的 SELECT 子句应当有相同的结构；UNION 关键字前的"<SELECT 语句>"不得有 ORDER BY 子句。

例 5.20　设当前工作数据库为 STC。查询助教以下职称(包括没有职称)教师的教师号、姓名、性别和职称。

```
SELECT tNo 教师号, tName 姓名, tSex 性别, tTitle 职称
FROM Teachers
WHERE tTitle = '助教'
UNION
SELECT tNo 教师号, tName 姓名, tSex 性别, tTitle 职称
FROM Teachers
WHERE tTitle IS NULL
```

这个查询语句等效于如下的 SELECT 语句：

```
SELECT tNo 教师号, tName 姓名, tSex 性别, tTitle 职称
FROM Teachers
WHERE tTitle IS NULL OR tTitle = '助教'
```

5.4.5　嵌套查询——相关子查询和不相关子查询

定义 5.5　一个 SELECT 语句的 SELECT、WHERE、HAVING 子句中含有另一个 SELECT 语句的查询就是嵌套查询。内层查询称为子查询，外层查询称为父查询。如果子查询的执行不依赖于父查询，则称此子查询为不相关子查询；反之，如果子查询的执行依赖于父查询，则称此子查询为相关子查询。

不相关子查询只执行一次，而相关子查询则往往要在父查询约束下执行多次。

1. 在 SELECT 子句中嵌套 SELECT 语句

例 5.21　设当前工作数据库为 STC。查询所有学生的学号、姓名和年龄与全体平均年龄的差。

```
SELECT sNo 学号, sName 姓名, sAge - (SELECT AVG(sAge) FROM Students) 年龄差
FROM Students
```

这是一个无关子查询。

嵌套在 SELECT 子句中的 SELECT 语句必须写在一对括号中；SELECT 子句中可以嵌套多个 SELECT 语句，这时，内层 SELECT 语句作为选择表达式或选择表达式的一部分。例如，如果要从 SC 表中查询选课人数和被选课数，则可用下面的 SELECT 语句：

```
SELECT COUNT(DISTINCT sNo) 选课人数, COUNT(DISTINCT cNo) 被选课数 FROM SC
```

也可以用下面的 SELECT 语句：

```
SELECT (SELECT COUNT(DISTINCT sNo) FROM SC) 选课人数,
       (SELECT COUNT(DISTINCT cNo) FROM SC) 被选课数
```

2. 在 WHERE 子句中嵌套 SELECT 语句

例 5.22　设当前工作数据库为 STC。对每个学生查询其学号、姓名和其所选课程中成绩不低于本人所选各课程总平均成绩的课号、课名和成绩。

```
SELECT s.sNo 学号, s.sName 姓名, c.cNo 课号, c.cName 课名, x.scGrade 成绩
FROM Students s, SC x, Courses c
WHERE s.sNo = x.sNo AND x.cNo = c.cNo
      AND x.scGrade >= (SELECT AVG(y.scGrade) FROM SC y WHERE y.sNo = x.sNo)
ORDER BY s.sNo, c.cNo
```

因为对每一个学生都要求出其所选课程平均成绩，所以这里要用相关子查询。对于相关子查询，父查询和子查询中都要查询的基本表、视图最好都改名，以便理顺逻辑关系，帮助理解。

例 5.23　设当前工作数据库为 STC。查询选修了名为《数据库原理及应用》的课程的所有学生的基本信息。

```
SELECT sNo 学号, sName 姓名, sSex 性别, sAge 年龄, sDept 系别
FROM Students
WHERE sNo IN (SELECT x.sNo FROM SC x, Courses c
```

```
                WHERE x.cNo = c.cNo AND c.cName = '数据库原理及应用')
   ORDER BY sNo
```

这里的子查询是一个不相关子查询,其作用是求出选修了名为《数据库原理及应用》的课程的所有学生的学号构成的集合。注意,名为《数据库原理及应用》的课程可能不止一门,例如大专层次和本科层次的《数据库原理及应用》课程是两门课,有不同的课号。因此本例程序中的 IN 运算符不能换成等号。

例 5.24　设当前工作数据库为 STC。查询没有选修《数据库原理及应用》课程的所有学生的基本信息。

解：要查询没有选修《数据库原理及应用》课程的所有学生的基本信息,只须将上面 SELECT 语句中的关键字 IN 改成 NOT IN,用不相关子查询实现。不过这里也可以用相关了查询实现为：

```
SELECT sNo 学号, sName 姓名, sSex 性别, sAge 年龄, sDept 系别
FROM Students s
WHERE NOT EXISTS (SELECT * FROM SC x, Courses c
                  WHERE s.sNo = x.sNo AND x.cNo = c.cNo
                        AND c.cName = '数据库原理及应用')
ORDER BY sNo
```

这里,子查询的作用是：对于父查询从学生信息表 Students 中检索到的每一个学生,在选课信息表 SC 中查找其在《数据库原理及应用》课程上的选课记录。NOT EXISTS 表示要求该选课记录为空。如果将 NOT EXISTS 改为 EXISTS,就是例 5.23 的相关子查询实现。

例 5.25　设当前工作数据库为 STC。要查询选修了 Courses 表所列全部课程的所有学生的学号和姓名,根据例 3.15(1)的元组关系演算

$$\{s \mid S(s) \land \forall c(c \in C \to SC(s,c))\} = \{s \mid S(s) \land \neg \exists c(c \in C \land \neg SC(s,c))\}$$

实现如下：

```
SELECT s.sNo 学号, s.sName 姓名 FROM Students s
WHERE NOT EXISTS
   (SELECT * FROM Courses c
     WHERE NOT EXISTS
       (SELECT * FROM SC
         WHERE SC.sNo = s.sNo AND SC.cNo = c.cNo
        )
    )
ORDER BY s.sNo
```

其中,第三层的相关子查询实现元组关系演算中的谓词 $SC(s,c)$。

例 5.26　设当前工作数据库为 STC。要查询选修了名为"WXG"的学生所选全部课程的所有学生的学号和姓名,根据例 3.15(2)的元组关系演算

$$\{s \mid S(s) \land \forall c(c \in C \land SC(s_0,c) \to SC(s,c))\}$$
$$= \{s \mid S(s) \land \neg \exists c(c \in C \land SC(s_0,c) \land \neg SC(s,c))\}$$

实现如下：

```
SELECT sx.sNo 学号, sx.sName 姓名 FROM Students sx
WHERE NOT EXISTS
```

```
(SELECT * FROM Courses cy
  WHERE cy.cNo IN
    (SELECT cz.cNo FROM Courses cz, SC scz, Students sz
      WHERE sz.sName = 'WXG' AND sz.sNo = scz.sNo AND scz.cNo = cz.cNo
    ) AND NOT EXISTS
    (SELECT * FROM SC scu WHERE scu.sNo = sx.sNo AND scu.cNo = cy.cNo
    )
)
ORDER BY sx.sNo
```

由于嵌套层数较多,对查询中用到的所有基本表都使用了别名:第一层中的别名全部以字母 x 结尾,第二层中的别名全部以字母 y 结尾,第三层中有两个子查询,第一个是无关子查询,第二个是相关子查询,两个子查询中的别名分别全部以字母 z 和字母 u 结尾。第三层的无关子查询的作用是查询学生"WXG"所选全部课程的课号,相当于实现元组关系演算中的谓词 $SC(s_0,c)$。第三层的相关子查询实现元组关系演算中的谓词 $SC(s,c)$。

3. 在 HAVING 子句中嵌套 SELECT 语句

例 5.27 设当前工作数据库为 STC。查询个人所选课程平均成绩不低于自己《数据库原理及应用》课程单科成绩的学生的学号和姓名。

```
SELECT s.sNo 学号, s.sName 姓名
FROM Students s, SC x
WHERE s.sNo = x.sNo
GROUP BY s.sNo, sName
HAVING AVG(x.scGrade)> =
      (SELECT y.scGrade FROM SC y, Courses c
        WHERE y.sNo = s.sNo AND y.cNo = c.cNo AND c.cName = '数据库原理及应用')
```

5.4.6 将查询结果直接组织成新基本表

只要在 SELECT 子句之后、FROM 子句之前加上一个 INTO 子句:

```
INTO <新基本表名>
```

就可以将查询结果直接组织成一个新的基本表。不过,新基本表没有主键码,也不是构成数据库模型的基本表。

例 5.28 设当前工作数据库为 STC。下面的 SELECT 语句将查询结果直接组织成了一个名为 StudentsNew 的基本表:

```
SELECT s.sNo, sName, c.cNo, cName, scGrade INTO StudentsNew
FROM Students s, SC, Courses c
WHERE s.sNo = SC.sNo AND c.cNo = SC.cNo
```

5.5 SQL 的数据修改——INSERT、DELETE、UPDATE 语句

定义 5.6 SQL 的数据修改是指插入记录、删除记录和更新记录三种操作,分别对应 INSERT 语句、DELETE 语句和 UPDATE 语句。

5.5.1 INSERT 语句

1. 插入一条记录

基本格式：

INSERT INTO <基本表名> [(<字段名列表>)] VALUES (<记录>)

其中，"<字段名列表>"中指出的字段名必须都是 INTO 子句指定的基本表的字段名，并且应当含有该基本表中不允许为空的所有字段。若"<字段名列表>"省略，则表示"<字段名列表>"中含有基本表的所有字段。"<记录>"是一组有确定值的表达式，表达式应当与"<字段名列表>"中的字段个数相等、顺序对应、类型匹配；数据值应当符合基本表定义中的域完整性约束和参照完整性约束；基本表中允许为空的字段在"<记录>"中暂时无值的应当用 NULL 关键字填充占位。"<记录>"中的数据表达式之间要用英文逗号隔开。

若要插入多个记录，可以用多条 INSERT 语句构成批处理。

例 5.29 设当前工作数据库为 STC。下面的 INSERT 语句向 Students 基本表插入 VALUES 子句指定的记录：

INSERT INTO Students VALUES(13, '王蔷', '女', 21, NULL)

当 Students 表中已经有学号为 13 的记录时，系统拒绝执行插入操作，并提示"违反了 PRIMARY KEY 约束"。

2. 插入 SELECT 语句的查询结果

基本格式：

INSERT INTO <基本表名> [(<字段名列表>)] < SELECT 查询语句>

这种 INSERT 语句的功能是将"<SELECT 查询语句>"的执行结果插入到 INTO 子句指定的已有基本表中。对"<字段名列表>"的要求与插入一条记录时对"<字段名列表>"的要求相同。对"<SELECT 查询语句>"查询结果中记录的要求与插入一条记录的情况基本相同。如果 SELECT 子句中列出的字段名有引用字段，那么它在"<字段名列表>"中对应的应该是相应的目标字段。

例 5.30 设当前工作数据库为 STC。下面批处理中的 INSERT 语句将 Students 表中的所有记录插入到 CREATE TABLE 语句创建的与 Students 表结构相同的 BackupStudents 空表中，相当于复制 Students 表。

```
CREATE TABLE BackupStudents(sNo TINYINT PRIMARY KEY,
                 sName VARCHAR(20) NOT NULL,
                 sSex CHAR(2) DEFAULT('男') CHECK(sSex in ('男', '女')),
                 sAge TINYINT,
                 sDept VARCHAR(20))
GO
INSERT INTO BackupStudents SELECT DISTINCT * FROM Students ORDER BY sNo
```

例 5.31 设当前工作数据库为 STC。设 STC 中已有与 Students 表结构相同的 BackupStudents 表。下面的 INSERT 语句将 Students 表中不属于 BackupStudents 表的记

录全部插入到 BackupStudents 表中：

```
INSERT INTO BackupStudents
SELECT * FROM Students x
WHERE x.sNo NOT IN (SELECT y.sNo FROM BackupStudents y)
ORDER BY x.sNo
```

5.5.2　DELETE 语句

基本格式：

DELETE FROM <基本表名> WHERE <谓词>

DELETE 语句的功能是从 FROM 子句指定的基本表中删除满足“<谓词>”的记录。对“<谓词>”的说明同 SELECT 语句。如果省略 WHERE 子句，则删除 FROM 子句指定的基本表中的所有记录，使该基本表成为空表。

例 5.32　设当前工作数据库为 STC。下面的 DELETE 语句将 BackupStudents 表中系名后两字为“工程”的学生记录全部删除：

DELETE FROM BackupStudents WHERE sDept LIKE '%工程'

这里没有举删除 Students 表和 Courses 表中记录的例子，因为我们在创建数据库 STC 时定义了级联参照完整性约束，如果删除 Students 表或 Courses 表中的某些记录，则也会同时删除 SC 表中的相应记录。

5.5.3　UPDATE 语句

基本格式：

```
UPDATE <基本表名>
SET <字段名> = <表达式>
WHERE <谓词>
```

UPDATE 语句的功能是对“<基本表名>”指定的基本表中满足 WHERE 子句中“<谓词>”的记录执行 SET 子句。

例 5.33　设当前工作数据库为 STC。设 STC 中已经有 SC 表的备份 BackupSC。下面的 UPDATE 语句将 SC 表中“WY”系所有学生《C 程序设计》课程的成绩开方乘 10：

```
UPDATE SC
SET scGrade = 10 * SQRT(scGrade)
WHERE sNo IN (SELECT s.sNo FROM Students s WHERE s.sDept = 'WY') AND
      cNo IN (SELECT c.cNo FROM Courses c WHERE c.cName = 'C 程序设计')
```

5.6　SQL 的视图

5.6.1　视图的创建和查询

视图是从基本表和其他视图构造的虚表，是用户看到的数据表。关系数据库中只存放视图的定义,而不存放视图对应的数据。视图对应的数据仍然放在导出该视图的基本表中,需要时临时从这些基本表中提取数据。

在当前数据库中创建视图的数据定义语句常用格式为:

```
CREATE VIEW <视图名>(<列名表>) AS < SELECT 语句> [WITH CHECK OPTION]
```

其中,“<列名表>”是对所创建视图各列名称(至少一个)的说明,各列名之间用英文逗号隔开。SELECT 语句的 SELECT 子句中的查询项与“<列名表>”中的列名数目相等、顺序对应,但对应的列名不必相同。如果“<列名表>”中未指定列名,则视图获得 SELECT 子句中的相应列名。但是对于 SELECT 子句中本身为复杂算术表达式、函数或常量的查询项,在“<列名表>”中必须指定列名;如果 SELECT 子句中有名称相同的查询项,则在“<列名表>”中也必须指定列名。

“WITH CHECK OPTION”可选项强制在该视图上执行的所有数据修改都必须符合视图定义中 SELECT 语句设置的条件。通过视图来修改行时,“WITH CHECK OPTION”选项可确保提交修改后,仍可通过视图看到修改的数据。

视图定义中不能有 DEFAULT 关键字,也不能有数据完整性约束定义,更不能引用临时表或表变量;SELECT 语句中不能有 ORDER BY 子句、COMPUTE 或 COMPUTE BY 子句,也不能有 INTO 子句。

视图中有可能出现重复行,必要时可在定义视图的 SELECT 语句中使用 DISTINCT 关键字来消除重复。

例 5.34　下面的 CREATE VIEW 语句在当前数据库中创建一个名为 Zhengxian 的视图:

```
CREATE VIEW Zhengxian(LiuFenZhiPai) AS SELECT SIN(PI()/6)
```

其作用是显示一张二维表,表中只有一列,列名为 LiuFenZhiPai,数据为 $\sin(\pi/6)$ 的值 0.5。

例 5.35　设当前数据库为 STC。下面的 CREATE VIEW 语句在当前数据库中创建了一个名为 Grade 的视图,显示每一个学生的学号、姓名、课号和成绩:

```
CREATE VIEW Grade(学号, 姓名, 课号, 成绩)
AS
SELECT Students.sNo, sName, Courses.cNo, scGrade
FROM Students, SC, Courses
WHERE Students.sNo = SC.sNo AND Courses.cNo = SC.cNo
```

例 5.36　设当前数据库为 STC。下面的 CREATE VIEW 语句在当前数据库中创建了一个名为 AvgGrade 的视图,显示每一个学生的学号、姓名、平均成绩:

```
CREATE VIEW AvgGrade(学号, 姓名, 平均成绩)
AS
SELECT Students.sNo, sName, AVG(scGrade)
FROM Students, SC, Courses
WHERE Students.sNo = SC.sNo AND Courses.cNo = SC.cNo
GROUP BY Students.sNo, sName
```

对视图的查询与对基本表的查询在 SELECT 语句中没有任何区别,此处不再介绍和举例。

5.6.2　修改视图定义

修改视图定义就是重新定义原有的同名视图。修改当前数据库中已有视图定义的数据定义语句为：

```
ALTER VIEW <原视图名>(<列名表>) AS < SELECT 语句> [WITH CHECK OPTION]
```

在大多数情况下，ALTER VIEW 语句用来修改原视图定义中的 SELECT 语句，而不是修改原视图的结构，即在大多数情况下，ALTER VIEW 语句中的列名表与原视图定义中的列名表相同。

5.6.3　修改视图数据

修改视图数据就是对视图进行数据的插入、删除和更新等操作。修改视图数据的数据定义语句格式与修改基本表的数据定义语句格式基本相同。

由于视图只是虚表，视图的数据有些可能直接来自基本表，如例 5.36 定义的视图中的"学号"和"姓名"；有些可能是从基本表中数据计算出来的间接数据，如例 5.36 定义的视图中的"平均成绩"；有些可能是与基本表无关的表达式的值，例 5.34 定义的视图中的"LiuFenZhiPai"。对视图中直接来自基本表的数据的修改有可能导致为视图直接提供数据的基本表的修改。正因为如此，对视图数据的修改受到很多限制：

(1) 定义中含有聚集函数、派生列或常量列的视图是不可修改的；如果定义视图的 SELECT 语句中含有 DISTINCT 关键字，则该视图也是不可修改的。

(2) 仅当视图定义中的 FROM 子句中只引用一个基本表时，对视图中数据的删除操作 (DELETE FROM 语句)才可能成功。

(3) 仅当 UPDATE(或 INSERT)语句只改变视图定义中 FROM 子句引用的仅一个基本表的数据时，UPDATE 语句(INSERT 语句)操作才可能成功。

例 5.37　设当前数据库为 STC。对例 5.35 所定义的视图 Grade 做如下的数据更新：

```
UPDATE Grade
SET 姓名 = '王小刚'
WHERE 学号 = 11
```

则原 Students 表中 sNo 字段值为 11 的记录的 sName 字段值改为"王小刚"。但是对例 5.36 所定义的视图 AvgGrade 做同样的数据更新却不能成功，因为例 5.36 视图 AvgGrade 的定义中含有聚集函数。

5.7　嵌入式 SQL

在高级编程语言中使用的 SQL 就是嵌入式 SQL(ESQL)。嵌入到 C 语言的 ESQL 称为 ESQL/C。ESQL 有两种实现方式：即编译方式和预处理方式。编译方式就是扩充宿主语言的编译程序，使之能直接处理 ESQL；预处理方式就是先用 DBMS 提供的 ESQL 预处理程序扫描宿主语言源程序,识别 ESQL 并将其转化为宿主语言函数调用形式,再用宿主语言编译程序编译成目标代码。一般多采用预处理方式。

Microsoft SQL Server 2000 提供的 ESQL/C 预处理程序为 NSQLPREP. EXE。ESQL/C 的源程序文件扩展名应当为. sqc,经过预处理程序 NSQLPREP. EXE 处理后生成一个扩展名为. c 的 C 源程序。接下来再用 C 语言编译程序编译、链接这个 C 源程序即可。这个过程稍微有些复杂。本书采用 Microsoft Visual C++ 6.0 作为 C 语言编译程序。

宿主语言和 SQL 之间的通信接口是用 SQL 的 DECLARE 语句声明的主变量(又称共享变量)。主变量是宿主语言和嵌入式 SQL 通信的主要渠道。宿主语言和嵌入式 SQL 之间的通信主要包括:

(1) 宿主语言向 ESQL 语句提供参数,这一功能主要通过主变量来实现。

(2) ESQL 向宿主语言传递 SQL 语句的执行状态,这一功能主要通过 SQL 通信区(SQLCA)来实现。

(3) ESQL 向宿主语言提交对应用数据库的访问结果,这一功能主要通过主变量和游标变量来实现。

ESQL 语句必须加前缀关键字 EXEC SQL,以便预处理程序区别宿主语言语句和 SQL 语句。嵌入式 SQL 语句结束标志与宿主语言一致,一般为英文分号。本书以 ESQL/C 为例讲解嵌入式 SQL。

5.7.1 ESQL 的使用规定

1. 主变量的声明与使用格式

声明主变量的语句格式是:

```
EXEC SQL BEGIN DECLARE SECTION;
<宿主语言的变量声明语句>
EXEC SQL END DECLARE SECTION;
```

主变量在 ESQL 中的使用格式是在主变量名前加冒号。主变量在宿主语言中直接使用,无须加冒号。

2. 游标变量的声明与使用规定

SQL 的 SELECT 语句的执行结果是由一些记录组成的集合,而宿主语言一次只能处理一条记录。ESQL 通过游标来协调宿主语言和 SQL 的不同的数据处理方式。游标是用户向系统申请的一个数据缓冲区,用来临时存放 SELECT 语句的查询结果。游标名即游标变量是指向查询记录的指针,用来访问查询结果中的每条记录。

声明游标变量的语句格式是:

```
EXEC SQL DECLARE <游标变量名> CURSOR FOR
< SELECT 语句>;
```

其中的"<SELECT 语句>"只有在打开游标变量时才执行。

声明游标变量后,还必须打开才能使用。打开游标变量就是执行游标变量声明中的

"＜SELECT 语句＞",并使游标变量指向查询结果的第一条记录。打开已声明游标变量的语句格式是:

```
EXEC SQL OPEN <游标变量名>;
```

要访问查询结果的每条记录,还必须推进游标变量,使游标变量能够指向下一条、上一条、第一条、最后一条记录,并将所指记录的数据赋予业已声明的主变量。推进游标变量的语句格式是:

```
EXEC SQL FETCH[[NEXT|PRIOR|FIRST|LAST] FROM]<游标变量名>
         INTO <主变量列表>;
```

其中,＜主变量列表＞中的主变量应当与游标变量声明中"＜SELECT 语句＞"的 SELECT 子句中的查询项对应。每一个主变量还可以带一个指示变量(用英文冒号隔开),用来指示主变量状态。指示变量是无须声明就直接使用的整型变量,当其值为负数时表示该主变量的值为空。指示变量在使用时前面也要带冒号。

游标变量用完后必须关闭,以释放其所占缓冲区。关闭游标变量的语句格式是:

```
EXEC SQL CLOSE <游标变量名>;
```

游标变量被关闭后,还可以再被打开,无须再次声明。

3. SQL 通信区(SQLCA)

SQLCA 是一个数据结构,有很多成员分量,其中有两个分量 SQLCODE 和 SQL_STATE。

SQLCODE 是一个 long 型变量,用来存放 ESQL/C 程序中最后执行的 SQL 语句的状态码。应用程序每执行完一条 SQL 语句都要测试 SQLCODE 的值来了解 SQL 语句执行情况。SQLCODE 的值为 0 表示 SQL 语句执行成功;SQLCODE 的值为 1 表示 SQL 语句执行了但出现了例外;SQLCODE 的值为 100 表示游标变量推进失败(没有找到满足游标定义的记录);SQLCODE 的值为负表示 SQL 语句由于应用程序错误、数据库错误、系统错误或网络错误未能执行。

SQL_STATE 是 SQL 92(即 SQL 2)提供的一个特殊主变量,其中存放 SQL 语句执行后的 run-time 错误码,以便用户通过测试了解 SQL 语句的执行状况并作出相应处理。它是一个长度为 5 的无符号字符型数组(unsigned char),在具体的宿主语言中使用前要按主变量声明,最好声明为字符串(加上字符串结束标志)。当 SQL 语句执行成功时,DBMS 会给 SQL_STATE 赋予全零值。SQL_STATE 的值不全为零表示 SQL 语句执行时发生的各种错误,比如"02000"表示未找到记录。

定义 SQLCA 的格式是:

```
EXEC SQL INCLUDE SQLCA;
```

4. SQL Server 2000 对 ESQL/C 源程序的预处理

在命令行下用 Microsoft SQL Server 2000 对 ESQL/C 源程序进行预处理的格式是:

NSQLPREP < ESQL 源程序名> [/DB 服务器名.]<数据库名> /PASS <登录名>.<口令>

其中,"<ESQL 源程序名>"不带扩展名.sqc。

5. 连接数据库

必须在连接数据库以后,ESQL 才可以正确执行。即便不操作数据库,也要连接到一个数据库。连接数据库的语句格式为:

CONNECT TO [<服务器名>].<数据库名> [AS <连接名>] USER [<用户 ID >[.用户口令]]

不再访问已连接的数据库时,必须断开数据库。断开数据库的语句格式为:

DISCONNECT [<连接名> | ALL | CURRENT]

其中,可选关键字 ALL 表示断开所有连接,CURRENT 表示断开当前连接。

SET CONNECTION 语句用来在两个以上数据库连接之间切换,即设置当前连接:

SET CONNECTION <连接名>

以上三种 SQL 语句必须加上 ESQL 前缀 EXEC SQL 和语句结束标志(在 C/C++中为分号)才能生效。

5.7.2　ESQL/C 的使用方法

1. ESQL/C 编译环境的建立

建立 ESQL/C 编译环境的步骤如下:

(1) 将 Microsoft SQL Server 2000 安装光盘上相应版本目录(\DEVELOPER(开发版)、\ENTERPRISE(企业版)、\PERSONAL(个人版)或\STANDARD(标准版))下\x86\Binn 子目录中的 NSQLPREP.EXE、SQLakw32.dll 和 SQLaiw32.dll 三个文件复制到 Microsoft SQL Server 2000 安装目录的\MSSQL\Binn 子目录,比如: C:\Program Files\Microsoft SQL Server\MSSQL\Binn,并将 SQLakw32.dll 和 SQLaiw32.dll 两个文件复制到 C:\Windows\System32。

(2) 依次选择"控制面板"→"系统(双击)"→"高级"→"环境变量"→"用户变量"→"新建",将"C:\Program Files\Microsoft SQL Server\MSSQL\Binn"输入"变量值",并取"变量名"为"ESQLC",连续单击"确定"按钮退出。

(3) 建立一个备用的批处理文件 C:\ SETESQLC.BAT,其内容为:

```
cd\Program Files\Microsoft Visual Studio\VC98\Bin
call vcvars32.bat
cd\Program Files\Microsoft SQL Server\80\Tools\DevTools\ESQLC
call setenv.bat
cd\Program Files\Microsoft SQL Server\MSSQL\Binn
```

(4) 将 Microsoft SQL Server 安装光盘上相应版本目录下\DevTools 子目录中的 Include 和 x86Lib 两个文件夹整体复制到 Microsoft SQL Server 安装目录的\80\Tools\DevTools 子目录,比如: C:\Program Files\Microsoft SQL Server\80\Tools\DevTools。

（5）启动 Microsoft Visual C++6.0 的集成开发环境，在"工具（Tools）"→"选项（Options）"级联菜单的"目录（Directories）"选项卡的 Show directories for 组合框中选择 Include Files 项，在相应的 Directories 编辑框中添加路径 C：\Program Files\Microsoft SQL Server\80\Tools\DevTools\Include；在同一组合框中选择 Library Files 项，在相应的 Directories 编辑框中添加路径 C：\Program Files\Microsoft SQL Server\MSSQL\Binn 和 C：\Program Files\Microsoft SQL Server\80\Tools\DevTools\x86Lib。

以上工作只须做一次，以后不用再做。

2．ESQL/C 程序的预处理、编译、链接和执行

对于每一个 ESQL/C 程序，都要做如下步骤的工作：

（1）将 ESQL/C 源程序 ∗.sqc 复制到 C：\Program Files\Microsoft SQL Server\MSSQL\Binn 目录，在命令提示符下执行"c：\setesqlc"命令，然后键入命令行：

nsqlprep <ESQL 源程序名>

并回车，对 ESQL/C 源程序 ∗.sqc 进行预处理，生成一个同名的 C 源程序 ∗.c。该命令行也可以带"/PASS <登录名>.<口令>"参数。如果 ESQL/C 源程序中有错误，nsqlprep.exe 会提示错误。修改后再进行预处理。

注意：<ESQL 源程序名>不带后缀.sqc。

（2）在 Microsoft Visual C++ 6.0 下，新建一个 Win32 Console Application 型空工程，单击 Project→Settings 级联菜单，弹出 Project Settings 对话框，在"链接（Link）"选项卡的 Object/Library Modules 编辑框中内容的后面空一格输入 SQLakw32.lib Caw32.lib，单击"确定"按钮结束。

（3）在该工程的 FileView 窗口右击 Source Files 文件夹，从快捷菜单中单击 Add Files to Folder，选择已经过预处理得到的 C 源程序 ∗.c，将该源程序添加到工程中。

（4）按 F7 键或单击 Build（感叹号）按钮，对这个 C 源程序进行编译、链接。

（5）按 Ctrl+F5 键或单击 BuildExecute（感叹号）按钮，或者双击生成的 ∗.EXE 文件，运行该程序。

对 ESQL/C 进行预处理、编译、链接和执行时，需要 SQLSERVR.EXE 服务的支持，并且 ESQL/C 所访问的数据库必须未从 SQL Server 分离。

3．ESQL/C 程序举例

例 5.38　下面的 ESQL/C 程序不操作数据库，只输出 $\sin(\pi/6)$ 的值：

```
#include "stdio.h"
#include "conio.h"
EXEC SQL INCLUDE SQLCA;
void main()
  {
    EXEC SQL BEGIN DECLARE SECTION;
      float sinValue = 0;
    EXEC SQL END DECLARE SECTION;
    EXEC SQL CONNECT TO STC AS conn;
```

```
if (SQLCODE == 0) printf("\nConnection to the database is successful!\n");
else {printf("\nFailed to Connect the database!\n"); getch(); return;}
EXEC SQL SELECT SIN(PI()/6) INTO :sinValue;
EXEC SQL DISCONNECT conn;
printf("\nsinValue = % f.\n", sinValue);
getch();
}
```

本例程序输出为 sinValue＝0.500000。如果不连接数据库,本例的输出为 sinValue＝0.000000。

例 5.39　下面的 ESQL/C 程序在数据库 STC 中创建一个名为 viewSC 的视图,该视图用来显示每一个学生的学号、姓名、性别、课号、课名和成绩:

```
# include "stdio. h"
# include "conio. h"
EXEC SQL INCLUDE SQLCA;
void main()
  {
    EXEC SQL CONNECT TO STC AS conn;
    if (SQLCODE == 0) printf("\nConnection to the database was successful!\n");
    else {printf("\nFailed to Connect the database!\n"); getch(); return;}
    EXEC SQL
    CREATE VIEW viewSC(学号, 姓名, 性别, 课号, 课名, 成绩)
    AS
    SELECT s. sNo, s. sName, s. sSex, c. cNo, c. cName, SC. scGrade
    FROM Students s, SC, Courses c
    WHERE s. sNo = SC. sNo AND c. cNo = SC. cNo;
    if (SQLCODE == 0) printf("\nCreation was successful!\n\n");
    else printf("\n Failed to create a view!\n\n");
    getch();
    EXEC SQL DISCONNECT conn;
  }
```

例 5.40　下面的 ESQL/C 程序在数据库 STC 中查询每一个学生的学号、姓名、性别、课号、课名和成绩:

```
# include "stdio. h"
# include "conio. h"
EXEC SQL INCLUDE SQLCA;
void main()
  {
    int count = 0;
    EXEC SQL BEGIN DECLARE SECTION;
      int sNo = 0;
      char sName[21] = "";
      char sSex[3] = "";
      int cNo = 0;
      char cName[21] = "";
      int scGrade = 0;
    EXEC SQL END DECLARE SECTION;
```

```
EXEC SQL CONNECT TO STC AS conn;
if (SQLCODE == 0) printf("\nConnection to the database is successful!\n");
else {printf("\nFailed to Connect the database!\n"); getch(); return;}
EXEC SQL DECLARE cur CURSOR FOR
SELECT s.sNo, s.sName, s.sSex, c.cNo, c.cName, SC.scGrade
FROM Students s, SC, Courses c
WHERE s.sNo = SC.sNo AND c.cNo = SC.cNo;
EXEC SQL OPEN cur;
if (SQLCODE == 0) printf("\nThe cursor is opened succesefully!\n\n");
else printf("\nFailed to open the cursor!\n\n");
while (SQLCODE == 0)
    {
      EXEC SQL FETCH cur INTO :sNo, :sName, :sSex, :cNo, :cName, :scGrade;
      printf("%d %s %s %d %s %d\n", sNo, sName, sSex, cNo, cName, scGrade);
      count ++;
    }
EXEC SQL CLOSE cur;
EXEC SQL DISCONNECT conn;
printf("\n%d records found.\n", count);
getch();
}
```

5.8　用户自定义函数

定义 5.7　用户自定义函数是按照一定格式编写的有返回值的、永久存储在数据库中供随机调用的 SQL 语句集合。

用户自定义函数可以像系统函数一样从查询中唤醒调用，也可以像存储过程一样通过 EXECUTE 语句执行。

用户自定义函数可用 ALTER FUNCTION 语句修改，用 DROP FUNCTION 语句删除。修改方法类似于存储过程的修改。

如果用户自定义函数的参数有默认值，在调用该函数时必须使用 DEFAULT 关键字才能获得默认值。

用户自定义函数可分为标量函数、内嵌表值函数和多语句表值函数三种。

5.8.1　标量函数

在当前工作数据库中创建用户自定义标量函数的语句格式为：

```
CREATE FUNCTION <函数名> [(<标量形参表列>)]
RETURNS <标量返回值类型>
[AS]
BEGIN
    <函数体>
    RETURN <标量表达式>
END
```

其中,可选关键字 AS 不是必须的。"<函数体>"是零个或一个以上 SQL 语句。可选项"<标量形参表列>"可以说明零个、一个或多个标量形式参数,各标量形参之间用逗号隔开。每一个标量形参的说明格式为:

<标量参数名> [AS] <标量数据类型> [= <默认值>]

其中,"<标量参数名>"必须是以@开头的 SQL 标识符。

调用用户自定义标量函数的格式为:

<数据库名>.dbo.<函数名>([<实参表列>])

当调用的是当前数据库中的用户自定义标量函数时,"<数据库名>."可以省略,但"dbo."是必须的。而用 EXECUTE 执行用户自定义标量函数时,函数名后不能带括号,参数要像存储过程的输入参数那样给定。

例 5.41　设当前工作数据库为 STC。下面的用户自定义标量函数用来计算函数 $Sample(x,n)$ 的值:对于给定的整数 n 和实数 x,若 $|x| \geqslant 1/(|n|+1)$,则 $Sample(x,n) = \sin x/x$;若 $|x| < 1/(|n|+1)$,则 $Sample(x,n) = 1$。

```
CREATE FUNCTION Sample(@x float = 1.0, @n int = 1)
RETURNS float
BEGIN
    IF ABS(@x)> = 1/(ABS(@n) + 1) RETURN SIN(@x)/@x
    RETURN 1.0
END
```

下面是对该标量函数的调用:

```
SELECT dbo.Sample(PI()/4, 1)
```

执行结果为:0.900316316157106060。

下面是使用默认值对该标量函数的调用:

```
SELECT dbo.Sample(DEFAULT, DEFAULT)
```

执行结果为:0.8414709848078965。

5.8.2　内嵌表值函数

在当前工作数据库中创建用户自定义内嵌表值函数的语句格式为:

```
CREATE FUNCTION <函数名> [(<标量形参表列>)]
RETURNS TABLE
[AS] RETURN < SELECT 语句>
```

其中,可选关键字 AS 不是必须的。"<标量形参表列>"的说明同用户自定义标量函数。

用户自定义内嵌表值函数的返回值是一个表,要当作表来调用。调用用户自定义内嵌表值函数的格式为:

<数据库名>.dbo.<函数名>[(<实参表列>)]

当调用的是当前数据库中的用户自定义内嵌表值函数时,"<数据库名>. dbo."可以省略。

例 5.42　设当前工作数据库为 STC。下面的用户自定义内嵌表值函数用来根据参数给定的"学号"获得学生的姓名、性别、年龄、系别、选课门数和总分等信息:

```
CREATE FUNCTION funSelect(@sNo TINYINT)
RETURNS TABLE
RETURN
SELECT sName 姓名, sSex 性别, sAge 年龄, sDept 系别,COUNT( * )选课门数, SUM(scGrade) 总分
FROM Students x, SC y
WHERE x. sNo = y. sNo
GROUP BY x. sNo, sName, sSex, sAge, sDept
HAVING x. sNo = @sNo
```

下面是对该内嵌表值函数的调用:

```
SELECT * FROM funSelect(1)
```

5.8.3　多语句表值函数 *

在当前工作数据库中创建用户自定义多语句表值函数的语句格式为:

```
CREATE FUNCTION <函数名> [(<标量形参表列>)]
RETURNS <返回变量> TABLE (<表类型定义>)
[AS]
BEGIN
    <函数体>
    RETURN
END
```

其中,可选关键字 AS 不是必须的。"<返回变量>"是一个 TABLE 型变量名,必须是以@开头的 SQL 标识符,用于存储和累积应作为函数值返回的行。"<表类型定义>"用来定义"<返回变量>"的表结构。每一列的说明有列定义和列数据完整性约束两部分,最后还可以有表约束。类似于基本表的定义,列约束仅限于主键码约束、唯一性约束和非空性约束;表约束一般限于参照完整性约束。"<标量形参表列>"的说明同用户自定义标量函数。

用户自定义多语句表值函数的返回值是一个表,要当作表来调用。

调用用户自定义多语句表值函数的格式和方法同内嵌表值函数的调用方法。

例 5.43　设当前工作数据库为 STC。下面的用户自定义多语句表值函数用来根据参数给定的"姓名"获得学生的学号、姓名、性别、年龄、系别、选课门数和总分等信息:

```
CREATE FUNCTION funcMultiStatement(@sName CHAR(20))
RETURNS @retTable TABLE (学号 TINYINT PRIMARY KEY,
                姓名 VARCHAR(20) NOT NULL, 性别 CHAR(2), 年龄 TINYINT,
                    系别 VARCHAR(20), 选课门数 TINYINT, 总分 INT)
BEGIN
    INSERT INTO @retTable
    SELECT x. sNo, sName, sSex, sAge, sDept, COUNT( * ), SUM(scGrade)
```

```
        FROM Students x, SC y
        WHERE x.sNo = y.sNo
        GROUP BY x.sNo, sName, sSex, sAge, sDept
        HAVING x.sName = @sName
        RETURN
    END
```

下面是对该多语句表值函数的调用：

```
SELECT * FROM funcMultiStatement('李大强')
```

5.9　用户自定义存储过程

定义 5.8　存储过程是按照一定格式编写的、永久存储在数据库中供随机调用或在一定条件下自动执行的无返回值的 SQL 语句集合。

用户自定义存储过程分为触发器和随机调用的存储过程两种。随机调用的存储过程有无参数存储过程和有参数存储过程之分。

存储过程可以嵌套，即在一个存储过程的定义中可以调用另一个存储过程。

5.9.1　随机调用的存储过程

在当前工作数据库中创建随机调用的存储过程的语句格式为：

```
CREATE PROCEDURE <存储过程名> [<形参表列>] AS <过程体>
```

其中，AS 子句中的"<过程体>"是一个 SQL 语句或语句块，是存储过程要完成的操作。可选项"<形参表列>"可以说明多个形式参数，各形参之间用英文逗号隔开。PROCEDURE 关键字可以简化为 PROC。每一个形参的说明格式为：

```
<参数名> <数据类型> [ = <默认值>] [OUTPUT]
```

其中，"<参数名>"必须是以@开头的 SQL 标识符。可选项关键字 OUTPUT 指明是输出参数，默认是输入参数。输入参数就是给存储过程提供数据的参数，输出参数就是从存储过程获得数据的参数。随机调用存储过程没有返回值，只能通过输入参数和输出参数与过程外通信。一个形式参数不能既是输入参数又是输出参数。在"<过程体>"结束前应当给输出参数赋值以实现从过程内到过程外的通信。输出参数的值必须被过程外的局部变量接收才能使用。

成功执行 CREATE PROCEDURE 语句后，随机调用存储过程的名称将存储在当前工作数据库的 sysobjects 系统表中，而 CREATE PROCEDURE 语句的文本将存储在当前工作数据库的 syscomments 表中。

对随机调用的存储过程的编译在该存储过程第一次执行时进行。

执行随机调用存储过程的格语句式为：

```
EXCECUTE <数据库名>.dbo.<存储过程名> [@return_status] [<实参表列>]
```

其中,EXCECUTE 关键字可以简化为 EXEC。当要执行的是当前数据库中的存储过程时,"<数据库名>. dbo."可以省略。"<实参表列>"对应于被执行的存储过程的"<形参表列>"。对于输入参数,"<实参表列>"中应当写"<形参名>=<实参值>",也可以按顺序直接写"<实参值>"而略去"<形参名>";对于输出参数,"<实参表列>"中应当写"<局部变量名> OUTPUT",并且该局部变量必须在执行存储过程之前声明。如果存储过程既有输入参数,也有输出参数,或者输出参数只有一个,则"<实参表列>"中对应于输入参数的实参值和对应于输出参数的局部变量应当与存储过程定义中"<形参表列>"的形参数个数相等、顺序对应、类型匹配,名称也可以相同。

在随机调用存储过程中可以使用 RETURN 语句无条件退出该过程。

使用 ALTER 语句可以修改随机调用存储过程的定义,修改的格式是

ALTER PROCEDURE <存储过程名> [<形参表列>] AS <过程体>

可以看出,对随机调用存储过程定义的修改,相当于是重新定义。必要时,也可以先用 DROP 语句删除,再创建同名的随机调用存储过程。

1. 无参数存储过程

例 5.44 设当前工作数据库为 STC。将例 5.18 的查询语句作为过程体定义一个存储过程如下:

```
CREATE PROCEDURE procSelect
AS
SELECT Courses.cNo 课号, cName 课名, Students.sNo 学号, sName 姓名, scGrade 成绩
FROM Students, SC, Courses
WHERE Students.sNo = SC.sNo AND Courses.cNo = SC.cNo AND sDept = '计算机'
ORDER BY Courses.cNo,成绩 DESC
```

执行这个存储过程的语句很简单:

```
EXEC procSelect;
```

执行结果与单独执行例 5.18 的查询语句的结果一样。

2. 有参数存储过程

例 5.45 设当前工作数据库为 STC。创建一个随机调用存储过程,其功能是用输入参数接收学号、姓名、性别、年龄、系别等数据,检查其合法性后在 Students 表中插入一条相应记录。创建该存储过程的代码如下:

```
CREATE PROCEDURE procInsert
    @sNo TINYINT,
    @sName VARCHAR(20),
    @sSex CHAR(2),
    @sAge TINYINT,
    @sDept VARCHAR(20)
AS
BEGIN
IF EXISTS (SELECT * FROM Students WHERE sNo = @sNo)
```

```
      BEGIN
        PRINT '输入学号与表中现有记录冲突！'
        RETURN
      END
    INSERT INTO Students VALUES(@sNo, @sName, @sSex, @sAge, @sDept)
END
```

下面是对该存储过程的一次执行：

```
DECLARE @ssNo TINYINT, @ssName VARCHAR(20), @ssSex CHAR(2),
        @ssAge TINYINT, @ssDept VARCHAR(20)
SET @ssNo = 18
SET @ssName = '吴煜'
SET @ssSex = '男'
SET @ssAge = 22
SET @ssDept = '信息工程'
EXEC procInsert @ssNo, @ssName, @ssSex, @ssAge, @ssDept
```

由于实参与形参个数相等、顺序对应、类型一致，所以无须指出哪个实参对应哪个形参。

例 5.46 设当前工作数据库为 STC。创建一个有输入、输出参数的随机调用存储过程，其功能是输入学号，然后在 STC 中查找该学生的基本信息；如果数据库中有该学生，查询该学生的选课记录；如果有选课记录，输出该学生的姓名、性别、年龄、系别、选课门数和各科总分；如果没有选课记录，输出学生的姓名、性别、年龄和系别。创建该存储过程的代码如下：

```
CREATE PROCEDURE procInputOutput
    @sNo TINYINT,
    @sName VARCHAR(20) OUTPUT,
    @sSex CHAR(2) OUTPUT,
    @sAge TINYINT OUTPUT,
    @sDept VARCHAR(20) OUTPUT,
    @sCount TINYINT OUTPUT,
    @sumGrade NUMERIC(5,1) OUTPUT,
    @status TINYINT OUTPUT
AS
BEGIN
  SET @status = 0
  IF NOT EXISTS (SELECT * FROM Students WHERE sNo = @sNo) RETURN
  IF NOT EXISTS (SELECT * FROM SC WHERE sNo = @sNo)
  BEGIN
    SELECT @sName = sName, @sSex = sSex, @sAge = sAge, @sDept = sDept, @status = 1
    FROM Students
    WHERE sNo = @sNo
    RETURN
  END
  SELECT @sName = sName, @sSex = sSex, @sAge = sAge, @sDept = sDept,
    @sCount = COUNT(*), @sumGrade = SUM(scGrade), @status = 2
  FROM Students x, SC y
  WHERE x.sNo = y.sNo
  GROUP BY x.sNo, sName, sSex, sAge, sDept
```

```
          HAVING x.sNo = @sNo
    END
```

其中，@status 是根据需要设置的一个用来输出查询结果状态的变量：如果 Students 表中没有输入的学号@sNo，则@status＝0；如果 Students 表中有输入的学号@sNo，但 SC 表中没有，则@status＝1；如果 SC 表中有输入的学号@sNo，则@status＝2。

下面的批处理是对该存储过程的一次执行和对执行结果的检验：

```
DECLARE @sNo TINYINT, @sName VARCHAR(20), @sSex CHAR(2),
        @sAge TINYINT, @sDept VARCHAR(20), @sCount TINYINT,
        @sumGrade NUMERIC(5,1),@status TINYINT
EXEC procInputOutput 20, @sName OUTPUT, @sSex OUTPUT, @sAge OUTPUT,
                        @sDept OUTPUT, @sCount OUTPUT, @sumGrade OUTPUT,
                        @status OUTPUT
IF @status = 0 SELECT '数据库中没有该学号的学生' 查询结果
ELSE IF @status = 1 SELECT @sName 姓名, @sSex 性别, @sAge 年龄,
                                @sDept 系别, '没有选课' 选课门数
ELSE SELECT @sName 姓名, @sSex 性别, @sAge 年龄, @sDept 系别,
                        @sCount 选课门数, @sumGrade 总分
```

5.9.2 触发器*

定义 5.9 触发器是定义在基本表或视图上且当该基本表或视图被执行 INSERT、DELETE 或 UPDATE 语句时激活并自动执行而不能随机调用的一种特殊的存储过程。

触发器常常用于强制业务规则和数据完整性。

在当前工作数据库中声明触发器的语句格式为：

```
CREATE TRIGGER <触发器名> ON <基本表名或视图名>
{FOR {AFTER|INSTEAD OF}} {[INSERT] [,] [UPDATE]}
AS <触发器体>
```

其中，"{[INSERT][,][UPDATE]}"用来指定激活触发器的数据修改语句的代表关键字，至少要指定一个。如果指定的关键字多于一个，要用英文逗号隔开。在触发器定义中允许以任意顺序排列这些关键字。

按照激活方式可将触发器分为 AFTER 触发器和 INSTEAD OF 触发器两种。如果仅指定 FOR 关键字，则默认是 AFTER 触发器。

AFTER 触发器只能定义在基本表上，不能定义在视图上。AFTER 触发器只有在激活触发器的 SQL 语句中指定的所有操作、所有的级联参照完整性约束和其他约束检查都已成功完成后才激活执行。

INSTEAD OF 触发器被激活时系统不执行激活触发器的 SQL 语句而直接执行"<触发器体>"。INSTEAD OF 触发器不能定义在指定了 WITH CHECK OPTION 选项的可修改视图上。

在具有 ON DELETE 级联参照完整性约束的表上定义的 INSTEAD OF 触发器不得使用 DELETE 选项。同样，在具有 ON UPDATE 级联参照完整性约束的表上定义的 INSTEAD OF 触发器不得使用 UPDATE 选项。

触发器的执行结果不能违反原基本表或视图的数据完整性约束。在 INSTEAD OF 触发器执行之后和 AFTER 触发器执行之前系统会检查这些约束,如果违反了约束,则回滚 INSTEAD OF 触发器操作,不激发 AFTER 触发器。

在触发器被激活时,Microsoft SQL Server 用与触发器所在的基本表或视图结构完全相同的两个临时表 deleted 和 inserted 来记录临时数据。inserted 表用来存放由于执行 INSERT 或 UPDATE 语句而要向表中插入的新数据行。deleted 表用来存放由于执行 DELETE 或 UPDATE 语句而要从表中删除的旧数据行。

触发器可以用 ALTER 语句修改,用 DROP 语句删除。

例 5.47 设当前工作数据库为 STC。在 Students 表上定义一个 AFTER 触发器,使得对该表进行 INSERT 或 UPDATE 操作后,系统自动调用例 5.43 创建的多语句表值函数 funcMultiStatement(@sName)来显示数据库中与插入记录姓名相同的所有学生的学号、姓名、性别、年龄、系别、选课门数和总分等信息。

```
CREATE TRIGGER MyTrigger ON Students
FOR INSERT, UPDATE
AS
BEGIN
    DECLARE @sName CHAR(20)
    SELECT @sName = sName FROM inserted
    SELECT * FROM funcMultiStatement(@sName)
END
```

例 5.48 设当前工作数据库为 STC。在 Teachers 表上定义一个 INSTEAD OF 触发器,不允许执行 UPDATE 操作,代之以警告。

```
CREATE TRIGGER MyAlarm ON Teachers
INSTEAD OF UPDATE
AS PRINT '教师档案不得改动!'
```

5.10 小结

1. SQL 是关系数据库的标准语言,不是独立的编程语言。各个典型的 DBMS 如 Microsoft SQL Server、Oracle 等都对标准 SQL 做了不同程度的扩展和修改。本章主要以 Microsoft SQL Server 2000 为基础讲解 SQL,所有例题都是在 Microsoft SQL Server 2000 下运行通过的。

2. SQL 实现的数据完整性约束有实体完整性约束、参照完整性约束、域完整性约束、唯一性约束、非空性约束、CHECK 约束等。

3. SQL 的功能有数据定义、数据查询、数据操纵和数据控制。SQL 的数据定义功能主要由 CREATE、ALTER 和 DROP 三种语句实现;SQL 的数据查询功能由一条功能强大的 SELECT 语句实现;SQL 的数据操纵功能由 INSERT、DELETE 和 UPDATE 三种语句实现;SQL 的数据控制功能主要由授权(GRANT)和收权(REVOKE)两种语句实现。

4. 在 SELECT 语句的应用中,嵌套查询尤其是含有相关子查询的嵌套查询是最复杂和最困难的。将复杂的数据查询先用关系运算表示出来对于正确使用嵌套查询往往很有帮助。

5. SQL 的视图主要用来实现外模式,对视图的查询与基本表类似,但对视图的修改受到很多限制。

6. Microsoft SQL Server 2005 以上版本未提供 ESQL 的预处理程序,因此 ESQL 必须在 Microsoft SQL Server 2000 下进行预处理。这是本书以 Microsoft SQL Server 2000 为 DBMS 平台的主要原因。

7. 数据库原理的大多数教科书都不介绍 SQL 的函数,本章将 SQL 的函数作为重点内容对待。本章将触发器统一在了存储过程的定义中。

8. 本章关于 SQL 语法的内容主要参考了 Microsoft SQL Server 2000 的联机手册。

5.11　习题

1. SQL 主要由哪些部分组成? 各部分主要实现什么功能?

2. 按照第 4 章习题 18～22 给出的各种数据库模型,分别用 SQL 的 DDL 创建 SQL Server 数据库,要求创建数据库的同时定义相应的数据完整性约束。

3. 按照第 4 章习题 23 的数据库模型用 SQL 的 DDL 创建 SQL Server 数据库,要求创建数据库的同时定义相应的数据完整性约束,并用 INSERT 语句向建立的数据库中插入足够多的数据。

4. 对第 3 题中所创建的数据库,用 SQL 完成如下的操作:

(1) 创建一个视图,用来显示每一本书的书号、书名、价格、出版社名、作者名等信息。

(2) 将"宇宙出版社"出版的所有图书降价 30%。

(3) 查询价格大于 50 元的所有图书。

(4) 查询至少有两个作者的所有图书的书号、书名、作者数和平均价格,查询结果按平均价格降序排列。

(5) 查询作者吴良所写所有图书的书号、书名、价格和出版社名,查询结果按页数升序排列。

(6) 查询计算机或信息类图书的总册数和平均价格。

(7) 查询所有图书的书号、书名和书价与所有图书平均价格的差。

(8) 查询每一出版社的出版社号、出版社名和价格高于自己所出图书平均价格的图书的书号、书名和价格。

(9) 查询有多少家出版社出版过书名含有"数据库"字样的图书。

(10) 查询图书分类为"军事"的图书的书号、书名、定价和出版社名称。

(11) 查询没有出版书名含有"数据库"字样的图书的出版社的基本信息。

(12) 查询所出图书书名集合包含"×出版社"所出图书书名集合的所有出版社的基本信息。

(13) 统计各出版社所出各类图书的最高价格、最低价格和平均价格。

第6章

DBS物理设计和实现、运行与维护

本章在简要介绍数据库文件组织的基础上介绍 DBS 的物理结构设计、DBS 实现和 DBS 运行与维护。数据库文件组织基本上都是数据结构研究的课题,因此本章只做简要介绍。

6.1 数据库的存储结构

数据组织中,数据项是基础。相互关联的若干个数据项构成记录,同质的多个记录组成文件。数据库以文件形式组织,文件结构由操作系统的文件系统提供和管理。

6.1.1 数据库文件的组织

数据库文件是以记录为基本单位组织的。数据库的存取效率不但和存储介质有关,还和文件中记录的组织方式及存取方法有关。

数据库文件可以按照记录长度分为定长记录文件和变长记录文件。

1. 定长记录文件

在定长记录文件中,每个数据项长度是固定的,而每个记录所含数据项也是固定的,所以每个记录是定长的。

定长记录文件的优点是插入操作比较简单,缺点是删除操作比较复杂。

2. 变长记录文件

当出现一个文件中须要存储多种不同类型的记录或者要求文件中存储记录的字段变长等情况时,需要变长格式的文件记录。变长记录增强了文件的灵活性。

变长记录文件有字节串表示形式、分槽式页结构表示形式和定长表示形式三种。

(1) 字节串表示形式

字节串表示形式是把每条记录看成连续的字节串,在每条记录的尾部附加某种"记录尾标志符"(尾标志法),或者在记录头部附加一条表示记录长度的字段(记录长度法)。

字节串表示形式主要有两个缺点:一是被删记录位置难以重新使用,容易出现大量磁盘碎片,导致空间浪费;二是记录伸长困难,必须以很大的代价把记录移至其他地方才能实现。

(2) 分槽式页结构表示形式

由于字节串表示形式的上述缺点,人们提出了改进的字节串表示形式——分槽式页结构表示形式。分槽式页结构表示形式的特点如下：

① 在每块的开始处设置一个"块首部"，用来存储块中记录的数目、指向块中自由空间尾部的指针以及每条记录的开始位置和大小等信息。

② 块中记录紧连并靠近块尾存放；块中的自由空间也紧连并位于块的中间，形成一个"槽"。

③ 每块最大 4KB。

④ 插入记录总是在自由空间尾部进行，并在块首部登录插入记录的开始位置和大小。

⑤ 删除记录时只要在块首部将记录数目减 1、将被删记录的大小改为 -1，并将被删记录左部（靠近"槽"尾）的记录逐个右移以填补删除记录形成的空白从而保持记录在块尾紧连。

（3）定长表示形式

变长记录定长表示形式是使用一个或多个定长记录来表示变长记录的方法。具体实现时又分为预留空间法和指针法。

在预留空间法中，取所有变长记录中最长的一条记录的长度作为存储空间的记录长度，来存储变长记录。如果变长记录短于存储记录长度，那么在多余空间处填上特定的空值或记录尾标志符。当文件中大多数记录的长度接近最大长度时适于使用预留空间法。

记录长度相差太大时，预留空间法会导致空间浪费较大，此时最为有效的方法是较为复杂的指针法。这里对指针法不做介绍，有兴趣的读者可以参看书后列出的参考文献。

6.1.2　数据库文件的结构

数据库文件又可以按照记录组织方式分为无序文件、有序文件、散列文件和聚类文件 4 种。

1. 无序文件

定义 6.1　无序文件又称为堆文件（Heap File）。无序文件严格按照记录的输入顺序对数据进行组织，只在文件头部存储它的最末一个磁盘块的地址，其后文件的存储顺序和输入顺序一致。

无序文件的特点是记录的存储顺序与主键码没有直接联系。

无序文件常常用来存储那些将来使用但目前尚不清楚如何使用的记录（可用于定长记录文件，也可用于变长记录文件）。

插入操作：首先读文件头，找到最末磁盘块地址，把新记录存储到最末磁盘块末尾。

删除操作：只加个删除标志。

2. 有序文件

有序文件（Sequential File）分顺序组织方式和指针组织方式两种。

定义 6.2　有序文件顺序组织方式就是将文件组织成有序顺序表，即按某些查找键值的大小顺序组织记录。

优点：可实现分块查找、折半查找、插值插找，查询效率高。

缺点：在插入和删除操作中记录移动量大。

定义 6.3　有序文件的指针组织方式就是将文件组织为有序链表,即每个记录增加一个指针字段,根据主键的大小用指针把记录连接起来。

3. 散列文件

定义 6.4　在一个关系中指定一个或一组字段(Hash 字段)为关键字,然后定义 Hash 字段上的一个函数(Hash 函数),以此函数值作为记录的存储地址(块号),按这样的关系处理成的文件称为散列文件(Hashing File)。

优点:支持快速存取。因为记录的存储位置和关键字之间通过 Hash 函数建立了确定的关系,所以一次存取便能得到所查询的记录。

4. 聚类文件

定义 6.5　聚类文件(Clustering File)又称为聚集文件、聚簇文件。聚类文件将逻辑上相互关联的多个关系中的记录集中存储在一个文件中,不同关系中有联系的记录存储在同一盘块内。

优点:查询时把相互关联而不在同一个关系中的记录一次读入内存,大大降低 I/O 操作的次数,提高系统效率。

形成聚类文件的基本文件是独立创建和管理的,物理结构也是独立的,只在具体的应用中通过特定的 DBMS 进行聚类组织。

6.1.3　数据库访问技术

1. 索引技术

索引也是文件,称为索引文件。与此对应,被建立索引的数据文件称为主文件。

定义 6.6　根据主文件中记录的某种顺序建立的索引称为顺序索引。按照平衡树结构建立的索引称为多级索引。把搜索键值的索引记录组织成散列结构的索引称为散列索引。

平衡树有 B$^+$ 树和 B 树之别,多级索引也就有 B 树索引和 B$^+$ 树索引之别。

定义 6.7　如果索引的搜索键值的顺序与主文件一致,则称该索引为主索引或聚集索引,否则称为辅助索引或非聚集索引。

主索引的搜索键一般是主文件的主键属性。

按照索引文件的结构,主索引分为稠密索引和稀疏索引。

定义 6.8　稠密索引对于主文件的每一个搜索键值建立一个索引记录,索引记录的内容为指定的搜索键值和具有该值的记录链表中第一条记录的指针。

定义 6.9　稀疏索引对于主文件的若干个搜索键值建立一个索引记录,索引记录的内容与稠密索引相同。

根据稀疏索引搜索主文件中的记录时,得首先确定要查找的记录的搜索键值在稀疏索引中的范围,然后按照这个范围在主文件中顺序搜索。

2. 散列技术

定义 6.10　将搜索键值作为 Hash 函数的输入而计算得到的 Hash 函数值作为磁盘块

的地址来存储和访问记录的技术称为散列技术。

散列技术访问的只能是散列文件。散列技术的优点是不用通过索引就能够访问数据。

散列技术一般以"桶"作为基本的存储单位。"桶"可以是磁盘上的块，也可以是比块更大的磁盘空间。一个桶可以存放多条记录。

3．多键访问技术

多键访问技术就是使用网格文件和分区散列技术等技术按两个以上属性建立索引的技术。

6.2　DBS 的物理结构设计

定义 6.11　物理结构设计简称物理设计。数据库的物理结构是指数据库的存储记录格式、存储记录安排和存取方法。

数据库的物理设计完全依赖于特定的硬件环境和 DBMS。

物理设计的主要任务是为应用数据库模型设计一个最适合应用环境的存储结构和存取方法。如果采用的 DBMS 是 RDBMS，则逻辑数据模型是关系模型，物理设计比较简单。

物理设计阶段可分为以下 5 个步骤去完成：

（1）存储记录结构设计。存储记录结构包括记录的组成、数据项的类型和长度、逻辑记录到存储记录的映射等。

（2）数据存放位置设计。可以使用记录聚簇（Clustering）技术将同时被访问的数据组合在一起。

（3）存取方法设计。用于主索引的存取路径为主存取路径，用于辅助索引的存取路径为辅存取路径。

（4）数据完整性和安全性考虑。这一步进行完整性、安全性、有效性和效率等方面的分析、权衡。

（5）数据库应用程序设计。在逻辑设计阶段建立数据库模型之后就可以开始进行数据库应用程序设计了。数据库应用程序设计可在物理设计阶段同步进行。DBA 的应用程序最好能在这一阶段完成设计，即便不能全部完成，最好能够完成数据输入功能模块（数据输入子系统）的设计，以便在数据库实现时测试和使用。

6.3　DBS 的实现

DBS 实现阶段的目的和总任务是实现 DBS 并进行联合调试。由于 DBS 设计的专业人员一般不是特定应用环境的人员，DBS 的开发一般也不是在特定应用环境进行，所以 DBS 设计的软硬件环境可能与 DBS 实现的软硬件环境不同，因此，这一阶段可以分为以下 8 个步骤去完成：

（1）在 DBS 设计的软硬件环境中，根据逻辑设计和物理设计的结果，使用具体 DBMS 提供的数据库管理工具和数据库语言建立与真实应用数据库结构完全相同的临时数据库，并向临时数据库中输入设计、调试数据库应用程序用的模拟数据。由于特定应用环境的数据很可能对局外人尤其对 DBS 设计的专业人员是保密的,使用模拟数据往往不可避免。

(2) 使用一定的应用程序设计语言完成所有的数据库应用程序的设计和调试。

(3) 在 DBS 设计的软硬件环境中,利用临时数据库进行 DBS 试运行。由于 DBS 设计各阶段的任务可能是不同的人员完成的,数据库应用程序也可能是不同的人员设计的,这一步肯定会遇到各种各样的问题和故障,试运行中一定要进行功能调试和性能测试,必要时可返回前面的阶段重新设计或补充设计。

(4) 按照规划阶段确定的 DBS 体系结构建设好 DBS 软硬件环境,包括建设 DBS 体系结构所需的计算机系统或计算机网络,安装 DBMS 等。如果 DBS 设计的软硬件环境就是早在规划阶段已经建设好的 DBS 软硬件环境,则这一步可以省略。

(5) 定义数据库结构。在建设好的 DBS 软硬件环境中,根据逻辑设计和物理设计的结果,运用 DDL 或 DBMS 提供的数据库管理工具和数据库语言定义真实应用数据库的结构,即创建空的应用数据库并在其中创建空数据表、视图、数据完整性约束等。

(6) 在建设好的 DBS 软硬件环境中,安装数据库应用程序,并进行系统配置和调试。

(7) 真实应用数据装载。在建设好的 DBS 软硬件环境中,使用 DBA 的数据输入子系统或者使用 DBMS 提供的数据库管理工具和数据库语言组织一批真实应用数据入库。这一步完成后,就初步实现了 DBS。

(8) 在 DBS 的所有用户参与下进行 DBS 联合调试。这一步骤是 DBS 的实际试运行,也要进行功能调试和性能测试。如果发现故障,应分析原因,及时排除,必要时返回前面某一步骤或某一阶段进行补充设计。所有问题解决后,返回第(7)步增加数据量,再进行实际试运行。

在 DBS 实现阶段,功能调试就是实际运行各种数据库应用程序,执行对应用数据库的各种操作,测试应用程序的各种功能是否达到设计目标。性能测试就是在 DBS 运行中实际测量 DBS 的各项性能指标,并分析其是否达到设计目标。性能指标不仅仅是时间、空间指标。如果 DBS 的性能指标或功能没有达到设计要求,就可能要返回物理设计阶段,调整物理结构,修改参数;有时要返回逻辑设计阶段,调整逻辑结构;有时甚至要返回需求分析阶段补充进行需求分析。重新设计物理结构、逻辑结构,甚至补充进行需求分析会导致在实现阶段真实应用数据重新入库甚至原有的真实应用数据丢失。因此,第(3)步利用临时数据库进行 DBS 试运行时的功能调试和性能测试至关重要。

DBS 实现后,必须经过特定应用环境的评审和鉴定,才能进入运行与维护阶段。

6.4 DBS 的运行与维护

DBS 经过联合调试通过后即可投入正式运行。DBS 的正式运行标志着 DBS 开发任务的基本完成和维护工作的正式开始。DBS 维护是 DBS 设计的最漫长阶段。在这一阶段,特定应用环境以外的 DBS 设计人员(DBS 设计专业人员)不再是 DBS 的用户,他们一般不参与这一阶段的工作,而只在必要时提供后续技术服务。由于应用环境甚至应用需求可能发生变化,运行过程的物理存储也可能发生变化,所以对 DBS 设计的评价、调整、改进、维护工作是一个长期的任务,是设计工作的最后阶段。

在运行阶段,对 DBS 的经常性维护工作主要由 DBA 来完成。维护工作的内容主要包括以下 4 个方面。

1. 应用数据库的备份与恢复

定义 6.12　应用数据库的备份即转储,是最经常性的 DBS 维护工作。具体是指有计划地或定期地把应用数据库和日志文件复制到其他的外存储器上以备 DBS 恢复或长期保存的技术措施。

有些 DBS 的应用数据库和日志文件的备份必须长期保存,比如看守所的监控录像、信访局的接访记录、公安系统的公民身份证和户籍登记信息等。因此,应用数据库转储的目的不仅仅是故障后恢复。

定义 6.13　应用数据库的恢复就是出于某种特殊需要或者在排除 DBS 故障(如计算机病毒侵害、硬件损坏等)后应用数据库的数据丢失或完整性遭到破坏时用备份数据库代替 DBS 的当前数据库将 DBS 还原到以前某个一致性状态的技术措施。

2. 应用数据库的完整性和安全性控制

在 DBS 运行过程中,DBA 负有控制应用数据库的完整性和安全性的重任。DBA 应当根据用户数据需求授予不同用户不同的访问权限。另外,应用环境的变化也可能带来安全性要求的变化和数据完整性约束的变化,DBA 应当根据环境变化及时调整各用户的访问权限并修正数据完整性约束。

3. DBS 性能的监督、分析和改进

在 DBS 运行过程中,DBA 应当使用 DBS 自己的监测工具(属于 DBA 的数据库应用程序)、DBMS 提供的监测工具或其他专门监测工具监测系统性能参数,分析监测数据,判断系统当前是否处于最佳状态,是否须要调整系统物理参数或重组、重构应用数据库以改善系统性能。

4. 应用数据库的重组和重构

在 DBS 运行过程中,各用户可能对应用数据库进行大量的增、删、改操作,时间一长就会使应用数据库物理存储空间利用率降低、数据存取效率下降,从而使 DBS 性能变坏。这时候,DBA 就应当对应用数据库中频繁增、删的数据表进行重组以改善系统性能。重组只是在系统相对空闲时使用 DBMS 提供的重组工具按照原设计要求完成重新安排存储位置、回收垃圾、减少指针链等操作,并不改变应用数据库的逻辑结构。

如果在 DBS 运行过程中,应用环境或用户需求有所变化,须要修改概念模型(不妨认为是 E-R 模型)以增加某些实体集、联系集,或者修改某些实体集之间的联系集,或者对某些实体集增加、删除或修改个别属性,从而不得不使用 DBMS 提供的专门功能去修改 DBS 的逻辑模式或内模式以满足新的应用需求,比如增加新的数据项、改变数据项的类型、改变应用数据库的容量、增加或删除索引、修改数据完整性约束等。这就是应用数据库的重构。

重构应用数据库的过程是很复杂的,程度也是有限的,主要是在原有应用数据库的基础上进行局部修改和扩充,不是一切推倒从头再来。如果应用环境或用户需求变化太大,无法

通过重构来满足新的应用需求,或者重构应用数据库的代价过大,则表明当前 DBS 的生命周期已经结束,必须开发新的 DBS,或者对当前 DBS 进行版本升级。

6.5　小结

1. 数据库文件是以记录为基本单位组织的。数据库的存取效率不但与存储介质有关,还与文件中记录的组织方式及存取方法有关。

2. 数据库文件按照记录长度可以分为定长记录文件和变长记录文件,按照记录组织方式又可以分为无序文件、有序文件、散列文件和聚类文件等。

3. 数据库的物理访问技术有索引技术、散列技术和多键访问技术等。索引有顺序索引、多级索引和散列索引。多级索引有 B 树索引和 B$^+$ 树索引之别。

4. 如果索引的搜索键值的顺序与主文件一致,则称该索引为主索引或聚集索引,否则称之为辅助索引或非聚集索引。主索引的搜索键一般是主文件的主键属性。

5. 按照索引文件的结构,主索引分为稠密索引和稀疏索引。

6. 物理设计阶段可分为存储记录结构设计、数据存放位置设计、存取方法设计、数据完整性和安全性考虑、数据库应用程序设计 5 个步骤。

7. DBS 实现阶段可以分为 6.3 节所述的 8 个步骤。这是本书作者的观点,和其他教科书的观点有很大差异。

8. 本章关于数据库存储结构的内容主要参考了文献[1]和[7],有关数据库运行与维护的内容主要参考了文献[1-2]。

6.6　习题

1. 什么是定长记录文件?什么是变长记录文件?变长记录文件有哪些表示形式?
2. 什么是变长记录文件的字节串表示形式?字节串表示形式有什么缺点?
3. 变长记录文件的分槽式页结构表示形式有什么特点?
4. 什么是变长记录文件的定长表示形式?定长表示形式有哪些实现方法?
5. 数据库文件按照记录组织方式如何分类?
6. 什么是散列文件?什么是聚类文件?
7. 数据库物理访问技术有哪些?
8. 什么是数据库的物理设计?物理设计阶段可分为哪些步骤去完成?
9. 数据库实现阶段可以分为哪些步骤去完成?
10. DBS 维护工作有哪些内容?

第7章

DBMS的事务管理和安全性控制

在 DBS 运行中，DBMS 为保证数据完整性、一致性、安全性和系统的正常运转而对应用数据库进行的监控就是数据库管理或保护。数据库管理主要有并发控制、数据库恢复、完整性控制和安全性控制 4 个方面的机制，每一个方面对应于 DBMS 的一个子系统。DBMS 对数据库的并发控制是以事务(Transaction)为最小工作单位来进行的。本章简要介绍事务概念、并发控制、数据库恢复、完整性控制和安全性控制。

7.1 事务

7.1.1 事务的概念

定义 7.1 DBMS 的最小(即不可再分割的)工作单位是事务。事务是一个操作序列，这个操作序列中的操作要么都被执行，要么都不被执行。

"事务"概念在 DBMS 中的地位相当于"进程"概念在 OS 中的地位。

事务和数据库应用程序是两个概念，一个数据库应用程序通常包含多个事务。

事务的执行状态有活动状态、部分提交状态、失败状态、终止状态和提交状态 5 种。事务的执行过程通常用状态变迁图来描述。

在 RDBMS 中，一个事务可以是一条、一组 SQL 语句，甚至一个程序。数据库用户可以用 SQL 语句显式定义事务的开始和结束。如果没有显式定义，DBMS 按默认的规则自动划分事务。管理事务的 SQL 语句主要有 4 种：

(1) BEGIN TRANSACTION 语句，表示事务开始，即定义事务的起始点。

(2) SAVE TRANSACTION 语句，用于在事务内部设置保存点。保存点表示当有条件地取消事务的一部分时事务可以返回的位置。

(3) COMMIT[WORK|TRANSACTION]语句，表示事务提交，事务中的所有操作都得到执行，并且对应用数据库的所有改变都生效，事务正常结束。

(4) ROLLBACK [WORK|TRANSACTION]语句。ROLLBACK TRANSACTION 语句表示将显式事务或隐式事务回滚到事务的起始点或本事务内的某个保存点。如果将事务回滚到保存点，则必须继续完成事务。ROLLBACK WORK 语句将用户定义的事务回滚到事务的起始点，事务中已被执行的所有操作对应用数据库的修改被全部撤销。ROLLBACK 语句还释放由事务控制的资源。

事务通常是以 BEGIN TRANSACTION 语句开始，以 COMMIT 语句或 ROLLBACK 语句结束。

定义 7.2 DBMS 利用分时的方式同时执行两个以上事务，就是事务的并发调度或并发执行。

7.1.2 事务的 ACID 性质

事务具有原子性（Atomicity）、一致性（Consistency）、隔离性（Isolation）和持久性（Durability）。这些性质合称为事务的 ACID 性质。

1. 事务的原子性

定义 7.3 事务的原子性是指事务所包括的操作要么都被执行，要么都不被执行。事务的原子性是由 DBMS 的事务管理子系统来实现的。

2. 事务的一致性

定义 7.4 事务的一致性是指事务的执行结果必须使数据库从一个完整性状态转移到另一个完整性状态，从而使数据库中的数据完整性不因事务的执行而遭到破坏。事务的一致性通常由编写事务程序的程序员来实现，也可以由系统测试完整性约束自动完成。

事务的一致性由高到低分为 4 个等级：可串行化（serializable），可重复读（repeatable），读提交数据（read committed），读未提交数据（read uncommitted）。

定义 7.5 如果两个以上事务并发执行的结果与按照它们的某一顺序串行执行的结果相同，则称该并发调度是可串行化的。

可串行化是系统默认的一致性级别，是最高级别的一致性，是并发事务正确性的唯一准则。可串行化级别允许事务与其他事务并发执行，但 DBMS 必须保证事务的调度是可串行化的。

定义 7.6 可重复读就是只允许一个事务读取已经提交的数据，且在该事务对同一数据的最后一次读取之前不允许其他事务修改该数据，但不要求该事务与其他事务并发调度的可串行化。

定义 7.7 读提交数据就是允许一个事务读取已经提交的数据，但不要求可重复读。也就是说，一个事务对同一数据两次读取的结果可能不同，在第一次读取之后、第二次读取之前该数据可能已被其他事务修改。

定义 7.8 读未提交数据就是既允许一个事务读取已经提交的数据，又允许该事务读取未经提交的数据。

3. 事务的隔离性

定义 7.9 事务的隔离性是指多个事务并发执行时系统应保证各事务的执行结果与这些事务单独执行的结果一样，即一个事务的执行不受其他事务的干扰。事务的隔离性是由 DBMS 的并发控制子系统来实现的。

4. 事务的持久性

定义 7.10 事务的持久性(持续性)是指事务一旦成功执行,它对数据库中数据的改变就是永久的,即使以后系统发生了故障,也应该保留该事务的执行结果。事务的持久性是由DBMS的恢复控制子系统来实现的。

7.2 DBMS 对事务的并发控制

7.2.1 事务并发执行可能带来的问题

事务的并发执行可能带来以下三种问题:脏读,不可重复读,丢失修改。

1. 脏读

定义 7.11 未经提交的数据称为"脏数据"。读取了脏数据的操作称为"脏读"。对于并发执行的两个事务 A 和 B,在事务 A 修改数据 D 之后,事务 B 读取数据 D。但是,由于某种原因事务 A 被撤销,数据 D 恢复为原来的值。这时,事务 B 已经读取的数据 D 与数据库中内容不一致。事务 B 对数据 D 的读取就是脏读。

2. 不可重复读

定义 7.12 对于并发执行的两个事务,当一个事务读取数据库之后,另一事务修改了数据库中的数据(执行了插入、删除或更新操作);当前一事务再次读取数据库时,得到的结果与前一次不同,这时引起的错误称为"不可重复读"。

不可重复读又分为以下三种情况:

(1) 当一个事务读取某个数据后,另一事务更新了该数据;当前一事务再次读取该数据时,得到的结果与前一次得到的结果不同。

(2) 当一个事务按照一定的检索条件读取数据库中的一些记录之后,另一事务删除了数据库中的一些记录;当前一事务再次按照该检索条件读取数据库中的记录时,发现前一次曾经读取的一些记录现在消失了。

(3) 当一个事务按照一定的检索条件读取数据库中的一些记录之后,另一事务向数据库插入了一些记录;当前一事务再次按照该检索条件读取数据库中的记录时,发现比前一次多出一些记录。

不可重复读的后两种情况又称为幻觉读或幻读。

3. 丢失修改

定义 7.13 对于并发执行的两个事务 A 和 B,在事务 A 修改数据 D 并提交之后,事务 B 又修改了数据 D 并提交,导致事务 A 对数据 D 的修改未起作用。这种问题称为丢失修改。

7.2.2　封锁技术

脏读、不可重复读和丢失修改三种问题反映了事务在并发执行过程中的互相干扰。

定义 7.14　为了在事务并发执行中确保每一个事务的 ACID 性质而进行的控制称为并发控制。并发控制的主要手段是封锁。

封锁过程有三个环节：申请锁，加锁，释放锁。在一个事务对某个数据加锁之后，其他任何事务都不能修改该数据。封锁对象（即被封锁数据）的大小称为封锁的粒度。

锁有两种：共享锁（S 锁）和排他锁（X 锁）。

如果一个事务对某个数据加了共享锁，则其他事务也可以对该数据加共享锁，但不能加排他锁。即对一个数据加了共享锁的事务都可以读取该数据，但所有事务都不能修改该数据。

如果一个事务对某个数据加了排他锁，则该事务既可以读取又可以修改该数据，但其他事务不能再对该数据加锁，即其他事务既不能读取又不能修改该数据。

7.2.3　活锁与死锁

封锁可能带来活锁和死锁两方面的问题。

1．活锁问题

定义 7.15　对于并发执行的两个以上事务，当一个事务对某个数据加排他锁之后，其他事务又申请对该数据加排他锁而处于等待状态，或者当一个事务对某个数据加排他锁之后，其他事务又申请对该数据加共享锁而处于等待状态，或者当一个事务对某个数据加共享锁之后，其他事务又申请对该数据加排他锁而处于等待状态，这三种等待状态称为活锁。

DBMS 解决活锁问题的简单方法是采用"先来先服务"的策略。

2．死锁问题

定义 7.16　并发执行的两个以上事务循环等待其他事务释放锁而陷入的停滞状态称为死锁。

可以用事务依赖图来测试系统中是否存在死锁问题。

解决死锁问题的方法有两种：一是采取一定措施来预防死锁；二是采取一定手段来诊断系统中有无死锁，一旦发现死锁就及时解除。现有的 DBMS 普遍采用第二种方法来解决死锁问题。

7.2.4　两段锁协议

定义 7.17　两段锁协议是：把所有事务分成申请加锁和释放封锁两个阶段对数据进行加锁和解锁。在申请加锁阶段，事务可以申请封锁，但是不能解除任何已取得的封锁；在释放封锁阶段，事务可以释放封锁，但是不能申请新的封锁。

两段锁协议是能够产生可串行化调度的封锁协议。事务遵守两段锁协议是可串行化调度的充分条件，但不是必要条件。

7.3 DBS 的安全性

定义 7.18 DBS 的安全性是指采取一定的措施保护数据库,防止超越权限的访问和非法的使用,以免导致秘密数据泄露及应用数据库和数据库应用程序的非法更改和人为破坏。

DBS 常用的安全性机制和措施有权限控制、身份鉴别、视图机制、角色划分、审计追踪、数据加密以及安装防、杀木马和病毒的软件。权限控制将在 7.3.2 节简单介绍。常用身份鉴别机制有身份认证、口令认证和随机数运算认证(随机口令认证)几种。角色是具有相同权限的用户组。审计追踪是用日志来实现的。

7.3.1 安全性级别

DBS 的安全性由低到高可以分为环境级、用户级、OS 级、网络级和 DBS 级 5 个级别。

(1) 环境级安全性是指防止非 DBS 用户的人员直接接近 DBS 的计算机系统或计算机系统终端进而对 DBS 的设备进行物理破坏。

(2) 用户级安全性是指 DBS 的工作人员尤其是 DBA 应当熟悉 DBS 的使用方法和制度,遵守法律、法规,忠于职守,认真细致,防止对 DBS 的设备、软件和应用数据库造成无意或有意的破坏,防止故意泄露秘密数据,防止对非 DBS 用户的人员授予访问权或者对 DBS 用户授予比应得权限更高的访问权。

(3) OS 级安全性是指防止非 DBS 用户的人员直接使用 DBS 的计算机系统从 OS 着手非法访问应用数据库从而窃取秘密数据或从事破坏活动。

(4) 网络级安全性是指 DBS 所在的计算机网络平台的软件安全性。

(5) DBS 级安全性是指对 DBS 用户进行身份认证和访问权限控制。

7.3.2 权限控制

权限控制分为自主访问控制(Discretionary Access Control,DAC)和强制访问控制(Mandatory Access Control,MAC)。DAC 实际上就是用户权限控制。MAC 是为保证系统更高程度的安全性对每一个数据对象核定一定的密级(绝密、机密、秘密、公开等),同时对每一个用户发放一定级别的许可证后所采取的相应的强制检查措施。

这里主要介绍自主权限控制,即 DAC。

在 DBS 中,数据库用户的权限有访问应用数据库的权限、修改数据库模式的权限、备份数据库和日志的权限、执行存储过程的权限和调用标量值函数的权限等几类。

(1) 访问应用数据库的权限有 SELECT、INSERT、UPDATE 和 DELETE 共 4 种。

(2) 修改数据库模式的权限有 CREATE、ALTER、DROP 和 REFERENCES 共 4 种。其中 CREATE 权限包括创建表、视图、索引、默认值、存储过程、触发器、函数等;REFERENCES 权限是建立参照完整性约束的权限。

(3) 备份数据库和日志的权限分别是 BACKUP DATABASE 和 BACKUP LOG。

(4) 执行存储过程的权限只有 EXECUTE,调用标量值函数的权限包括 EXECUTE 和 REFERENCES。

　　DCL 中授予用户权限的语句是 GRANT 语句。GRANT 语句分为授予语句权限的
GRANT 语句和授予对象权限的 GRANT 语句。

　　授予语句权限就是允许受权用户执行什么语句。授予语句权限的 GRANT 语句的一
般格式为：

```
GRANT{ALL|<语句权限列表>} TO <用户账号列表>
```

其中，"<用户账号列表>"在两种情况下可以用 public 关键字或 guest 关键字代替，public
关键字表示授权所有的数据库用户，guest 关键字表示授权没有用户账号的数据库用户；
ALL 关键字表示授予所有权限；"<语句权限列表>"中的语句可以是 CREATE
DATABASE、CREATE DEFAULT、CREATE INDEX、CREATE FUNCTION、CREATE
PROCEDURE、CREATE TABLE、CREATE VIEW、BACKUP DATABASE、BACKUP
LOG 等语句。

　　授予对象权限就是允许受权用户访问什么样的数据库对象。授予对象权限的 GRANT
语句的一般格式为：

```
GRANT{ALL|<对象权限列表>}
{<字段名列表> ON {<表名|视图名>}
| ON {<表名|视图名>[(<字段名列表>)]}
| ON {<存储过程名>}
| ON {<用户定义的标量函数名>}
TO <用户账号列表>}
[WITH GRANT OPTION]
[AS <组名或角色名>]
```

其中，ALL 关键字表示授予所有权限；"<用户账号列表>"同授予语句权限的 GRANT 语
句中的"<用户账号列表>"；[WITH GRANT OPTION]可选关键字表示受权用户可以将
自己获得的权限转授给其他用户。

　　DCL 中收回用户权限的语句是 REVOKE 语句。REVOKE 语句也分为收回语句权限
的 REVOKE 语句和收回对象权限的 REVOKE 语句。

　　收回语句权限的 REVOKE 语句的一般格式为：

```
REVOKE {ALL|<语句权限列表>} FROM <用户账号列表>
```

　　收回对象权限的 REVOKE 语句的一般格式为：

```
REVOKE[GRANT OPTION FOR]{ALL|<对象权限列表>}
{<字段名列表> ON {<表名|视图名>}
| ON {<表名|视图名>[(<字段名列表>)]}
| ON {<存储过程名>}
| ON {<用户定义的标量函数名>}
FROM <用户账号列表>}
[CASCADE]
```

其中，[GRANT OPTION FOR]可选关键字用来收回用户原来被授权时因 GRANT 语句中
指定的 WITH GRANT OPTION 选项所获得的转授权，[GRANT OPTION FOR]和
[CASCADE]可选关键字联用可收回别的用户所转授的权限。

7.3.3　计算机病毒、木马和流氓软件的防护

定义 7.19　计算机病毒是某些人故意设计的或者故意插入在计算机程序中的具有一定自我复制或传播能力和对软硬件有破坏作用的一组计算机指令或程序代码。

计算机病毒具有隐蔽性、传染性、触发性、破坏性和不可预见性等特点，是计算机系统和DBS的主要威胁之一。

定义 7.20　木马(即特洛伊木马)是作为黑客工具的计算机程序，这种程序被黑客通过一定隐蔽手段或欺骗手段秘密地植入目标计算机系统，并且在目标计算机系统中运行后能够使黑客控制目标计算机系统或者获取对目标计算机系统的一定访问权限从而窃取目标计算机系统的文件和其他数据或者远程破坏目标计算机系统。

由此可见，木马对 DBS 安全性的威胁是非常大的。

定义 7.21　流氓软件是能够骗取用户信任安装或通过计算机网络强行安装在用户计算机系统中用来跟踪和记录用户上网行为、窃取用户个人信息、强行弹出广告、强迫用户访问某些网站、强行卸载用户软件等侵犯用户隐私权、知情权、选择权的计算机软件。

流氓软件大多是一些企业为了散步广告、提高访问量、推销产品、排挤其他企业等商业利益而设计的软件，要占用一定的 CPU 资源、内存和硬盘空间，一般不具有其他破坏性，有的流氓软件还向用户提供一定的有用服务功能。

对于 DBS 应当采取软硬件措施和制度措施进行计算机病毒、木马和流氓软件的防护。有效的软件措施是安装信誉良好、功能完善的网络安全软件、杀毒软件和防火墙软件等。

7.4　数据库的恢复技术

7.4.1　DBS 故障分类和恢复策略

DBS 常见故障有事务故障、系统故障、介质故障和计算机病毒感染。

1. 事务故障

定义 7.22　事务故障即事务内部故障，是当事务没有达到预期的终点时数据库所处的不正确状态。

对于事务故障，恢复子系统要在不影响其他事务运行的情况下，强行回滚有故障的事务，从而撤销该事务对应用数据库已经作出的任何修改。这类恢复操作称为事务撤销(UNDO)。

事务故障的恢复是由系统利用日志文件自动完成的。日志文件是系统用来记录事务对数据库的修改操作的文件。日志文件有以记录为单位的日志文件和以数据块为单位的日志文件两种格式。

2. 系统故障

定义 7.23　系统故障是指在造成系统停止运转的某些事件影响下正在运行的事务都

被非正常终止从而引起内存信息丢失、外存中的数据虽未遭破坏但系统需要重新启动的状态。系统故障常又称为软故障(Soft Crash)。

导致系统故障的原因有特定类型的硬件错误(如 CPU 故障)、操作系统故障、DBMS 代码错误、突然停电等。

发生系统故障时,恢复子系统必须在系统重新启动时让所有非正常终止的事务回滚,强行撤销(UNDO)所有未完成事务,重做(REDO)所有已提交的事务,从而将数据库恢复到一致性状态。

系统故障的恢复是系统在重新启动时自动完成的,无须用户干预。

3. 介质故障

定义 7.24 介质故障是指导致外存中数据部分丢失或全部丢失或者暂时不能读写的外存故障。介质故障又称为硬件故障(Hard Crash)。

导致介质故障的原因有磁盘损坏、磁头碰撞、瞬时强磁场干扰等。介质故障将完全或部分地破坏数据库,并影响正在存取这部分数据的所有事务。介质故障比事务故障和系统故障发生的可能性小得多,但破坏性最大,可能导致物理数据库彻底毁坏。

介质故障的恢复方法是先修复或更换已经损坏的硬件,由 DBA 重装最近转储的数据库副本和有关的日志文件副本,然后执行系统提供的恢复命令,具体的恢复操作仍由 DBMS 完成。

4. 计算机病毒感染

一旦 DBS 感染计算机病毒,首先要清除病毒,必要时还要重装数据库应用程序、重装 DBS,甚至重装 OS; 其次,要用数据库备份恢复数据库。

7.4.2 检查点

定义 7.25 检查点方法是在日志文件中增加一类检查点记录,同时增加一个用来记录各检查点记录在日志文件中地址的文件,并让恢复子系统在登录日志文件期间动态地维护日志的方法。

DBMS 定时设置检查点,在检查点时刻把对数据库的修改写到磁盘,并在日志文件中增加检查点记录,当数据库需要恢复时,只有在检查点后的那些事务才需要恢复。

7.4.3 数据库镜像

许多 DBMS 提供了数据库镜像功能,用来恢复数据库以避免磁盘介质出现故障影响 DBS 运行。DBMS 根据 DBA 的要求自动把应用数据库全部或部分地复制到另一个磁盘上,并自动保持镜像数据与应用数据库中数据的一致性。万一 DBS 发生介质故障,DBMS 可用镜像磁盘维持 DBS 运行,同时利用镜像磁盘数据自动恢复数据库,无须关闭系统或用副本重装数据库。

7.5　小结

1. DBS 运行和 DBMS 管理的基本工作单元是事务。事务具有原子性、一致性、隔离性和持久性,合称为 ACID 性质。

2. DBMS 主要采用封锁技术来排除并发执行事务之间的相互干扰,避免了脏读、不可重复读和丢失修改等问题,从而确保所有事务具有 ACID 性质,但是封锁可能带来活锁和死锁等问题。DBMS 一般采取一定手段来诊断系统中有无死锁,一旦发现死锁就及时解除。

3. DBMS 用可串行化调度来保证并发操作的正确性。两段锁协议是能够产生可串行化调度的封锁协议。

4. DBS 常用的安全性机制和措施有权限控制、身份鉴别、视图机制、角色划分、审计追踪、数据加密以及安装防、杀木马和病毒的软件。

5. DBS 常见故障有事务故障、系统故障、介质故障和计算机病毒感染。各种故障都有相应的恢复策略。

6. 本章关于事务及其并发控制的内容主要参考了文献[3],有关数据库恢复技术的内容主要参考了文献[2]。

7.6　习题

1. 什么是事务？事务有哪些状态？
2. 简述事务的 ACID 性质。
3. 事务的一致性分为哪几个等级？
4. 事务并发执行可能带来哪些问题？
5. 什么是共享锁和排他锁？
6. 什么是活锁问题和死锁问题？
7. 简述两段锁协议。
8. 常用的安全性机制和措施有哪些？
9. 用户访问应用数据库的权限有哪些？
10. 授权和收权的 DCL 语句各是什么？
11. DBS 有哪些常见故障？

第8章 数据库系统新技术简介

层次 DBS、网状 DBS 被认为是第一代 DBS,20 世纪 80 年代起开始流行而成为 DBS 主流且目前仍处于优势地位的 RDBS 被认为是第二代 DBS。由于第一、二代 DBS 不支持嵌套、递归的数据结构,不适应多媒体数据、空间数据、时态数据、复合数据等应用需要,随着计算机应用领域的拓展,它们已经不能满足计算机辅助设计/制造(CAD/CAM)、计算机辅助软件工程(CASE)、图像处理、地理信息系统(GIS)等领域的应用要求,因此人们提出了一种新的数据模型——面向对象数据模型和新的 DBS——对象数据库系统(ODBS)。ODBS 又分为对象关系数据库系统(ORDBS)和面向对象数据库系统(OODBS)两类。

ODBS 被认为是第三代 DBS。第三代 DBS 还有能处理和管理图像、声音、视频等数据的多媒体 DBS、在传统 DBS 基础上结合人工智能技术和面向对象技术的主动 DBS、能存储和管理工程设计图形和工程设计文档并提供各种工程设计服务的工程 DBS 等。

本章首先简要介绍 ODBC、OLE DB、ADO、JDBC、ADO.NET 等数据库访问接口技术,然后简要介绍 ODBS、并行 DBS、DDBS、现代信息集成技术、XML 技术。这些都是 DBS 新技术。

并行 DBS 和 DDBS 是 DBS 的两种典型的体系结构。现代信息集成技术主要包括数据仓库(DW)技术、联机分析处理(OLAP)技术和数据挖掘(DM)技术。XML 是为了克服 SGML 和 HTML 缺乏灵活性和伸缩性以及 SGML 过于复杂、不利于软件应用等缺点而开发出来的一种元标记语言。

8.1 数据库访问接口技术

为了解决各 RDBMS 之间的差异导致的 DBS 的数据库应用程序不兼容和可移植性差的问题,提高数据库应用程序与 DBMS 平台之间的独立性,人们开发出了各种数据库访问接口技术。

常用的数据库访问接口技术有开放式数据库互连(ODBC)技术、对象链接与嵌入数据库(OLE DB)技术、ActiveX 数据对象技术、Java 数据库互连(JDBC)技术和 ADO.NET 技术。

8.1.1 ODBC

ODBC 是 Microsoft 公司开发的以 SQL 为数据库访问标准语言的数据库访问接口技术。它建立了一种数据库访问规范,并提供了一组 API(应用程序编程接口),使得基于

ODBC 的数据库应用程序不需要任何 DBMS 的支持而通过使用 API 使 ODBC 的驱动程序管理器(Driver Manager)正确调用相应的 ODBC 驱动程序来操纵数据库,其最大优点是能够以统一的方式处理各种 DBMS 的数据库。

一个基于 ODBC 的数据库应用程序对数据库的操作应当分为 11 个阶段:配置数据源,申请环境句柄,申请连接句柄,连接数据源,申请语句句柄,执行 SQL 语句,获取和处理 SQL 语句执行结果,释放语句句柄,断开数据源,释放连接句柄,释放环境句柄。

1. 配置数据源

数据源(Data Source Name,DSN)有用户数据源、系统数据源和文件数据源三种。用户数据源只有定义它的用户在定义它的计算机上才能使用。系统数据源可供所有用户和所有以服务方式运行的应用程序在定义它的计算机上使用。文件数据源被保存到一个文件中,可供相互连接并安装有同一 ODBC 驱动程序的计算机共享。

有两种方法可以配置数据源。一种方法是用 Windows 的数据源管理工具来配置数据源,另一种方法是在 Visual C++ 中用 ConfigDSN 函数或 SQLConfigDataSource 函数来配置数据源。

2. 申请环境句柄

ODBC 的句柄(Handle)是 ODBC 应用程序中说明的特殊变量,分为环境句柄、连接句柄和语句句柄。一个环境句柄可以与多个连接句柄相连,一个连接句柄也可以与多个语句句柄相连。但是,一个 ODBC 应用程序必须有而且只能有一个环境句柄。

如果说明的环境句柄为 henv,则申请环境句柄的语句为下列语句之一:

```
retcode = SQLAllocHandle(SQL_HANDLE_ENV, NULL, &henv);
retcode = SQLAllocEnv(&henv);
```

其中,retcode 是 SQLRETURN 型变量,其值可以用 SQL_SUCCEEDED 来测试。当 retcode 的值为 SQL_ERROR 时表示申请失败,为 SQL_SUCCESS 或 SQL_SUCCESS_WITH_INFO 时表示申请成功。

成功申请环境句柄后,还要初始化环境句柄,即设置环境属性:

```
retcode = SQLSetEnvAttr (henv, SQL_ATTR_ODBC_VERSION,
                         (SQLPOINTER)SQL_OV_ODBC3, SQL_IS_INTEGER);
```

这里说明的 ODBC 版本为 3.0。

3. 申请连接句柄

如果说明的连接句柄为 hdbc,则申请连接句柄的语句为下列语句之一:

```
retcode = SQLAllocHandle(SQL_HANDLE_DBC, henv, &hdbc);
retcode = SQLAllocConnect(henv, &hdbc);
```

4. 连接数据源

连接数据源的语句为:

```
retcode = SQLConnect(hdbc, myDSN, myDSNLen, myID, myIDLen, myPwd, myPwdLen);
```

其中,myDSN 和 myDSNLen 分别是所要连接的数据源名及其长度,myID 和 myIDLen 是用户名及其长度,myPwd 和 myPwdLen 是用户口令及其长度。myDSNLen、myIDLen 和myPwdLen 可以用 ODBC 的常量 SQL_NTS 代替。

成功连接数据源后有时还要用 SQLSetConnectAttr()函数设置连接属性。

5. 申请语句句柄

如果说明的语句句柄为 hstmt,则申请语句句柄的语句为下列语句之一:

```
retcode = SQLAllocHandle(SQL_HANDLE_STMT, hdbc, &hstmt);
retcode = SQLAllocStmt(hdbc, &hstmt);
```

成功申请语句句柄后,还要设置语句属性:

```
retcode = SQLSetStmtAttr(hstmt, SQL_ATTR_ROW_BIND_TYPE,
            (SQLPOINTER)SQL_BIND_BY_COLUMN, SQL_IS_INTEGER);
```

其中,SQL_IS_INTEGER 的值常取 0。

6. 执行 SQL 语句

执行 SQL 语句有直接执行和有准备执行两种方式。
(1) 直接执行
直接执行 SQL 语句的语句为:

```
retcode = SQLExecDirect(hstmt, sqlString, sqlLen);
```

其中,sqlString 和 sqlLen 分别是作为字符串的 SQL 语句及其长度。sqlLen 可以用 SQL_NTS 代替。
(2) 有准备执行
有准备执行 SQL 语句的语句有准备和执行两个语句:

```
retcode = SQLPrepare(hstmt, sqlString, sqlLen);
SQLExecute(hstmt);
```

执行 SQL 语句前后往往要进行数据绑定。SQLBindParameter()函数用来绑定程序参数,SQLBindCol()函数用来绑定列。

7. 获取和处理 SQL 语句执行结果

SQLFetch()和 SQLFetchScroll()两个函数用来推进游标读取数据。SQLGetData()函数用来读取游标所指行中某一列的数据。

8. 释放句柄和断开数据源

释放句柄的顺序与申请句柄的顺序相反,并且在释放连接句柄之前要断开与数据源的连接,完成这些操作的 SQL 语句如下:

```
SQLFreeHandle(SQL_HANDLE_STMT, hstmt);
SQLDisconnect(hdbc);
SQLFreeHandle(SQL_HANDLE_DBC, hdbc);
SQLFreeHandle(SQL_HANDLE_ENV, henv);
```

例 8.1 设已经配置了名为 myDBSTC 的用户或系统 SQL Server 数据源,并且该数据源的默认数据库为 STC。在 Microsoft Visual C++ 6.0 下创建一个名为 ODBCExam 的 Win32 Console Application 工程,在该工程的 FileView 窗口的 Source Files 目录上右击,从快捷菜单中选择 Add Files to Folder 菜单项,将已经编写好的 ODBCExam.cpp 文件添加进来。该文件的内容如下:

```c
# include "stdio.h"
# include "windows.h"
# include "conio.h"
# include "sql.h"
# include "sqlext.h"
# include "sqltypes.h"
# include "odbcss.h"
void main()
{
  SQLHENV henv = SQL_NULL_HENV;
  SQLHDBC hdbc = SQL_NULL_HDBC;
  SQLHSTMT hstmt = SQL_NULL_HSTMT;
  SQLRETURN retcode;
  long sNo = 0, sAge = 0;
  SQLCHAR sName[21] = "";
  SQLCHAR sSex[3] = "";
  SQLCHAR sDept[21] = "";
  SQLINTEGER datLen[5];
  retcode = SQLAllocEnv(&henv);
  retcode = SQLSetEnvAttr(henv, SQL_ATTR_ODBC_VERSION,
                          (SQLPOINTER)SQL_OV_ODBC3, SQL_IS_INTEGER);
  retcode = SQLAllocConnect(henv, &hdbc);
  retcode = SQLConnect(hdbc, (SQLCHAR *)"myDBSTC", SQL_NTS,
                       (unsigned char *)"sa", SQL_NTS, (unsigned char *)"", SQL_NTS);
  if (!SQL_SUCCEEDED(retcode)) {printf("\n 未能成功连接数据源!\n"); return;}
  retcode = SQLAllocStmt(hdbc, &hstmt);
  retcode = SQLSetStmtAttr(hstmt,SQL_ATTR_ROW_BIND_TYPE,
                     (SQLPOINTER)SQL_BIND_BY_COLUMN, SQL_IS_INTEGER);
  retcode = SQLPrepare(hstmt, (SQLCHAR *)"SELECT * FROM Students", SQL_NTS);
  SQLBindCol(hstmt, 1, SQL_C_LONG, &sNo, sizeof(long), &datLen[0]);
  SQLBindCol(hstmt, 2, SQL_C_CHAR, sName, 21, &datLen[1]);
  SQLBindCol(hstmt, 3, SQL_C_CHAR, sSex, 3, &datLen[2]);
  SQLBindCol(hstmt, 4, SQL_C_LONG, &sAge, sizeof(long), &datLen[3]);
  SQLBindCol(hstmt, 5, SQL_C_CHAR, sDept, 21, &datLen[4]);
  SQLExecute(hstmt);
  if (!SQL_SUCCEEDED(retcode)) {printf("\n 未能成功执行 SQL 语句!\n\n"); return;}
  printf("\n 数据库学生信息表查询结果为:\n\n");
  printf(" %10s %20s %10s %10s %20s\n\n", "学号", "姓名", "性别", "年龄", "系别");
  while((retcode = SQLFetch(hstmt))!= SQL_NO_DATA_FOUND)
```

```
        printf(" %10ld %20s %10s %10ld %20s\n\n", sNo, sName, sSex, sAge, sDept);
    SQLFreeHandle(SQL_HANDLE_STMT, hstmt);
    SQLDisconnect(hdbc);
    SQLFreeHandle(SQL_HANDLE_DBC, hdbc);
    SQLFreeHandle(SQL_HANDLE_ENV, henv);
    getch();
}
```

这个程序的功能是查询、显示 STC 数据库 Students 表的内容。编译这个 VC++ 工程生成程序文件 ODBCExam. exe，可在如上配置了数据源的 Windows 下直接运行，只要 SQLSERVR. EXE 服务正在运行。

8.1.2　OLE DB

由于 ODBC 不支持对 Web 数据、目录数据、邮件、电子表格等数据的访问，Microsoft 提出了一种新的通用数据访问（UDA）技术——OLE DB，为关系型或非关系型数据提供了一致的访问接口，也为不同的应用程序提供了标准数据接口。OLE DB 是采用对象链接与嵌入技术开发的一组 COM 组件形式的底层数据库访问接口，具体实现为一组符合 COM 标准的基于对象的 C++语言 API。用户可以创建、查询和撤销 OLE DB 组件。

OLE DB 有多种既相对独立又可互相通信的逻辑组件，主要逻辑组件如下：

（1）数据消费者是指要求访问数据的应用程序。OLE DB 使数据消费者用相同的方法访问各种数据而无须考虑数据的具体位置、格式和类型。

（2）数据提供者是指提供各类数据的组件，包括关系数据库、Web 数据、电子表格等。

（3）服务提供者是指从 DBMS 分离出来的位于数据提供者之上的能够独立运行的组件，如查询引擎、游标引擎、共享引擎等。它们将数据提供者提供的数据以行集的形式提交给数据消费者，并完成数据存取与转换功能。每一个 OLE DB 数据源都必须有自己的 OLE DB 服务提供者。

（4）业务组件是指利用数据服务提供者完成的基于特定业务的可重用的功能组件。

8.1.3　ADO

由于 OLE DB 不能直接用于其他高级语言，且很难为大多数程序设计人员接受，Microsoft 又采用 COM 技术将 OLE DB 封装为 ADO，简化了应用程序中使用 OLE DB 获取数据的过程。

ADO 能更好地用于网络环境，尽可能减少网络流量，最早被用于 Microsoft Internet Information Service(IIS)中，作为其访问数据库的接口。在活动服务器网页（ASP）设计中，ADO 技术得到了广泛而出色的应用。

ADO 具有远程数据服务（RDS）功能，可以通过 RDS 功能在一次往返过程中将数据从服务器发送到客户端应用程序或 Web 页，并将客户端的处理结果返回服务器。

ADO 接口技术通过 ADO 对象的属性、方法来完成数据库访问。ADO 独立对象共有 7 种，分别是：连接（Connection）对象、命令（Command）对象、记录集（RecordSet）对象、属性（Property）对象、错误（Error）对象、域（Field）对象（即字段对象）和参数（Parameter）对象。

1. Connection 对象

Connection 对象用来建立应用程序与数据源的连接。连接是交换数据所必需的环境，应用程序通过 Connection 对象访问数据源。

Connection 对象主要有下列常用属性和方法：

（1）Provider 属性。指定 OLE DB 数据提供者。

（2）DefaultDatabase 属性。用于设置 Connection 对象的默认数据库。

（3）IsolationLevel 属性。用于设置在本连接上所打开事务的隔离级别。

（4）CursorLocation 属性。用于设置或返回游标位置。

（5）Open 方法。建立到数据源的物理连接。

（6）Close 方法。关闭到数据源的物理连接。

（7）Execute 方法。用于执行 SQL 语句和随机调用存储过程等，返回值一般为 RecordSet 对象。

（8）BeginTrans 方法、CommitTrans 方法、RollbackTrans 方法和 Attributes 属性。用来管理所打开的连接上的事务。

用 Connection 对象连接数据库的方式有多种，这里只介绍 SQL Server 数据库的几种连接方式。

（1）OLE DB Provider 连接方式

```
Set conn = Server.CreateObject("ADODB.Connection")
conn.Open "Provider = SQLOLEDB.1; Server = <主机名>; Database = <数据库名>;
          UID = <用户名>; PWD = <用户密码>;"
```

（2）ODBC Driver 连接方式

```
Set conn = Server.CreateObject("ADODB.Connection")
conn.Open "Driver = {SQL Server}; Server = <主机名>; Database = <数据库名>;
          UID = <用户名>; PWD = <用户密码>;"
```

（3）DSN（用户 DSN 或系统 DSN）连接方式

```
Set conn = Server.CreateObject("ADODB.Connection")
conn.Open "DSN = <数据源名>; UID = <用户名>; PWD = <用户密码>;"
```

（4）文件 DSN 连接方式

```
Set conn = Server.CreateObject("ADODB.Connection")
conn.Open "FILEDSN = <文件数据源路径和名称>; UID = <用户名>; PWD = <用户密码>;"
```

无论采用哪种连接方式，被连接的数据库都应当未与 Microsoft SQL Server 分离。

2. Command 对象

Command 对象用来定义操作数据库的特定命令以执行相应的动作。Command 对象可以通过已建立的连接以某种方式操作数据源。Command 对象主要有下列常用方法和属性：

（1）CommandText 属性。用来定义命令（如 SQL 语句）的可执行文本。

（2）CommandType 属性。用来指定命令类型以优化性能。

（3）CommandTimeout 属性。用来设置提供者等待命令执行的秒数。默认值为 30，值为 0 表示无限期等待。

（4）ActiveConnectction 属性。设置该属性使已打开的连接与 Command 对象关联。

（5）Name 属性。设置该属性将 Command 标识为与 Connectction 对象关联的方法。

（6）Prepared 属性。决定提供者是否在执行前保存准备好（或编译好）的命令版本。

（7）Execute 方法。执行命令并在适当的时候返回 RecordSet 对象。

另外，将 Command 对象传递给 RecordSet 对象的 Source 属性可获取数据。

如果不使用 Command 对象执行 SQL，则需要将 SQL 命令文本传递给 Connectction 对象的 Execute 方法或 RecordSet 对象的 Open 方法。但当需要使命令文本具有持久性并重新执行或需要使用命令参数时，必须使用 Command 对象。

3. RecordSet 对象

RecordSet 对象用来表示来自数据库基本表或命令执行结果的记录集，也可用来控制对数据源数据的增、删、改操作。

RecordSet 对象主要有如下常用方法：

（1）Open 方法。用于打开记录集。

（2）Close 方法。用于关闭记录集。

（3）AddNew 方法。向记录集插入一个新行。

（4）Delete 方法。从记录集中删除一行。

（5）Update 方法。提交修改并更新实际表。

（6）Move 方法。将活动行指针向前或向后移动指定数目的行数。

（7）MoveFirst 方法。将活动行指针移动到记录集的首行。

（8）MoveLast 方法。将活动行指针移动到记录集的末行。

（9）MoveNext 方法。将活动行指针移动到记录集中当前行的下一行。

（10）MovePrevious 方法。将活动行指针移动到记录集中当前行的上一行。

（11）Find 方法。在记录集中查找指定的行。

（12）GetRows 方法。将多个行读入到数组中。

RecordSet 对象主要有如下常用属性：

（1）CursorType 属性。指示 RecordSet 对象中所用的游标类型，默认为前向游标。在打开 RecordSet 对象之前可设置 CursorType 属性来选择游标类型（动态游标、静态游标、禁止游标或前向游标）。

（2）CursorLocation 属性。设置或返回游标位置。

（3）BOF 属性。表明当前位置在记录集中首行之前。

（4）EOF 属性。表明当前位置在记录集中末行之后。

（5）ActiveConnection 属性。表示本 RecordSet 对象所属的 Connection 对象。

（6）RecordCount 属性。表示本记录集中的记录总数。

（7）Source 属性。指示 RecordSet 对象的数据来源——SQL 语句或表名。

4. Field 对象

Field 对象用于表示 RecordSet 对象的字段。Field 对象有 Name、Type、Value、Precision 等很多属性。

5. Property 对象

Property 对象用来描述数据提供者的具体属性。Property 对象没有方法，其属性有内置属性和动态属性两类。动态 Property 对象有 Name、Type、Value 和 Attribute 等内置属性，其中 Value 是默认属性。

6. Error 对象

Error 对象用来描述属于单个操作的数据访问错误。Error 对象有以下属性：
(1) Descryption 属性　是描述错误的文本。
(2) Number 属性　是表示错误常数的一个长整型值。
(3) Source 属性　用来标识出现该错误的对象。
(4) SQLState 和 NativeError 属性　提供来自 SQL 数据源的信息。

7. Parameter 对象

Parameter 对象用来表示基于参数化查询的或基于存储过程的 Command 对象的参数。

ADO 技术常常用来设计活动服务器网页(* . asp)。ASP 网页和应用数据库都存放在服务器上，服务器一般还要安装和启动 Microsoft SQL Server，数据库用户按照一定的权限在自己的计算机系统上通过网络浏览器访问应用数据库，用户机上无须安装数据库应用程序。这种 DBS 体系结构是典型的 B/S 结构，属于多用户集中式体系结构。

ASP 网页是 Microsoft 公司开发的可以将 ASP 内置对象和 VBScript 或 JavaScript 脚本语言语句嵌入到 HTML 代码中在服务器端直接运行并能够访问应用数据库的独立于网络浏览器的动态网页。嵌入开始标记为"＜％"，嵌入结束标记为"％＞"。ASP 网页的执行需要 IIS 服务和 WWW 服务的支持；如果用 ASP 网页访问 SQL Server 数据库，则其执行还需要 SQLSERVR. EXE 服务的支持，并且 ASP 网页所访问的数据库必须未从 SQL Server 分离。

例 8.2　下面是一个用 ASP 网页以 ODBC Driver 连接方式访问 STC 数据库的例子。

```
< html > < head > < meta http - equiv = "Content - Language" content = "zh - cn" >
< meta http - equiv = "Content - Type" content = "text/html; charset = gb2312" >
< title >活动服务器网页访问数据库实例</title > </head >
< body > < center > < table border = "1" width = "43 %" > < tr valign = center align = middle >
    < td >学号</td > < td >姓名</td > < td >性别</td > < td >年龄</td >
    < td >系别</td > < td >课名</td > < td >成绩</td > </tr >
< %
Set conn = Server. CreateObject("ADODB. Connection")
conn. Open "Driver = {SQL Server}; Server = zhouwei; UID = sa; PWD = ; Database = STC;"
sql = "SELECT s. sNo, sName, sSex, sAge, sDept, cName, scGrade
    FROM Students AS s, SC, Courses AS c
```

```
            WHERE s. sNo = SC. sNo AND SC. cNo = c. cNo"
SET rs = conn. Execute(sql)
WHILE NOT rs. EOF
%>
< tr style = "FONT - SIZE: 14px; FONT - FAMILY: 'Times New Roman'">
< % FOR i = 0 TO 6 % > < td align = middle > < % = rs(i) % > </td > < % NEXT % >
</tr >
< %
rs. MoveNext
WEND
rs. Close
conn. Close
% >
</table > </center > </body > </html >
```

8.1.4　JDBC

JDBC 是 Sun 公司开发的 Java 语言应用程序数据库访问接口规范,是 SQL 2003 标准的一部分。JDBC 由一组用 Java 语言编写的标准的数据库访问类和接口组成,也是一种底层 API,可以直接调用 SQL 命令,但它也是构造高层 API 和数据库开发工具的基础。JDBC 应用程序通过数据库的 JDBC 驱动程序来访问数据库,可以在任何平台上运行。在 Java 服务器网页(JSP)设计中,JDBC 技术得到了广泛的应用。

JDBC 中常用的类或接口有 DriverManager、Connection、Statement、ResultSet 等。JDBC 应用程序访问数据库的基本过程为:

(1) 调用 Class. forName()函数加载驱动程序。

(2) 调用 DriverManager 对象的 getConnection()函数获得一个 Connection 对象。

(3) 创建一个 Statement 对象,用来传递 SQL 语句。

(4) 调用 ExecuteQuery()函数可执行 SQL 查询语句,并将查询结果保存在 ResultSet 对象中;调用 ExecuteUpdate()函数可执行 SQL 数据修改语句。

(5) 必要时通过 ResultSet 对象显示或处理从数据库中获得的数据。

JSP 网页是 Sun 公司倡导开发的可以将 JSP 内置对象和 Java 语言语句嵌入到 HTML 代码中在服务器端直接运行并能够访问应用数据库的独立于网络浏览器的动态网页。嵌入开始标记为"< %",嵌入结束标记为"% >"。执行 JSP 网页须要下载和安装 JDBC 驱动程序,还需要 IIS 服务和 WWW 服务的支持。

8.1.5　ADO. NET

ADO. NET 是 Microsoft 开发的基于. NET 框架体系结构、以 XML 为数据交换格式、支持非连接模式数据访问且能够应用于多种 OS 环境的新一代数据库访问标准。

Data Provider(. NET 数据提供者)和 DataSet 对象是 ADO. NET 的核心组件。. NET 数据提供者是 DataSet 对象和数据源之间的桥梁,它负责实现数据源和 DataSet 对象之间的数据通信,即将数据源的数据取给 DataSet 对象,将 DataSet 对象中的数据存入数据源。DataSet 对象相当于一个独立于数据源的内存数据库,是实现非连接模式数据库访问的关键。

1．.NET 数据提供者（Data Provider）

．NET 框架有几百个类，它们是编制应用程序的基础，分别封装在不同的命名空间（Namespace）中。命名空间包含了供应用程序使用的各种动态链接库。

．NET 框架内置的 Data Provider 有．NET Data Provider for SQL Server、．NET Data Provider for OLE DB、．NET Data Provider for ODBC、．NET Data Provider for Oracle 等。．NET Data Provider for SQL Server 在 System．Data．sqlClient 命名空间中，是访问 7.0 以上版本 SQL Server 的数据库的．NET 数据提供者。System．Data．sqlClient 命名空间使用 SQL Server 自带的 TDS（Tabular Data Stream）协议来连接 SQL Server。

下面是．NET Data Provider for SQL Server 中常用的类：

（1）SqlConnection 类。建立 SQL Server 数据库连接。

（2）SqlCommand 类。执行 SQL 命令，返回结果为 SqlDataReader 型。

（3）SqlDataAdapter 类。执行 SQL 命令，返回结果为 DataSet 型。

（4）SqlDataReader 类。以只读方式读取数据源的数据，一次只读取一条记录。

2．DataSet 对象

DataSet 类包含在 System．Data．DataSet 命名空间中。DataSet 对象有 DataTable、DataRow、DataColumn、DataRelation 和 DataConstraint 等。

3．ADO.NET 应用程序访问数据库的过程

ADO．NET 应用程序访问 SQL Server 数据库的过程为：

（1）用 SqlConnection 对象连接数据库；

（2）用 SqlCommand 对象对数据源执行 SQL 语句，必要时返回结果；

（3）用 SqlDataReader 对象读取数据源的数据并输出；配合使用 DataSet 对象与 SqlDataAdapter 对象来修改数据源的数据。

8.2 对象数据库系统

定义 8.1　使用面向对象技术描述的逻辑数据模型称为面向对象数据模型。

面向对象数据模型将事物及其属性和行为抽象为类。事物是不断变化的，一类事物的每一个个体在不同时刻有不同的状态。个体用事物所在类的一个实例或对象来描述。

一个对象可能有若干属性和方法。属性反映了事物的静态的数量特征，方法模拟了事物的动态的行为特征。面向对象技术将事物的属性和方法封装在一起成为对象，使对象既反映事物的静态特征，又模拟事物的动态行为特征。

从程序设计语言的观点看，类就好比一个抽象数据类型，而对象相当于这种数据类型的变量（类变量）。对象的属性被实现为对象的成员变量，而对象的方法被实现为对象的成员函数。

面向对象技术有封装性、继承性和多态性等特点。

封装性是对象的内部实现与外部界面之间实现隔离的抽象。每一个对象是其状态与行为的封装,对象与外部的通信是通过消息实现的。

封装使对象的实现与对象应用互相隔离,允许对实现算法和数据结构进行修改而不影响应用接口,这有利于提高数据独立性;封装还隐藏了数据结构与程序代码,增强了应用程序的可读性。

继承性刻划了事物的层次性特点。继承性分为单继承性和多继承性。单继承性是指一个子类继承仅一个父类的结构和特性;多继承性是指一个子类继承多个父类的结构和特性。

多态性是指用同一个函数名实现多个方法的能力。在面向对象技术中,一个虚函数名在不同继承层次的类中可以实现不同的方法。

定义 8.2 逻辑数据模型为面向对象数据模型的 DBS 称为 OODBS。

OODBS 是针对面向对象程序设计语言持久性对象的存储管理而设计的支持完整的面向对象概念和面向对象机制的 DBS。OODBS 实际上是将面向对象程序设计语言所建立的对象保存在磁盘上的文件系统。OODBS 支持复合数据类型,有与面向对象程序设计语言集成一体化的特点。

定义 8.3 支持面向对象数据模型的 RDBS 称为 ORDBS。

ORDBS 以 RDBS 为基础,支持复合数据类型,保持了 RDBS 的非过程化存取方式和数据独立性,继承了 RDBS 原有的技术,又扩展了对面向对象数据模型的支持。在 ORDBS 中可以使用 SQL 语句进行查询。

OODBS 和 ORDBS 统称为 ODBS。ODBS 往往以对象联系图作为概念数据模型或用 UML(统一建模语言)类图建立概念模型。对象联系图允许数据结构之间的嵌套和递归,从而能够完整地揭示数据之间的联系。

8.3 并行数据库系统

定义 8.4 并行 DBS 是运行在并行机上用多个 CPU 和多个外存储器并行操纵应用数据库的具有并行处理能力的 DBS。

并行 DBS 是数据库技术和并行计算技术相结合的产物,是一种典型的 DBS 体系结构。

吞吐量和响应时间是并行式 DBS 的两个重要性能指标。吞吐量是指 DBS 在给定时间间隔内完成任务的数量。响应时间是指 DBS 完成一个任务所需的时间。

并行 DBS 可按结构分为共享内存型(全共享并行结构)、共享外存型(共享磁盘并行结构)、非共享型(无共享并行结构)和层次型(分层并行结构)4 种。

(1) 在共享内存型并行 DBS 中,每一个 CPU 独占一个外存储器,但所有的 CPU 共享一个公共的内存空间。

(2) 在共享外存型并行 DBS 中,每一个 CPU 独占一个内存空间,但所有的 CPU 共享一个或一组公共的外存储器。

(3) 在非共享型并行 DBS 中,系统的每一个结点有一个 CPU,所有 CPU 既不共享内存也不共享外存储器,每一个 CPU 独占一个内存空间和一个外存储器。

(4) 层次型并行 DBS 是共享内存型、共享外存型和非共享型并行 DBS 三种结构的组合。在层次型并行 DBS 中,系统的任何一个顶层结点及其下层结点与另一个顶层结点及其下层结点之间是非共享型并行结构;每一个顶层结点及其下层结点形成共享内存型或共享外存型并行结构,或者一部分结点形成共享内存型结构而另一部分结点形成共享外存型结构。

8.4　分布式数据库系统

8.4.1　分布式数据库系统的定义、特点和分类

定义 8.5　分布式 DBS(DDBS)是在分布式 DBMS(DDBMS)支持下将逻辑上为一个整体的应用数据库分片存放在同一个计算机网络不同结点的计算机系统中的 DBS。在 DDBS 中,每一结点都有能力独立处理应用数据库中存放在本计算机系统的那一部分数据从而完成局部应用,同时每一结点也有能力存取和处理应用数据库中存放在其他多个结点的数据从而参与全局应用程序的执行,全局应用程序可通过网络通信访问本 DDBS 中任何结点的数据。

DDBS 的基本特点是物理上的分布性、逻辑上的整体性、场地(结点)上的自治性、场地间的协作性、事务管理的分布性以及集中与自治相结合的控制机制。

DDBS 除了具有 DBS 所共有的数据独立性之外,还具有结点之间数据的相对独立性。

由于数据的分布存放,各结点可能会出现必要的数据重复。因而 DDBS 具有较大的数据冗余。

DDBS 的优点:体系结构灵活,分布式管理与控制,异地数据共享,可靠性高,可用性好,经济性能优越,局部响应快速,可扩展性强。

DDBS 的缺点:系统管理实现复杂,通信开销大,故障率高,数据存取结构复杂,数据安全性难以控制。

按照各结点所采用的数据模型和 DBMS 来划分,DDBS 可以分为同构同质型、同构异质型和异构型。

定义 8.6　如果各结点所采用的数据模型和 DBMS 都相同,则称该 DDBS 为同构同质型;如果各结点所采用的数据模型相同而 DBMS 不同,则称该 DDBS 为同构异质型;如果各结点所采用的数据模型不同(DBMS 也必然不同),称该 DDBS 为异构型。

8.4.2　分布式数据存储

实现数据分布式存储的主要手段是先进行数据分片,再进行数据分配。

1. 数据分片

数据分片的方式有垂直分片、水平分片和混合分片。

定义 8.7　垂直分片就是把一个全局关系的所有属性分成若干子集,并将全局关系向所有这些子集作投影运算,投影运算的结果就是片段。

垂直分片实际上是关系模式的分解,容易丢失原数据库模型的数据依赖关系,从而破坏

数据完整性。因此,对应于垂直分片的关系模式分解最好能够既保持函数依赖又具有无损连接性。

定义 8.8　水平分片就是按照一定的条件把一个全局关系中的所有元组划分成若干子集,每一个子集是一个片段。有时候还要求这些子集互不相交。如果水平分片的条件不是关于本全局关系属性的条件,而是关于其他全局关系属性的条件,则称该水平分片为导出分片。

水平分片也可能破坏数据完整性。比如当被分片关系的关系模式有某种非平凡多值依赖时,水平分片就可能破坏这种多值依赖。因此被水平分片的关系对应的关系模式最好能够达到 4NF。

定义 8.9　混合分片就是先进行垂直分片或水平分片,得到的片段再进行另一种分片。

基于以上考虑,在水平分片前应当首先考虑进行垂直分片,使得被水平分片关系对应的关系模式尽可能达到 4NF。这样的混合分片比较科学。

数据分片应当满足完备性条件、重构条件和不相交条件。

定义 8.10　完备性条件又称为安全性条件,是指每一个全局关系中的数据必须全部划分为片段,不允许出现某些数据属于全局关系但不属于任何一个片段的情况。

定义 8.11　重构条件是指可以由分布存放的数据片段重构全局关系。对应于垂直分片的关系模式分解最好具有无损连接性,以保证通过分片关系的自然连接重构全局关系。满足完备性条件的水平分片自然也满足重构条件。

定义 8.12　不相交条件是指不允许一个全局关系中除主键码值以外的数据同时属于该全局关系垂直分片的两个以上片段。

对于垂直分片,一般要求每个片段对应的关系模式包含全局关系的主键码。这样一来,既保证了垂直分片的无损连接性,又很容易满足不相交条件。

2. 数据分配策略

定义 8.13　数据片段的分布方式称为数据分配策略。

数据分配策略有集中式、分割式、复制式和混合式。

(1) 集中式。所有数据均分布在同一个结点(场地)。

(2) 分割式。所有的数据被分成若干片段,每个片段被分配到唯一一个结点存放。所有数据只有一份。

(3) 复制式。将一个数据库制作多个副本,每一个结点安装一个完整的数据库副本。

(4) 混合式。将全局应用数据库分割为若干个可相交的子集,每一子集被分配到不同的结点,但每一结点都不是完整地保存全局应用数据库。

数据的分布应当尽量把本地所需要的数据存储在本地,以减少远程通信的开销;应当尽量保证数据的可用性和系统的可靠性;应当尽量平衡各个结点的负载,提高整个系统的并行处理能力。

8.4.3　DDBS 的分布透明性

定义 8.14　DDBS 的分布透明性即分布独立性,是指用户不必关心数据存储的物理位置,也不必关心局部场地的数据模型。

分布透明性分为分片透明性、位置透明性和数据模型透明性。

定义 8.15 分片透明性又称为数据片段透明性,是指用户和应用程序只须对全局关系进行操作而无须关心关系的片段。当分片方式改变的时候,只须修改全局模式到分片模式的映像,应用程序保持不变。

分片透明性是分布透明性的最高层次。

定义 8.16 位置透明性又称为网络透明性,是指用户和应用程序无须关心所访问数据的具体存储场地。当存储场地改变时,只须修改分片模式到分布模式的映像,应用程序保持不变。

位置透明性的一种特殊情况是复制透明性,又称为重复副本透明性,是指用户和应用程序无须关心所访问数据在 DDBS 中重复副本的数目和如何保持各副本之间的一致性,即无须关心所访问的是数据的哪一个副本。保持重复副本一致性的工作是由分片模式到分布模式的映像来完成的。

定义 8.17 数据模型透明性是指用户和应用程序无须关心局部场地所采用的数据模型,模型的转换和数据库语言的转换都由 DDBS 的映像机制来完成。

8.4.4 DDBMS 的功能和组成

1. DDBMS 的功能

DDBMS 主要有以下 5 个方面的功能:
(1) 接受用户请求并决定满足该请求须要访问的结点。
(2) 访问网络数据字典,了解如何请求和使用其中的信息。
(3) 进行分布式处理。
(4) 通信接口功能。
(5) 在软硬件条件不同的结点之间提供数据和进程移植功能。

2. DDBMS 的组成

DDBMS 由查询处理模块、完整性处理模块、调度处理模块和可靠性处理模块等模块组成。查询处理模块完成查询的分析、检查和优化处理功能;完整性处理模块负责维护数据库的完整性和一致性;调度处理模块负责向有关结点发布局部处理命令、数据传输命令和返回处理结果的命令等;可靠性处理模块负责监视系统运行并在发现故障、修复故障后保证系统继续有效运行以及保持数据库的一致性状态。

8.5 现代信息集成技术

在计算机系统和计算机网络中有两大类不同的数据处理工作。一类是操作型处理,也称为事务处理或联机事务处理(On-Line Transaction Processing, OLTP);另一类是分析型处理,也称为联机分析处理(On-Line Analytical Processing, OLAP)。

OLTP 通常是对一组记录的查询或更新,而 OLAP 通常是对海量数据的查询和分析。DBS 作为数据管理的主要手段,通常主要用于 OLTP。

由于 OLTP 不能有效解决数据集成和动态集成、数据综合和数据历史变化等问题,人们提出了各种信息技术,包括数据仓库技术、联机分析处理技术、数据挖掘技术和决策支持系统(DSS)技术等。

8.5.1 数据仓库技术

定义 8.18 数据仓库(DW)是面向主题的、集成的、相对稳定的和反映历史变化的数据集合。

面向主题、集成、相对稳定和反映历史变化是 DW 的基本特征。所谓反映历史变化就是随着时间变化不断地删除旧数据、添加新数据和进行重新综合。

DW 面向 OLAP,用于支持管理决策过程;它能有效集成多个异构的数据源,然后按照主题进行重组;它包含历史数据,并且其中的数据一般不再修改。

1. DW 的元数据

DW 中有两种元数据:管理元数据和用户元数据。管理元数据是用于从 OLTP 环境向 DW 转化而建立的元数据;用户元数据用于帮助用户查询信息、了解结果、了解 DW 中的数据和组织。

DW 的结构是由元数据来组织的。DW 中的数据被分成当前基本数据层、历史基本数据层、轻度综合数据层和高度综合数据层 4 个层次。

当前基本数据层存放最近时期的业务数据;历史基本数据层存放随着时间变化从当前基本数据层转化来的历史数据;轻度综合数据层存放由当前基本数据层提炼出来的数据;高度综合数据层存放由轻度综合数据层提炼出来的数据。

2. DW 的体系结构

DW 系统的体系结构可以划分为数据源、数据存储与管理、OLAP 服务器和前端工具 4个层次。

(1) 数据源是 DW 系统的数据来源和基础。

(2) 数据存储与管理是 DW 系统的核心和关键,包括 DW 与 DW 服务器、数据集市、元数据和元数据管理工具以及数据的抽取、清洗、转换、装载、维护等工具。

(3) OLAP 服务器对分析所需数据按照多维模型进行重组以支持多角度多层次的分析。

(4) 前端工具主要包括数据分析工具、报表工具、查询工具、数据挖掘工具以及其他基于 DW 或数据集市的应用开发工具。其中,数据分析工具主要针对 OLAP 服务器;报表工具、查询工具、数据挖掘工具主要针对 DW。

8.5.2 联机分析处理技术

定义 8.19 OLAP 是一种复杂分析技术,它能够使数据分析人员从不同角度迅速、一致、交互地深入观察、理解和分析真实反映客观实际各个方面的海量数据。

OLAP 系统与数据源的数据存储是相互分离的。作为独立系统的 OLAP 系统的数据组织结构与 DW 相同；结合使用 DW 的 OLAP 系统的数据来源于 DW。

OLAP 具有反应迅速性、多用户性、数据共享性、分析角度多维性和信息充足性等特点。

OLAP 产品分为基于多维数据库的 OLAP 产品和基于关系数据库的 OLAP 产品。

8.5.3 数据挖掘技术

定义 8.20 数据挖掘(DM)是从大量不完全的、失真的、随机的或模糊的实际应用数据中发现和提取事先未知而潜在有用的信息和知识的技术。

DM 的数据源是超大型数据库或数据仓库。

DM 的工作过程可以分为目标确定、数据选择、数据清洗与集成、数据转换、数据分析与模式识别、结果表达与模式评价等 6 个阶段。

DM 的常用方法有关联分析方法、序列模式分析方法、分类分析方法、聚类分析方法等。

DM 的应用领域有市场营销、金融、生产、医疗卫生、司法等。

8.6 XML 技术

XML(可扩展置标语言)是人们为了克服标准通用置标语言(SGML)和超文本置标语言(HTML)缺乏灵活性和伸缩性以及 SGML 过于复杂、不利于软件应用等缺点而开发出来的一种元标记语言,目前已成为应用程序间数据交换的事实上的标准数据格式。

XML 是一组用来定义标记的规则。XML 标记用来描述文本结构,而不是像 HTML 那样描述如何显示文本。XML 所使用的数据查询语言主要是与 SQL 风格接近的 XQuery 语言。

XML 数据的最基本格式是 XML 文档。XML 文档是一个连续的字符流,字符流中的 XML 标记包括元素、属性、注释、处理指令和实体。一个 XML 文档由序言和文档实例两个部分组成。文档实例位于序言之后,是 XML 文档的主体;序言由一个 XML 声明和 XML 文档类型声明组成,一个 XML 文档必须由 XML 声明开始,而 XML 文档类型声明是可选的。XML 文档的扩展名为.xml。

XML 声明的基本格式为:

```
<?xml version = "1.0" encoding = "GB2312" standalone = "yes"?>
```

其中,"version＝"1.0""是 XML 文档的版本声明,是必需的;"encoding＝"GB2312""指明了文档所用的编码;"standalone＝"yes""表示文档不引用其他文档的内容,是独立文档。

XML 类型声明的格式为:

```
<!DOCTYPE student SYSTEM "..\student.dtd">
```

其中,student 是 XML 文档名,"..\student.dtd"指明了 XML 文档类型定义(DTD)文件 student.dtd 的位置。

DTD 不是每一个 XML 文档必需的。DTD 规定了 XML 文档的逻辑结构,规定了 XML 文档中所使用的元素、实体、属性和元素间的关系,并用来验证数据的有效性,保证数据交换与共享的要求。XML 文档的元素的格式为：

<元素名>元素内容</元素名>

8.7　小结

1. ODBC、OLE DB、ADO、JDBC、ADO. NET 都是新发展起来的数据库访问接口技术。ODBC 的出现为数据库访问技术的发展指明了道路，它几乎可以将所有平台上的关系数据库连接起来。ADO 是在 ODBC 和 OLE DB 基础上发展起来的基于 COM 的数据库访问技术。基于 ADO 和. NET 框架的 ADO. NET 目前已逐渐成为数据库访问技术的主流。

2. 面向对象数据模型是继层次数据模型、网状数据模型和关系数据模型之后出现的最重要的一种数据模型。支持面向对象数据模型的 ORDBS 技术已经取得了卓越的成果。

3. DDBS 是在计算机网络平台上实现的管理分布式数据库的 DBS，它的核心软件是 DDBMS。

4. 并行 DBS 是运行在并行机上用多个 CPU 和多个外存储器并行操纵应用数据库的具有并行处理能力的 DBS，它是 DBS 技术与并行计算技术相结合的产物。

5. DW、OLAP 和 DM 是新出现的三种信息处理技术，它们既具有一定的联系，又有一定的互补性。

6. XML 已经成为应用程序间数据交换的标准数据格式。

7. 本章关于 OLE DB 和 JDBC 的内容主要参考了文献[4～5]，有关 ODBC 和 ADO 的内容主要参考了文献[2]、文献[9]和 Microsoft SQL Server 2000 的联机手册，有关 ADO. NET 的内容主要参考了文献[5、6]，有关对象数据库系统、并行数据库系统、分布式数据库系统和现代信息集成技术的内容主要参考了文献[1～3]，有关 XML 技术的内容主要参考了文献[1]。

8.8　习题

1. 什么是 ODBC？ODBC 的优点是什么？

2. 一个基于 ODBC 的数据库应用程序对数据库的操作可分为哪几个阶段？

3. 在计算机上验证例 8.1 和例 8.2。

4. 设计一个基于 ODBC 的数据库应用程序，并向数据库中写入一条记录。

5. ADO 有哪些独立对象？

6. DDBS 有什么基本特点和优、缺点？

7. DDBS 的数据分片应当满足什么条件？

8. 什么是 DDBS 的分布透明性？DDBS 有哪些分布透明性？

实验教学参考计划

实验1 SQL 的数据定义语句

实验目的

（1）掌握 Microsoft SQL Server 2000 的企业管理器的基本使用方法，对数据库及其对象有基本了解。

（2）掌握 Microsoft SQL Server 2000 查询分析器的基本使用方法。

（3）学会使用 T-SQL 语句创建数据库。

（4）学会使用 T-SQL 语句创建表结构。

（5）学会在创建基本表时定义表的数据完整性，深入理解完整性的概念及分类。

（6）学会在企业管理器中查看数据库属性、内容以及插入、删除、更新数据的方法。

（7）掌握分离和附加数据库的方法。

实验内容和步骤

（1）启动 Microsoft SQL Server 2000 的服务管理器和企业管理器，在企业管理器的"控制台根目录"窗口选中"数据库"子目录；然后在企业管理器的"工具"菜单中单击"SQL 查询分析器"命令，启动"SQL 查询分析器"窗口，在"SQL 查询分析器"窗口的工具栏有一个组合框，显示当前工作数据库为 master。

（2）在"SQL 查询分析器"窗口的查询窗口输入例 5.1 中的 SQL 语句，单击工具栏的绿色三角形按钮或按键盘上的 F5 键，执行这些 SQL 语句，察看执行结果。

（3）删除查询窗口中的所有内容，输入例 5.2 中的 SQL 语句，执行这些 SQL 语句，察看执行结果。

（4）删除查询窗口中的所有内容，输入例 5.3 中的 SQL 批处理语句，执行这些 SQL 批处理语句，并关闭 SQL 查询分析器。

（5）在企业管理器窗口，展开"控制台根目录"窗口"数据库"子目录，寻找名为 STC 的目录。如果没有该目录，请在"操作"菜单中单击"刷新"命令，直到出现 STC（即 STC 数据库）目录，将其展开。

（6）选择 STC 子目录下名为"表"的子目录，在右边的"表"窗口察看创建的基本表名；分别双击各基本表名，弹出"表属性"窗口，察看各基本表的字段名、数据类型和主键码定义是否正确，然后关闭"表属性"窗口。

（7）分别在各基本表的快捷菜单中单击"设计表"命令，弹出"设计表"窗口，察看各基本表的字段名、数据类型和主键码定义，然后关闭"设计表"窗口。必要时可在"设计表"窗口修改表定义。

（8）依次在 Students、Courses、Teachers、SC、TC 基本表快捷菜单中单击"打开表"→"返回所有行"命令，弹出"表……中的数据"（省略号代表表名）窗口，输入至少 10 条记录，最后关闭"表……中的数据"窗口。在 SC 和 TC 表中输入数据时要注意参照完整性约束。以后可以这样察看基本表中的所有数据。

（9）切换到"SQL 查询分析器"窗口,确认查询分析器的工具栏组合框中显示的当前工作数据库为 STC；如果不是,请在该组合框中选择 STC,将当前工作数据库设置为 STC。

（10）在 SQL 查询分析器的查询窗口,分别自主输入一些 SQL 语句,创建一个与现有基本表不同名的基本表和一个索引,在企业管理器窗口察看其内容,然后切换到 SQL 查询分析器窗口,再用 ALTER 语句修改,用 DROP 语句删除。

（11）关闭 SQL 查询分析器和企业管理器。

注意

（1）如果使用的实验环境不是个人计算机,以后每次实验开始前都要做下面的工作：

在企业管理器的"控制台根目录"窗口选中"数据库"子目录,在快捷菜单中单击"所有任务"→"附加数据库"命令,弹出"附加数据库"对话框,指出要附加的数据库所在位置和数据库文件 * . mdf,单击"确定"按钮完成附加。

（2）如果使用的实验环境不是个人计算机,则每次实验结束后都要做下面的工作：

在企业管理器的"控制台根目录"窗口选中"数据库"子目录下选中 STC 子目录名,在快捷菜单中单击"所有任务"→"分离数据库"命令,弹出"分离数据库"对话框,勾选"在分离前更新统计信息"复选框,单击"确定"按钮,分离数据库。这样一来,所创建的数据库 STC 就可以复制出去了。在 Microsoft SQL Server 2000 安装目录的 MSSQL\Data 子目录下或自己设定的数据库目录下找到名为 STC_Data. mdf 和 STC_log. ldf 的文件,将其复制出去,以备下次使用。

实验 2　SELECT 语句单表查询

实验目的

掌握 SELECT 语句单表查询的各种方法。

实验内容和步骤

（1）启动 Microsoft SQL Server 2000 的服务管理器、企业管理器,在企业管理器的"控制台根目录"窗口展开"数据库"子目录,选中 STC 子目录。

（2）启动 SQL 查询分析器,切换到"SQL 查询分析器"窗口,确认"SQL 查询分析器"窗口的工具栏组合框中显示的当前工作数据库为 STC；如果不是,请在该组合框中选择 STC,将当前工作数据库设置为 STC。

（3）在"SQL 查询分析器"的查询窗口,输入和执行例 5.8 的 SELECT 语句,并察看结果。

（4）在 SQL 查询分析器的查询窗口,输入和执行例 5.9 的 SELECT 语句,并察看结果。

（5）在 SQL 查询分析器的查询窗口,输入和执行例 5.10 的 SELECT 语句,并察看结果。

（6）在 SQL 查询分析器的查询窗口,分别输入、执行例 5.11 的两条 SELECT 语句,并分别察看执行结果。

（7）在 SQL 查询分析器的查询窗口,输入和执行例 5.12 的 SELECT 语句,并察看结果。

（8）在 SQL 查询分析器的查询窗口，输入和执行例 5.13 的 SELECT 语句，并察看结果。

（9）在 SQL 查询分析器的查询窗口，输入和执行例 5.14 的 SELECT 语句，并察看结果。

（10）关闭 SQL 查询分析器和企业管理器。

实验 3　SELECT 语句连接查询和联合查询

实验目的

掌握 SELECT 语句连接查询的各种实现方法，包括自然连接、内连接、外连接；掌握 SELECT 语句联合查询的实现方法。

实验内容和步骤

（1）启动 Microsoft SQL Server 2000 的服务管理器、企业管理器，在企业管理器的"控制台根目录"窗口展开"数据库"子目录，选中 STC 子目录。

（2）启动 SQL 查询分析器，切换到"SQL 查询分析器"窗口，确认"SQL 查询分析器"窗口的工具栏组合框中显示的当前工作数据库为 STC；如果不是，请在该组合框中选择 STC，将当前工作数据库设置为 STC。

（3）在 SQL 查询分析器的查询窗口，分别输入和执行例 5.15 的两条 SELECT 语句，并分别察看执行结果。

（4）在 SQL 查询分析器的查询窗口，分别输入和执行例 5.16 的两条 SELECT 语句，并分别察看执行结果。

（5）在 SQL 查询分析器的查询窗口，分别输入和执行例 5.17 的两条 SELECT 语句，并分别察看执行结果。

（6）在 SQL 查询分析器的查询窗口，分别输入和执行例 5.18 的两条 SELECT 语句，并分别察看执行结果。

（7）在 SQL 查询分析器的查询窗口，分别输入和执行例 5.19 的两条 SELECT 语句，并分别察看执行结果。

（8）在 SQL 查询分析器的查询窗口，分别输入和执行例 5.20 的两条 SELECT 语句，并分别察看执行结果。

（9）关闭 SQL 查询分析器和企业管理器。

实验 4　SELECT 语句嵌套查询

实验目的

掌握 SELECT 语句嵌套查询的各种实现方法。

实验内容和步骤

（1）启动 Microsoft SQL Server 2000 的服务管理器、企业管理器，在企业管理器的"控制台根目录"窗口展开"数据库"子目录,选中 STC 子目录。

(2) 启动 SQL 查询分析器,切换到"SQL 查询分析器"窗口,确认"SQL 查询分析器"窗口的工具栏组合框中显示的当前工作数据库为 STC;如果不是,请在该组合框中选择 STC,将当前工作数据库设置为 STC。

(3) 在 SQL 查询分析器的查询窗口,输入和执行例 5.21 的 SELECT 语句,并察看结果。

(4) 在 SQL 查询分析器的查询窗口,输入和执行例 5.22 的 SELECT 语句,并察看结果。

(5) 在 SQL 查询分析器的查询窗口,输入和执行例 5.23 的 SELECT 语句,并察看结果。

(6) 在 SQL 查询分析器的查询窗口,输入和执行例 5.24 的 SELECT 语句,并察看结果。

(7) 在 SQL 查询分析器的查询窗口,输入和执行例 5.25 的 SELECT 语句,并察看结果。

(8) 在 SQL 查询分析器的查询窗口,输入和执行例 5.26 的 SELECT 语句,并察看结果。

(9) 在 SQL 查询分析器的查询窗口,输入和执行例 5.27 的 SELECT 语句,并察看结果。

(10) 关闭 SQL 查询分析器和企业管理器。

实验 5 INSERT 语句、DELETE 语句和 UPDATE 语句

实验目的

学会用 T-SQL 实现基本表数据的插入、删除和更新。

实验内容和步骤

(1) 启动 Microsoft SQL Server 2000 的服务管理器、企业管理器,在企业管理器的"控制台根目录"窗口展开"数据库"子目录,选中 STC 子目录。

(2) 启动 SQL 查询分析器,切换到"SQL 查询分析器"窗口,确认"SQL 查询分析器"窗口的工具栏组合框中显示的当前工作数据库为 STC;如果不是,请在该组合框中选择 STC,将当前工作数据库设置为 STC。

(3) 在 SQL 查询分析器的查询窗口,输入和执行例 5.28 的 SELECT 语句,并察看结果。

(4) 在 SQL 查询分析器的查询窗口,输入和执行例 5.29 的 INSERT 语句,并察看结果。

(5) 在 SQL 查询分析器的查询窗口,输入和执行例 5.30 的批处理语句,并察看结果。

(6) 在 SQL 查询分析器的查询窗口,输入和执行例 5.31 的 INSERT 语句,并察看结果。

(7) 在 SQL 查询分析器的查询窗口,输入和执行例 5.32 的 DELETE 语句,并察看结果。

(8) 在 SQL 查询分析器的查询窗口,输入和执行例 5.33 的 UPDATE 语句,并察看结果。

(9) 关闭 SQL 查询分析器和企业管理器。

实验 6　SQL 的视图

实验目的

理解视图的概念;掌握视图的定义和使用方法。

实验内容和步骤

(1) 启动 Microsoft SQL Server 2000 的服务管理器、企业管理器,在企业管理器的“控制台根目录”窗口展开“数据库”子目录,选中 STC 子目录。

(2) 启动 SQL 查询分析器,切换到“SQL 查询分析器”窗口,确认“SQL 查询分析器”窗口的工具栏组合框中显示的当前工作数据库为 STC;如果不是,请在该组合框中选择 STC,将当前工作数据库设置为 STC。

(3) 在 SQL 查询分析器的查询窗口,输入和执行例 5.34 的 CREATE VIEW 语句,并在企业管理器下展开“控制台根目录”下的“数据库\STC\视图”子目录,在右面“视图”窗口新建视图名称 Zhengxian 的快捷菜单中单击“打开视图”→“返回所有行”命令,察看结果。

(4) 在 SQL 查询分析器的查询窗口,输入和执行例 5.35 的 CREATE VIEW 语句,并在企业管理器下察看执行结果。

(5) 在 SQL 查询分析器的查询窗口,输入和执行例 5.36 的 CREATE VIEW 语句,并在企业管理器下察看执行结果。

(6) 在 SQL 查询分析器的查询窗口,输入和执行例 5.37 的 UPDATE 语句,并在企业管理器下察看执行结果。

(7) 关闭 SQL 查询分析器和企业管理器。

实验 7　嵌入式 SQL

实验目的

了解 ESQL/C 编译环境的建立方法;了解 ESQL/C 程序的预处理、编译、链接和执行过程。

实验内容和步骤

(1) 将 Microsoft SQL Server 2000 安装光盘上相应版本目录(\DEVELOPER(开发版)、\ENTERPRISE(企业版)、\PERSONAL(个人版)或\STANDARD(标准版))下\x86\Binn 子目录中的 NSQLPREP. EXE、SQLakw32. dll 和 SQLaiw32. dll 三个文件复制到 Microsoft SQL Server 2000 安装目录的\MSSQL\Binn 子目录,比如:C:\Program Files\Microsoft SQL Server\MSSQL\Binn,并将 SQLakw32. dll 和 SQLaiw32. dll 两个文件复制到 C:\Windows\System32。

(2) 依次选择“控制面板”→“系统”(双击)→“高级”→“环境变量”→“用户变量”→“新

建"，将 C:\Program Files\Microsoft SQL Server\MSSQL\Binn 输入"变量值"，并取"变量名"为"ESQLC"，连续单击"确定"按钮退出。

（3）建立一个备用的批处理文件 C:\ SETESQLC. BAT，其内容为：

```
cd\Program Files\Microsoft Visual Studio\VC98\Bin
call vcvars32. bat
cd\Program Files\Microsoft SQL Server\80\Tools\DevTools\ESQLC
call setenv. bat
cd\Program Files\Microsoft SQL Server\MSSQL\Binn
```

（4）将 Microsoft SQL Server 安装光盘上\DevTools 子目录下的 Include 和 x86Lib 两个文件夹整体复制到 Microsoft SQL Server 安装目录的\80\Tools\DevTools 子目录，例如，C:\Program Files\Microsoft SQL Server\80\Tools\DevTools。

（5）启动 Microsoft Visual C++ 6.0 的集成开发环境，在"工具"（Tools）→"选项"（Options）级联菜单的"目录"（Directories）选项卡的 Show directories for 组合框中选择 Include Files 项，在相应的 Directories 编辑框中添加路径 C:\Program Files\Microsoft SQL Server\80\Tools\DevTools\Include；在同一组合框中选择 Library Files 项，在相应的 Directories 编辑框中添加路径 C:\Program Files\Microsoft SQL Server\MSSQL\Binn 和 C:\Program Files\Microsoft SQL Server\80\Tools\DevTools\x86Lib。

（6）在 C:\Program Files\Microsoft SQL Server\MSSQL\Binn 目录下建立一个名为 sinPI6. sqc 的文本文件（将扩展名. txt 改为. sqc），其内容改为例 5.38 的 ESQL/C 源程序，在命令提示符下执行 c:\setesqlc 命令，然后键入命令行：nsqlprep sinPI6，并回车，对 ESQL/C 源程序 sinPI6. sqc 进行预处理，生成一个同名的 C 源程序 sinPI6. c。

（7）在 Microsoft Visual C++ 6.0 下，新建一个名为 sinPI6 的 Win32 Console Application 型空工程，单击 Project→Settings 级联菜单，弹出 Project Settings 对话框，在"链接"（Link）选项卡的"Object/Library Modules"编辑框中内容的后面空一格输入 SQLakw32. lib Caw32. lib，单击"确定"按钮结束。

（8）在该工程的 FileView 窗口右击 Source Files 目录，从快捷菜单中选择 Add Files to Folder，选择已经过预处理得到的 C 源程序 sinPI6. c，将该源程序添加到工程中。

（9）按 F7 键或单击 Build（感叹号）按钮，对这个 C 源程序进行编译、链接。

（10）按 Ctrl＋F5 键或单击 BuildExecute（感叹号）按钮，或者双击生成的 sinPI6. exe 文件，运行该程序，并察看 sinPI6. exe 的执行结果。

（11）在 C:\Program Files\Microsoft SQL Server\MSSQL\Binn 目录下建立一个名为 viewSC. sqc 的文本文件（将扩展名. txt 改为. sqc），其内容改为例 5.39 的 ESQL/C 源程序，在命令提示符下执行 c:\setesqlc 命令，然后键入命令行：nsqlprep viewSC，并回车，对 ESQL/C 源程序 viewSC. sqc 进行预处理，生成一个同名的 C 源程序 viewSC. c。

（12）在 Microsoft Visual C++ 6.0 下，新建一个名为 viewSC 的 Win32 Console Application 型空工程，单击 Project→Settings 级联菜单，弹出 Project Settings 对话框，在"链接"（Link）选项卡的 Object/Library Modules 编辑框中内容的后面空一格输入 SQLakw32. lib Caw32. lib，单击"确定"按钮结束。

（13）在该工程的 FileView 窗口右击 Source Files 目录，在快捷菜单中选择 Add Files

to Folder,选择已经过预处理得到的 C 源程序 viewSC.c,将该源程序添加到工程中。

（14）按 F7 键或单击 Build(感叹号)按钮,对这个 C 源程序进行编译、链接。

（15）按 Ctrl＋F5 键或单击 BuildExecute(感叹号)按钮,或者双击生成的 viewSC.exe 文件,运行该程序,并启动 Microsoft SQL Server 2000 的企业管理器,展开"控制台根目录"下的"数据库\STC\视图"子目录,在右面"视图"窗口新建视图名称 viewSC 上右击并从快捷菜单中选择"打开视图"→"返回所有行"命令,察看 viewSC.exe 的执行结果。

（16）在 C:\Program Files\Microsoft SQL Server\MSSQL\Binn 目录下建立一个名为 select.sqc 的文本文件(将扩展名.txt 改为.sqc),其内容改为例 5.40 的 ESQL/C 源程序,在命令提示符下执行 c:\setesqlc 命令,然后键入命令行:nsqlprep select,并回车,对 ESQL/C 源程序 select.sqc 进行预处理,生成一个同名的 C 源程序 select.c。

（17）在 Microsoft Visual C++ 6.0 下,新建一个名为 select 的 Win32 Console Application 型空工程,单击 Project→Settings 级联菜单,弹出 Project Settings 对话框,在"链接"(Link) 选项卡的 Object/Library Modules 编辑框中内容的后面空一格输入 SQLakw32.lib Caw32.lib,单击"确定"按钮结束。

（18）在该工程的 FileView 窗口右击 Source Files 目录,在快捷菜单中选择 Add Files to Folder,选择已经过预处理得到的 C 源程序 select.c,将该源程序添加到工程中。

（19）按 F7 键或单击 Build(感叹号)按钮,对这个 C 源程序进行编译、链接。

（20）按 Ctrl＋F5 键或单击 BuildExecute(感叹号)按钮,或者双击生成的 select.exe 文件,运行该程序,察看 select.exe 的执行结果。

（21）关闭 Microsoft Visual C++ 6.0。

实验 8　SQL 的自定义函数

实验目的

掌握 SQL 自定义函数的创建和调用方法。

实验内容和步骤

（1）启动 Microsoft SQL Server 2000 的服务管理器、企业管理器,在企业管理器的"控制台根目录"窗口展开"数据库"子目录,选中 STC 子目录。

（2）启动 SQL 查询分析器,切换到"SQL 查询分析器"窗口,确认"SQL 查询分析器"窗口的工具栏组合框中显示的当前工作数据库为 STC;如果不是,请在该组合框中选择 STC,将当前工作数据库设置为 STC。

（3）在 SQL 查询分析器的查询窗口,输入和执行例 5.41 的 CREATE FUNCTION 语句,并在企业管理器下察看执行结果;在 SQL 查询分析器的查询窗口,按照例 5.41 的两种方法调用该函数,并察看执行结果。

（4）在 SQL 查询分析器的查询窗口,输入和执行例 5.42 的 CREATE FUNCTION 语句,并在企业管理器下察看执行结果;在 SQL 查询分析器的查询窗口,按照例 5.42 的方法调用该函数,并察看执行结果。

（5）在 SQL 查询分析器的查询窗口,输入和执行例 5.43 的 CREATE FUNCTION 语句,并在企业管理器下察看执行结果;在 SQL 查询分析器的查询窗口,按照例 5.43 的方法调用该函数,并察看执行结果。

(6) 关闭 SQL 查询分析器和企业管理器。

实验 9 SQL 的用户自定义存储过程

实验目的

掌握 SQL 的用户自定义存储过程的创建和执行方法。

实验内容和步骤

(1) 启动 Microsoft SQL Server 2000 的服务管理器、企业管理器,在企业管理器的"控制台根目录"窗口展开"数据库"子目录,选中 STC 子目录。

(2) 启动 SQL 查询分析器,切换到"SQL 查询分析器"窗口,确认"SQL 查询分析器"窗口的工具栏组合框中显示的当前工作数据库为 STC;如果不是,请在该组合框中选择 STC,将当前工作数据库设置为 STC。

(3) 在 SQL 查询分析器的查询窗口,输入和执行例 5.44 的 CREATE PROCEDURE 语句,并在企业管理器下察看执行结果;在 SQL 查询分析器的查询窗口,按照例 5.44 的方法执行该过程,并察看执行结果。

(4) 在 SQL 查询分析器的查询窗口,输入和执行例 5.45 的 CREATE PROCEDURE 语句,并在企业管理器下察看执行结果;在 SQL 查询分析器的查询窗口,按照例 5.45 的方法执行该过程,并察看执行结果。

(5) 在 SQL 查询分析器的查询窗口,输入和执行例 5.46 的 CREATE PROCEDURE 语句,并在企业管理器下察看执行结果;在 SQL 查询分析器的查询窗口,按照例 5.46 的方法执行该过程,并察看执行结果。

(6) 在 SQL 查询分析器的查询窗口,输入和执行例 5.48 的 CREATE TRIGGER 语句,并在企业管理器下展开控制台根目录下的"数据库\STC\表"子目录,在右面"表"窗口 Students 表上右击,从快捷菜单中选择"设计表"命令,弹出"设计表 Students"窗口,在企业管理器的工具栏单击"触发器"按钮,察看执行结果。最后关闭"设计表 Students"窗口。

(7) 在 SQL 查询分析器的查询窗口,输入和执行例 5.49 的 CREATE TRIGGER 语句,并在企业管理器下展开"控制台根目录"下的"数据库\STC\表"子目录,在右面"表"窗口 Teachers 表上右击,从快捷菜单中选择"设计表"命令,弹出"设计表 Teachers"窗口,在企业管理器的工具栏单击"触发器"按钮,察看执行结果。最后关闭"设计表'Teachers'"窗口。

(8) 关闭 SQL 查询分析器和企业管理器。

实验 10 ODBC 应用程序

实验目的

了解 ODBC 应用程序的要素和设计方法。

实验内容和步骤

(1) 在"控制面板"→"管理工具"目录中双击"数据源(ODBC)",弹出"ODBC 数据源管理器"窗口,配置一个名为 myDBSTC 的 SQL Server 用户数据源或系统数据源,并且将该数据源的默认数据库设置为 STC。

(2) 建立一个名为 ODBCExam.cpp 的文本文件(将扩展名.txt 改为.cpp),其内容为例 8.1 所给的源程序。

(3) 启动 Microsoft Visual C++ 6.0,创建一个名为 ODBCExam 的 Win32 Console Application 型空工程,在该工程的 FileView 窗口的 Source Files 目录上右击 Add Files to Folder 菜单项将已经编写好的 ODBCExam.cpp 文件添加进来。

(4) 按 Ctrl+F5 键或单击 BuildExecute(感叹号)按钮,或者双击生成的 ODBCExam. exe 文件,运行该程序,并察看 ODBCExam.exe 的执行结果。

(5) 关闭 Microsoft Visual C++ 6.0。

实验 11 ASP 网页

实验目的

了解 ADO 对象的用法和 ASP 网页结构,了解连接数据库的方式和方法。

实验内容和步骤

(1) 在"控制面板"→"管理工具"目录中双击"服务",弹出"服务"窗口,检查 IIS Admin 服务和 World Wide Web Publishing 服务是否已启动。如果未启动,则启动它们。

(2) 在 C:\Inetpub\wwwroot 文件下建立一个名为 ADOExam.asp 的文本文件(将扩展名.txt 改为.asp),其内容为例 8.2 所给的源程序。

(3) 启动网络浏览器,在地址栏输入 http://localhost/ADOExam.asp 并回车,观察执行结果。

(4) 用 Microsoft FrontPage 分别将 ADOExam.asp 中连接数据库的语句修改成其他三种连接方式,存盘后按照第(3)步的方法执行,观察执行结果。

(5) 关闭网络浏览器和 Microsoft FrontPage。

参 考 文 献

[1] 施伯乐.数据库系统教程(第 3 版).北京:高等教育出版社,2008.
[2] 孟彩霞.数据库系统原理与应用.北京:人民邮电出版社,2008.
[3] 高荣芳.数据库原理.西安:西安电子科技大学出版社,2003.
[4] 钟德源.JSP 实用简明教程(第 2 版).北京:清华大学出版社,2009.
[5] 顾韵华.数据库系统基础教程.北京:电子工业出版社,2009.
[6] 陈锵.Visual C♯ 2005 从入门到精通(普及版).北京:电子工业出版社,2007.
[7] 闪四清.数据库系统原理与应用教程(第二版).北京:清华大学出版社,2008.
[8] Abraham Silberschatz,等.数据库系统概念.杨冬青,等,译.北京:机械工业出版社,2009.
[9] 项宇峰.ASP 网络编程从入门到精通.北京:清华大学出版社,2008.
[10] E. F. Codd. A Relational Model for Large Shared Data Banks. Communications of the ACM, 1970,13 (6),377~387.
[11] R. Fagin. Multivalued Dependencies and New Normal Form for Relational Database. ACM Transactions on Database Systems,1977,2(3):262~278.
[12] A. V. AHO, C. BEERI, J. D. ULLMAN. The Theory of Joins in Relational Databases. ACM Transactions on Database Systems,1979,3(3):297~314.
[13] R. Fagin. A Normal Form for Relational Database That is based on Domains and Keys. ACM Transactions on Database Systems,1981,6(3):387~415.
[14] 樊晓勇.数据库系统概念、实验指导与习题.北京:清华大学出版社,2008.
[15] 蔡延光.数据库原理与应用.北京:机械工业出版社,2009.
[16] 叶小平.数据库系统教程.北京:清华大学出版社,2008.
[17] 文家焱.数据库系统原理与应用.北京:冶金工业出版社,2002.
[18] 胡孔法.数据库原理及应用.北京:机械工业出版社,2008.
[19] 程祖宽.数据库系统及应用.北京:电子工业出版社,2008.
[20] 张健沛.数据库原理及应用系统开发.北京:中国水利水电出版社,1999.
[21] 苗雪兰.数据库系统原理与应用教程.北京:机械工业出版社,2002.
[22] 岳丽华.数据库系统全书.北京:机械工业出版社,2003.
[23] 王能斌.数据库系统原理.北京:电子工业出版社,2000.
[24] 冯玉才.数据库系统基础.武汉:华中理工大学出版社,1984.